# 室内
## 装饰材料与构造

周景斌　主　编
周　政　刘清丽　副主编

化学工业出版社
·北京·

## 内容简介

本书从楼地面装饰工程、顶棚装饰工程、墙柱面装饰工程、门窗工程、其他工程、水电改造工程等方面来展开介绍室内装饰材料的选择、构造设计及施工工艺等知识要点。采纳了室内装饰装修中的新材料、新工艺、新技术、新规范和新标准，紧扣核心专业知识与专业技能考核点，按相关规范的内容和建筑装饰施工图深化设计的要求，来确定编写内容，且每种装饰材料后都附有装饰构造图。本书内容结构合理、图文并茂、通俗易懂，力求帮助读者加深对装饰材料知识的理解，突出岗位能力的培养。

本书主要作为高等院校建筑室内设计、建筑装饰工程技术、环境艺术设计专业的教材，也可以作为室内装饰企业工程技术人员和管理人员的参考用书。

**图书在版编目（CIP）数据**

室内装饰材料与构造 / 周景斌主编 ; 周政，刘清丽副主编. -- 北京 : 化学工业出版社，2025. 6. -- ISBN 978-7-122-47714-9

Ⅰ. TU56；TU238. 2

中国国家版本馆CIP数据核字第2025HS3016号

---

责任编辑：毕小山　　　　　　　文字编辑：冯国庆
责任校对：李雨晴　　　　　　　装帧设计：刘丽华

---

出版发行：化学工业出版社
　　　　　（北京市东城区青年湖南街13号　邮政编码100011）
印　　装：北京瑞禾彩色印刷有限公司
787mm×1092mm　1/16　印张17¾　字数408千字
2025年9月北京第1版第1次印刷

---

购书咨询：010-64518888　　　　售后服务：010-64518899
网　　址：http://www.cip.com.cn
凡购买本书，如有缺损质量问题，本社销售中心负责调换。

---

定　　价：79.00元　　　　　　　版权所有　违者必究

# 编写人员名单

**主　　编**　周景斌

**副主编**　周　政　刘清丽

**参　　编**（以姓氏笔画为序）

　　　　　杨　峰　张　波　张艺尧

　　　　　张玉杰　张美妮　陈　佳

　　　　　秦彦龙

# 前言

随着我国室内装饰行业的迅速发展和人民生活水平的不断提高，人们对生活、工作和娱乐等空间环境的要求也越来越高。目前，建筑室内装饰工程量每年都在迅速递增，从而有力地促进了装饰材料的迅猛发展。装饰材料是实现设计意图及建筑装饰活动的物质基础，是实现使用功能和装饰效果的必要条件。室内空间环境的功能及装饰效果都是通过装饰材料的质感、色彩及性能等方面的因素来实现的。因此，从事建筑装饰工程的设计人员、工程施工人员及技术管理人员都必须熟悉各类装饰材料的品种、规格、性能、特点以及环保、技术等要求。为此，编写组在广泛收集资料并进行深入调研的基础上，结合新型装饰材料的前沿发展与建筑室内装饰人才培养的需要，编写了本书。

本书根据装饰工程的特点和性质，按照相关规范与标准的要求，较系统地阐述了装饰材料的基础理论和相关专业知识，主要介绍了室内装饰工程中常用的装饰材料基础知识、类别、花色品种、规格、性能特征、用途及装饰构造。主要内容包括室内装饰材料概述、楼地面工程装饰材料与构造、顶棚工程装饰材料与构造、墙柱面工程装饰材料与构造、门窗工程材料与构造、其他工程装饰材料与构造、水电改造工程材料与应用。本书具有体系完整、简明易懂、适用面广等特点，可作为建筑室内设计、建筑装饰工程技术、环境艺术设计等专业的教材，也可作为相近专业的学习参考书。

本书由周景斌任主编并负责统稿，周政、刘清丽任副主编，其中项目一由周景斌编写；项目二的模块一、模块二由张艺尧编写，模块三至模块六及习题部分由秦彦龙编写；项目三由刘清丽编写；项目四和项目七由周政编写；项目五由陈佳编写；项目六由张美妮编写。另外，张波、杨峰、张玉杰三位企业专家为本书提供了室内装饰构造的图纸，并为本书的编写提出了宝贵意见和建议。

本书的编写得到了杨凌职业技术学院、湖南生物机电职业技术学院、辽宁农业职业技术学院、陕西福泽建设有限公司等单位领导和同仁的筹划与指导，在此一并向他们表示衷心的感谢。

本书在编写过程中，参考和借鉴了有关文献资料，得到了有关专家、同行和企业技术人员的支持和帮助，在此表示衷心的感谢！

由于编者水平有限，加之材料的更新换代极快，书中难免存在疏漏与不妥之处，敬请读者批评指正。

编者

2025年1月

# 目录

## 项目三 顶棚工程装饰材料与构造

## 项目四 墙柱面工程装饰材料与构造

## 项目五　门窗工程材料与构造

# 项目六　其他工程装饰材料与构造

# 项目七　水电改造工程材料与应用

【项目提要】——

本项目主要介绍了室内装饰材料的地位和功能、分类、性质、选用原则及发展趋势。目的在于让学生对装饰材料有一个总体了解，能够结合设计方案对装饰材料性能提出合理要求，合理配置和选择装饰材料。

【学习目标】——

1.知识目标

掌握室内装饰材料在室内装修中的功能和作用，掌握室内装饰材料的类别。

2.能力目标

能够准确评定材料的性质，能够依据室内装饰材料的选用原则选取合适的材料，能够对未来材料的发展趋势有整体的把控。

3.素质目标

培养学生的学科兴趣及对专业的热爱，培养室内装饰材料应用中严标准、守规范的意识，培养学生在室内装饰材料使用中以人为本的意识。

【学习要点】——

1.学习重点

室内装饰材料的概述和功能，室内装饰材料的基本性能，室内装饰材料的分类，室内装饰材料的选用原则。

2.学习难点

室内装饰材料的选用原则和未来的发展趋势。

# 模块一
## 室内装饰材料的地位和功能

　　装饰材料是实现设计意图及进行建筑装饰活动的物质基础。任何设计构想的最终目的都是要将虚拟构想变成客观现实。设计师对材料的掌控应如熟练的油画家了解颜料及画布性能一样。色彩多样、功能各异的建筑装饰材料将为设计师的设计提供无穷的想象与实施空间。设计师只有充分地了解和掌握装饰材料的性能，按照使用环境条件合理地选择所需材料，充分发挥每一种材料的长处，做到材尽其能、物尽其用，才能满足现代室内设计的各项要求。

### 一、室内装饰材料的地位

　　室内装饰材料是集工艺、造型设计、美学于一体的材料，在建筑装饰设计中处于基础地位。材料是建筑装饰设计操作的基本元素和前提，只有选择符合需求的材料，才能呈现出理想的建筑装饰设计效果。不同的建筑装饰材料可以形成独特的建筑装饰设计风格，任何风格的建筑装饰设计都离不开具体建筑装饰材料的支持。随着现代建筑装饰材料技术的快速发展，在保证实用功能的基础上，建筑装饰材料的选择往往从其风格特征出发，要求体现出建筑装饰材料的审美特征。随着现代建筑装饰设计的发展，建筑装饰设计的基本要求与理论会对建筑装饰材料的发展产生重要的影响，建筑装饰材料的发展理念会参照现代装饰设计理论，不断研发出新型的材料。

　　室内装饰档次的高低很大程度上受到室内装饰材料的制约，尤其受到材料的光泽、质地、质感、图案、花纹等装饰特性的影响。只有了解和掌握了室内装饰材料的性能、特点，按照室内使用环境条件、使用功能的要求，合理选用装饰材料，才能充分发挥每种材料的长处，更好地表达设计意图。

　　随着室内装饰水平的不断提高，室内装饰工程的造价在室内工程投资总费用中所占的比例不断增加，在工业发达的国家，占到1/3以上，有的甚至高达2/3。因此，选用装饰材料时，要注意功能性、装饰性和经济性的统一，不能片面追求美观、高档次而忽视造价，这对降低室内装饰工程造价，提高室内装饰的艺术性，都是十分必要的。总之，室内装饰材料在室内装饰工程中占有十分重要的地位，对美化城乡建筑、改善人居环境和工作环境有着重要的意义。

### 二、室内装饰材料的功能

#### 1.保护建筑物主体

　　建筑物所处的外部环境比较复杂，会受到室内外各种不利因素的影响，有四季更迭所产生的冷热变化，有光照、雨水、风沙等外部不利因素的侵蚀破坏，所以装饰材料能保护建筑物本身不受或少受这些不利因素的影响，从而起到保护建筑物的作用，延长其使用寿命。

### 2.满足使用需要

室内的空间环境，不但要美观，装饰效果好，还要满足建筑装饰场所的功能需要。不同的空间环境有不同的要求，如卧室地面铺设的材料应具有一定的弹性，使人行走舒适；浴室、卫生间地面铺设的材料应具有防滑、防水的作用；礼堂、报告厅、影剧院等的墙面使用的材料必须具备防火、隔声的功能。所以，室内装饰材料还必须具备相应的使用功能。

### 3.改善室内环境

装饰材料通过自身所具备的材料密度，表面的光滑、粗糙、孔洞、凹凸，对于声音会形成不同的塑造，材料声学功能将是进行影剧院、礼堂、播音室以及其他需要吸声、隔声的室内空间设计主要考虑的要素。装饰材料自身所具备的绝热、保温性能成为建筑幕墙设计或墙体保温需考虑的因素。有些材料又兼备隔声与保温功能，如岩棉等。还有些装饰材料，通过对空间造型、色彩基调、光线的变化，可以营造开阔的、良好的室内视觉审美空间，提升了室内空间环境形象，改善了室内空间环境功能，满足了人们的生理及心理需求。

### 4.美化装饰

建筑物的装饰设计效果与所选用的装饰材料有着重要的关系，它的重要功能是通过材料的形态、色彩、肌理质感和形状尺寸来装饰室内外，起到美化作用。例如建筑物的外墙用花岗岩装饰体现一种庄重、沉稳、高雅的感觉；玻璃幕墙饰面则给人一种现代、时尚、华丽的感觉；而建筑室内外用涂料饰面比较普遍也比较经济，其色彩变化丰富，体现出一种朴实无华的感觉，如图1-1-1所示。

| | |
|---|---|
| (a) | (b) |
| (c) | (d) |

图1-1-1　室内空间装饰效果

# 模块二
# 室内装饰材料的分类

　　室内装饰材料的品种非常繁多，而且新型装饰材料不断涌现，更新换代非常迅速。在一个大型室内装饰工程中，材料的品种、规格多达数千种，科学合理的分类对装饰材料的认识、掌握非常重要，可以更加合理、高效地应用到设计之中。装饰材料可以从化学成分、装饰部位、燃烧等级等角度进行分类。

## 一、按化学成分分类

　　按化学成分可分为无机装饰材料、有机装饰材料和复合装饰材料三类。其中无机装饰材料又可分为金属材料和非金属材料两大类，其类别和品种见表1-2-1。

表1-2-1　室内装饰材料按化学成分分类

| 分类 | | | 材料举例 |
|---|---|---|---|
| 无机装饰材料 | 金属材料 | 黑色金属材料 | 普通钢材、不锈钢、彩色不锈钢等型材和板材 |
| | | 有色金属材料 | 铝及铝合金，铜及铜合金型材和板材 |
| | 非金属材料 | 天然饰面石材 | 天然大理石、天然花岗石 |
| | | 陶瓷装饰制品 | 釉面砖、地面砖、陶瓷锦砖 |
| | | 玻璃装饰制品 | 吸热玻璃、中空玻璃、激光玻璃、压花玻璃、彩色玻璃、空心玻璃砖、玻璃锦砖 |
| | | 无机胶凝材料　石膏装饰制品 | 装饰石膏板、纸面石膏板、嵌装式装饰石膏板、装饰石膏吸声板、石膏艺术制品 |
| | | 无机胶凝材料　水泥装饰制品 | 白水泥、彩色水泥 |
| | | | 彩色混凝土路面砖、水泥混凝土花砖 |
| | | | 装饰砂浆 |
| | | 矿棉、珍珠岩装饰制品 | — |
| 有机装饰材料 | 木材装饰制品 | | 胶合板、纤维板、细木工板、微薄木、木地板、木线条 |
| | 竹藤装饰制品 | | — |
| | 装饰织物 | | 地毯、墙布、窗帘、桌布等 |
| | 塑料装饰制品 | | 塑料壁纸、塑料地板、塑料装饰板 |
| | 装饰涂料 | | 地面涂料、外墙涂料、内墙涂料 |
| 复合装饰材料 | 有机与无机复合材料 | | 钙塑泡沫装饰吸声板、人造大理石、人造花岗石 |
| | 金属与非金属复合材料 | | 彩色涂层钢板 |

## 二、按装饰部位不同分类

按装饰部位可分为内墙装饰材料、地面装饰材料和吊顶装饰材料等。按装饰部位分类时，其类别与品种见表1-2-2。

表1-2-2　室内装饰材料按装饰部位分类

| 类别 | 种类 | 品种举例 |
|---|---|---|
| 内墙装饰材料 | 墙面涂料 | 墙面漆、有机涂料、无机涂料、有机无机复合涂料 |
| | 墙纸 | 纸面纸基壁纸、纺织物壁纸、天然材料壁纸、塑料壁纸 |
| | 装饰板 | 木质装饰人造板、树脂浸渍纸高压装饰层积板、塑料装饰板、金属装饰板、矿物装饰板、陶瓷装饰壁画、穿孔装饰吸声板、植绒装饰吸声板 |
| | 墙布 | 玻璃纤维贴墙布、麻纤无纺墙布、化纤墙布 |
| | 石饰面板 | 天然大理石饰面板、天然花岗石饰面板、人造大理石饰面板、水磨石饰面板 |
| | 墙面砖 | 陶瓷釉面砖、陶瓷墙面砖、陶瓷锦砖、玻璃马赛克 |
| 地面装饰材料 | 地面涂料 | 地板涂料、水性地面涂料、乳液型地面涂料、溶剂型地面涂料 |
| | 木、竹地板 | 实木条状地板、实木拼花地板、实木复合地板、人造板地板、复合强化地板、薄木敷贴地板、立木拼花地板、集成地板、竹质条状地板、竹质拼花地板 |
| | 聚合物地坪 | 聚醋酸乙烯地坪、环氧地坪、聚酯地坪、聚氨酯地坪 |
| | 地面砖 | 水泥花阶砖、水磨石预制地砖、陶瓷地面砖、马赛克地砖、现浇水磨石地面 |
| | 塑料地板 | 印花压花塑料地板、碎粒花纹地板、发泡塑料地板、塑料地面卷材 |
| | 地毯 | 纯毛地毯、混纺地毯、合成纤维地毯、塑料地毯、植物纤维地毯 |
| 吊顶装饰材料 | 塑料吊顶板 | 钙塑装饰吊顶板、聚苯乙烯装饰板、玻璃钢吊顶板、有机玻璃板 |
| | 木质装饰板 | 木丝板、软质穿孔吸声纤维板、硬质穿孔吸声纤维板 |
| | 矿物吸声板 | 珍珠岩吸声板、矿棉吸声板、玻璃棉吸声板、石膏吸声板、石膏装饰板 |
| | 金属吊顶板 | 铝合金吊顶板、金属微穿孔吸声吊顶板、金属箔贴面吊顶板 |

## 三、按燃烧等级分类

室内装饰空间对材料的防火性能提出了很高的要求。随着新技术在生产中的应用，新型防火材料不断出现，一方面弥补了不燃材料不能替代的应用领域，另一方面扩大了装饰材料的品种范围。室内装饰材料按燃烧等级分类见表1-2-3。

表1-2-3　室内装饰材料按燃烧等级分类

| 等级 | 燃烧性 | 燃烧特征 | 材料举例 |
|---|---|---|---|
| A级 | 不燃性 | 遇明火不燃烧，不炭化 | 石材、陶瓷、嵌装式石膏板 |
| B1级 | 难燃性 | 遇明火难燃烧，难炭化 | 防火板、阻燃墙纸 |
| B2级 | 可燃性 | 遇明火可燃烧，可炭化 | 木材、墙纸（布） |
| B3级 | 易燃性 | 遇明火容易燃烧 | 涂料、乙醇 |

## 一、室内装饰材料的外观特性

在现代室内装饰设计中，不仅仅要注重材料的实用功能，更要探索如何挖掘材料自身所具有的独特的美感效果，从而满足人们的审美需求。设计师通过运用材料的质感、肌理、色彩和形状等视觉元素进行设计与搭配，在美化室内环境的同时，表达情感思想和对生活的理解。

### 1.材料的质感

不同材料的质地给人的感觉是不同的。镜面光泽的天然石材光滑、坚硬、细腻，给人以坚实、稳重而富有力度的感觉，同时也会给人以冰冷、傲然、沉重、压抑的心理感受；而未加修饰的混凝土等毛面材料给人粗犷豪迈的感觉；木质和竹质材料给人以朴素亲切、亲近自然的材质情感；金属质地给人以高贵、新颖的感觉，而且具有强烈的时代感；纺织纤维质地给人以柔软、温暖、舒适之感；玻璃质地则显得通透清爽，给人以明亮纯净之感，它将室外景观融入室内，加强了室内外环境的交流。选择饰面材料的质感，必须正确把握材料的特征，使之与建筑装饰的特点相吻合，从而赋予材料以生命力。不同质感材料效果如图1-3-1所示。

（a）

（b）

（c）

（d）

图1-3-1 不同质感材料效果

### 2.材料的色彩

作为物体视觉属性之一的色彩，是大自然赐予人类的一种韵味无穷的美学资源。色彩与性状相互配合，才能完整体现物体的风格特征，给人以美的视觉感受。色彩具有一定的艺术规律，了解和把握色彩对人们生理及心理的影响，将其正确、灵活地运用在室内色彩设计中，才能设计出更加符合人们需求的色彩空间，从而提高建筑装饰的艺术性。

不同的颜色会给人以不同的感受，可以使人产生冷暖、大小、远近、轻重等感觉。利用这个特点，可以使建筑物分别表现出质朴或华丽、温暖或凉爽、向后退缩或向前逼近等不同的效果，同时这种感受还受使用环境的影响。例如，青灰色调在炎热的环境中显得凉爽安静，但在寒冷地区则会显得阴冷压抑。

不同的颜色，也会对人的心理产生不同的影响，如红、橙、黄等暖色使人看了联想到太阳、火焰而感到热烈、兴奋、温暖；绿、蓝、紫等冷色使人看了会联想到大海、蓝天、森林而感到宁静、幽雅、清凉。不同功能的房间有不同的色彩要求，如幼儿园活动室宜采用暖色调，以适合儿童天真活泼的心理；医院的病房宜采用冷色调，以使病人感到宁静。

### 3.材料的花纹图案（肌理）

材料的花纹图案是材料表面天然形成或人工刻画的图形、线条、色彩等构成的肌理。如天然大理石石材表面的纹理，以及木材年轮、早晚材或管孔形成的花纹，构成材料的天然图案；采用人工图案时，则有更多的表现技艺和手法。花纹图案的对称、重复、组合、叠加等变换，可体现材料质地及装饰技艺的价值和品位。不同的材料呈现出不同的质地和纹理，材料表面肌理的不同构成了丰富多变的纹理样式，水平的、倾斜的、交错的、曲折的等各种自然与人工纹理，有效地丰富了室内环境的视觉感受。材料表面的花纹图案能引起人们的好奇心，吸引人们对材料及装饰细部的欣赏，拉近人与材料的空间关系。

### 4.材料的形状和尺寸

材料的形状和尺寸能影响人的舒适度以及对空间大小的感受。一般块状材料具有稳定感，而板状材料则有轻盈的视觉感受。在进行装饰设计和施工时，通过改变装饰材料的形状和尺寸，配合花纹、颜色、光泽等特征可以创造出各种类型的图案，从而获得不同的装饰效果，以满足不同建筑形体和功能的要求，最大限度地发挥材料的装饰性。

## 二、室内装饰材料的基本性质

室内装饰材料种类繁多，性质千差万别，不同的家居环境对材料性质的要求也不一样，材料性质有其共性（称为基本性质）又有其特殊性。材料的性质与其组成、结构密切相关。只有了解各种材料的基本性质，才能正确选用材料，并保证家具与室内装饰装修的质量。

### （一）室内装饰材料的物理性质

室内装饰材料的物理性质包括密度、热学、声学与光学等方面的性质。

#### 1.密度

**（1）密度**

密度是指材料单位体积的质量，单位为 $g/cm^3$。密度用符号 $\rho$ 表示。

$$\rho = \frac{m}{V}$$

式中　$\rho$——实际密度，g/cm³或kg/m³；

　　　$m$——材料的质量，g或kg；

　　　$V$——材料的绝对密实体积，cm³或m³。

**（2）体积密度（表观密度）**

体积密度是指材料在自然状态下单位体积的质量。材料在自然状态下的体积又称表观体积，是指包含材料内部孔隙在内的体积。当材料含有水分时，其质量和体积将发生变化，影响材料的表观密度，因此在测定表观密度时，应注明其含水情况。一般情况下，材料的表观密度是指在烘干状态下的表观密度，又称为干表观密度。

$$\rho' = \frac{m}{V'}$$

式中　$\rho'$——体积密度，g/cm³或kg/m³；

　　　$m$——材料的质量，g或kg；

　　　$V'$——材料的自然体积，cm³或m³。

**（3）堆积密度**

堆积密度是指粉状（水泥、石灰等）或散粒材料（砂子、石子等）在堆积状态下，单位体积的质量。

$$\rho_0' = \frac{m}{V_0'}$$

式中　$\rho_0'$——材料的堆积密度，g/cm³或kg/m³；

　　　$m$——材料的质量，g或kg；

　　　$V_0'$——材料的堆积体积，cm³或m³。

**（4）孔隙率**

孔隙率是指在材料体积内，孔隙体积所占的比例。孔隙率的大小直接反映了材料的致密程度，孔隙率越小，说明材料越密实。

### 2.热学性质

**（1）导热性**

导热性是材料本身传递热量的性质，即材料表面有温差时，热量从材料的一面透过材料传到另一面的能力。描述导热性的参数是热导率，热导率越大，说明材料的导热能力越强。热导率的大小取决于材料的组成、孔隙率、孔隙尺寸和孔隙特征以及含水率等。

**（2）热容和比热容**

热容是指材料受热时吸收热量，冷却时放出热量的性质。热容的高低用比热容表示，比热容又称热容量系数。比热容大的材料，能在热流变动时自动调节室内温度变化。比如木材的比热容比金属大，所以木质材料多的房间会变得冬暖夏凉。

### 3.声学性质

室内环境设计要充分考虑声音的吸收、反射和隔离等声学特性，比如影剧院、录播室等场所对隔声、吸声的要求非常高。声音是靠振动的声波来传播的，当声波到达材料表面时产生三种现象：反射、透射、吸收。反射容易使建筑物室内产生噪声或杂声，影响室内音响效果；透射容易对相邻空间产生噪声干扰，影响室内环境的安静。通常当建筑物室内的声音大于50dB时，就应该考虑采取措施；当声音大于120dB时，将危害人体健康。

### （1）材料的吸声性

吸声性是指材料吸收声波的能力。吸声性的大小用吸声系数表示。当声波传播到材料表面时，一部分被反射，另一部分穿透材料，其余部分则传递给材料，在材料的孔隙中引起空气分子与孔壁的摩擦和黏滞阻力，使相当一部分声能转化为热能而被材料吸收。当声波遇到材料表面时，被材料吸收的声能与全部入射声能之比，称为材料的吸声系数。

材料的吸声系数越大，吸声效果越好。材料的吸声性能除与声波的入射方向有关外，还与声波的频率有关。同一种材料，对于不同频率其吸声系数不同，通常取125Hz、250Hz、500Hz、1000Hz、2000Hz、4000Hz六个频率的吸声系数来表示材料吸声的频率特征。凡六个频率的平均吸声系数大于0.2的材料，都称为吸声材料。

### （2）材料的隔声性

声波在建筑结构中的传播主要通过空气和固体来实现，因而隔声可分为隔绝空气声（通过空气传播的声音）和隔绝固体声（通过固体的撞击或振动传播的声音）两种。

隔绝空气声，主要服从声学中的"质量定律"，即材料的表观密度越大，质量越大，隔声性能越好。因此，应选用密度大的材料作为隔绝空气声材料，如混凝土、实心砖、钢板等。如采用轻质材料或薄壁材料，则需辅以多孔吸声材料或采用夹层结构，如夹层玻璃就是一种很好的隔绝空气声材料。弹性材料，如地毯、木板、橡胶片等具有较高的隔绝固体声能力。

### 4.光学性质

当光线照射在材料表面上时，一部分被反射，一部分被吸收，一部分透过。根据能量守恒定律，这三部分光通量之和等于入射光通量，通常将这三部分光通量分别与入射光通量的比值称为光的反射比、吸收比和透射比。材料对光波产生的这些效应，在建筑装饰中会带来不同的装饰效果。

### （1）光的反射

当光线照射在光滑的材料表面时，会产生镜面反射，使材料具有较强的光泽；当光线照射在粗糙的材料表面时，反射光线呈现无序传播，会产生漫反射，使材料表现出较弱的光泽。在装饰工程中往往采用光泽较强的材料，使建筑外观显得光亮和绚丽多彩，使室内显得宽敞明亮。

### （2）光的透射

光的透射又称为折射，光线在透过材料的前后，在材料表面处会产生传播方向的转折。材料的透射比越大，表明材料的透光性越好。

### （3）光的吸收

光线在透过材料的过程中，材料能够有选择地吸收部分波长的能量，这种现象称为光的吸收。材料对光线吸收的性能在建筑装饰等方面具有广阔的应用前景。例如：吸热玻璃就是通过添加某些特殊氧化物，使其选择吸收阳光中携带热量最多的红外线，并将这些热量向外散发，可保持室内既有良好的采光性能，又不会产生大量热量；有些特殊玻璃还会通过吸收大量光能，将其转变为电能、化学能等；太阳能热水器就是利用吸热涂料等材料的吸热效果来使水温升高的。

## （二）室内装饰材料的力学性质

### 1.强度

材料在外力（荷载）作用下抵抗破坏的能力称为强度。当材料承受外力作用时，内部产生应力，随着外力增大，内部应力也相应增大。直到材料不能够再承受时，材料即破坏，此时材料所承受的极限应力值就是材料的强度。

根据所受外力的作用方式不同，材料强度有抗压强度、抗拉强度、抗弯强度及抗剪强度等。材料的强度与其组成及结构有密切关系。一般材料的孔隙率越大，材料强度越低。

### 2.变形

**（1）弹性或塑性**

材料在外力作用下产生变形，当外力取消后，材料变形即可消失并能完全恢复原来形状的性质称为弹性。这种可恢复的变形称为弹性变形。

材料在外力作用下产生变形，但不破坏，当外力取消后不能自动恢复到原来形状的性质称为塑性。这种不可恢复的变形称为塑性变形。

有些材料既有弹性又有塑性，是一种弹塑体，即材料受到外力作用后发生变形，当外力解除后，变形不能立即恢复原形或不能完全恢复原形，具有这种性质的材料叫作黏弹性材料，如木材就属于黏弹性材料，是一种弹塑体。

**（2）材料的脆性与韧性**

当外力作用达到一定限度后，材料突然破坏且破坏时无明显的塑性变形，材料的这种性质称为脆性。具有这种性质的材料称为脆性材料，如混凝土、砖、石材、陶瓷、玻璃等。一般脆性材料的抗压强度很高，但抗拉强度低，抵抗冲击荷载和振动作用的能力差。

材料在冲击或振动荷载作用下，能产生较大的变形而不致破坏的性质称为韧性。具有这种性质的材料称为韧性材料，韧性材料抵抗冲击荷载和振动作用的能力较强，如建筑钢材、木材等。

**（3）材料的硬度和耐磨性**

① 硬度。硬度是材料抵抗较硬物体压入或刻划的能力。为了保持建筑物装饰的使用性能或外观，常要求材料具有一定的硬度，以防止其他物体对装饰材料磕碰、刻划造成材料表面破损或外观缺陷。

工程中用于表示材料硬度的指标有多种。对金属、木材、混凝土等多采用压入法检测其硬度，其表示方法有洛氏硬度（HRA、HRB、HRC，以金刚石圆锥或圆球的压痕深度计算求得），布氏硬度（HB，以压痕直径计算求得）等。

② 耐磨性。耐磨性是指材料表面抵抗磨损的能力。材料的耐磨性用磨损率表示，材料的磨损率越低，表明材料的耐磨性越好。一般硬度较高的材料，耐磨性也较好。楼地面、楼梯、走道、路面等经常受到磨损作用的部位，应选用耐磨性好的材料，如花岗岩材料等。

## （三）室内装饰材料的抗耐性能

室内装饰材料的抗耐性是指在各种使用环境下，经受外界条件（温度、湿度、腐蚀气体、蠹虫等）作用下所表现出的性能。它关系到材料的使用稳定性、可靠性与耐久性，主要包括耐水性、耐久性、耐火性等几个方面。

### 1.耐水性

**（1）吸水性**

材料在水中吸收水分的性质称为吸水性。材料吸水性的大小常用质量吸水率表示。质量吸水率是指材料在吸水饱和时，所吸收水分的质量占材料干燥质量的比例（%）。

材料吸水性的大小，主要取决于材料孔隙率和孔隙特征。一般孔隙率越大，吸水性也越强。各种材料由于孔隙率和孔隙特征不同，质量吸水率相差很大。如花岗岩等致密岩石的质量吸水率仅为0.5%～0.7%，普通混凝土为2%～3%，普通黏土砖为8%～20%，而木材及其他轻质材料的质量吸水率常大于100%。

材料吸水后会对其性质产生影响。它使材料密度增加，导热性增大。部分材料吸水后强度降低、体积膨胀。一些材料吸水后强度有所降低，这是材料微粒间结合力被渗入的水膜削弱的结果。

**（2）吸湿性**

材料在潮湿空气中吸收水分的性质称为吸湿性。吸湿性的大小用含水率表示。含水率是指材料含水的质量占材料干燥质量的比例（%）。

当较干燥的材料处于较潮湿的空气中时，会吸收空气中的水分；而当较潮湿的材料处于较干燥的空气中时，便会向空气中释放水分。在一定的温度和湿度条件下，材料与周围空气湿度达到平衡时的含水率称为平衡含水率。比如木材的平衡含水率，与其周围空气的湿度密切相关。

材料含水率的大小，除与材料的孔隙率、孔隙特征有关外，还与周围环境的温度和湿度有关。一般材料孔隙率越大，材料内部细小孔隙、连通孔隙越多，材料的含水率越大；周围环境温度越低，湿度越大，材料的含水率也越大。

### 2.耐久性

**（1）物理作用**

材料的物理作用除受干湿变化影响外，还受温度变化和冬季冻融变化的影响，如内墙瓷砖在冻融过程中会出现剥落和碎裂现象。

**（2）化学作用**

化学作用包括酸、碱、盐的水溶液及气体对材料产生的侵蚀作用和高分子材料的老化作用，如钢材的锈蚀、石材的风化、酸碱性雨水对混凝土墙面的侵蚀等。涂料、胶黏剂、塑料、橡胶等在紫外线、空气、臭氧、温度、溶剂等作用下会逐渐老化而失效。

**（3）生物作用**

生物作用主要是指昆虫和菌类对材料所起的蛀蚀、腐蚀等作用。木材及其他植物纤维组成的天然有机材料常因为虫蛀和霉菌而破坏。材料的耐久性就是指在上述各种因素作用下，材料保持其原有使用功能的时间。

### 3.耐火性

室内遇到火灾时，材料可能因遇热而改变形状，丧失强度，也可能燃烧放出热量。根据材料使用的部位和功能，把它们分为耐火材料和防火材料。

**（1）耐火材料**

用于结构的材料除了要求本身不燃以外，还要求在火灾下仍能在一段时间内保持其强度和刚度，以免临近部位火灾的蔓延。除了选择耐火材料以外，还可以在钢结构、混凝土结构、土木结构表面涂饰耐火涂料来提高其耐火性能。

**（2）防火材料**

防火材料本身是难燃或不燃的，可防止火灾发生或蔓延。它在火灾初期能延缓燃烧，争取灭火时间。按照材料的不燃性、难燃性、升焰性、发烟性等可分为不燃材料和难燃材料。

不燃材料是指在任何高温下均不会燃烧的材料，如混凝土、砖、玻璃等。

难燃材料是指在接触高温火焰初期难以起火，在火焰中持续一段时间后仍会燃烧的材料。常用的难燃材料有经防火剂处理的各种木质人造板，如阻燃胶合板、阻燃纤维板、阻燃刨花板等，还有阻燃塑料板、水泥刨花板等。

在家居设计中，必须充分考虑防火要求，执行国家有关防火规范。高层建筑和公共场所等人员集中、疏散困难的环境更要注意。

# 模块四
# 室内装饰材料的发展趋势和选用原则

## 一、室内装饰材料的发展趋势

装饰材料在我国的使用历史悠久，从古代普通的砖瓦到现代的玻璃幕墙、铝塑复合板幕墙装饰；从水泥地面到各种抛光陶瓷地砖、木地板等，都反映了装饰材料的发展过程。

随着对物质和精神需求的不断增长，人们对室内装饰的质量要求也越来越高，现代装饰材料层出不穷，日新月异。大量高级宾馆、饭店、酒楼、大型商场、体育馆及艺术娱乐场所的兴建，更加促进了我国装饰材料的发展。室内装饰材料的发展是随着社会生产力的发展而发展的，呈现出如下趋势。

### 1.从天然材料向人造材料发展

自古以来，人们使用的装饰材料绝大多数是天然材料，如天然石材、木材、动物的皮制品和棉麻织物等。随着科学技术的发展，以高分子材料为主要原料制造的各种新型人造建筑装饰材料，如人造板、人造石、多功能玻璃、化纤地毯、塑胶地板、复合木地板、人造皮革、乳胶漆、涂料、壁纸等，为人们选择不同层次、不同功能的装饰材料提供了更大的可能。

### 2.从单一功能材料向多功能材料发展

对装饰材料来说，首要的功能是装饰效果。就目前的新型装饰材料看，除达到装饰效果之外，还兼有其他功能，如内墙装饰材料兼备绝热、杀菌功能；地面材料兼备隔声、防静电功能；厨房家具材料要兼具防水、耐潮湿、防火等功能；天花材料兼具吸声效果等。

### 3.向轻质、高强度、大规格、高精度方向发展

随着人口居住密度增加和土地资源的紧缺，建筑日益向钢筋混凝土框架式高层结构发展。高层建筑对装饰材料的重量、强度等方面都有新的要求，装饰材料的质量越来越轻、强度越来越高。

装饰材料趋向大规格、高精度方向发展，如陶瓷地砖，以往的幅面均较小，现多采用600mm×600mm、800mm×800mm，甚至1000mm×1000mm、1200mm×1200mm的地砖，不仅规格大，而且厚度薄、均匀、强度高，拼缝严密，精度高。

### 4.从现场制作向装配式方向发展

过去装饰工程大多现场作业，污染重，劳动强度大，施工时间长，施工成本高。现在的门、门套、踢脚板都可以采用预制成品，厨柜、衣柜、书柜、酒柜等家具都可定制设计、工厂化加工，施工时只要按规范要求安装即可。

甚至在一些大型公共建筑项目上，如机场航站楼、大型体育馆建筑，这些室内空间主体构造材料几乎全部由工厂生产装配，传统"装修"的概念已变得弱化。"工厂化"装修与装配成为越来越多的公共建筑空间形象的主要形式将是必然的趋势，设计师的观念与角色也必然要随着时代的变化而转变。

### 5.无毒、防火、环保将是材料发展的永恒趋势

追求健康、舒适、安全将永远是建筑与室内环境设计的主题。采用清洁卫生技术生产，减少对自然资源和能源的使用，大量使用无公害、无污染、无放射性、有利于环境保护和人体健康的环保型建筑装饰材料，即健康建材、绿色建材、环保建材、生态建材等，是建筑装饰业发展的必然趋势。按照世界卫生组织的建议，健康住宅应能使居住者在身体上、精神上和社会上完全处于良好的状态。应达到的具体指标中最重要的一条，就是尽可能不使用有毒、有害的建筑装饰材料，如含高挥发性有机物的涂料；含高甲醛等过敏性化学物质的胶合板、纤维板、胶黏剂；含高放射性的花岗石、大理石、陶瓷面砖、煤矸石砖；含微细石棉纤维的石棉纤维水泥制品等。

### 6.向材料智能化方向发展

随着计算机技术的发展和普及，装饰工程向智能化方向发展，装饰材料也向着与自动控制相适应的方向扩展，商场、银行、宾馆多已采用自动门，进户门大多采用IC感应卡、智能指纹锁等，还有自动消防喷淋系统、消防与出口大门的联动等设施。

## 二、室内装饰材料的选用原则

室内装饰与人们生活"零距离"接触，其目的就是造就一个自然、和谐、舒适、安全、整洁的环境。各种装饰材料的正确选用，将极大地影响到室内装饰效果和人们的生活质量。

### 1.环保性

在选择室内装饰材料时，首先要考虑材料是否符合绿色环保要求，即材料在生产加工过程中是否会破坏环境，在使用时是否释放有毒有害物质，对家居环境是否产生新的污染（噪声、辐射等有害物质），有毒有害物质是否符合国家标准的限量要求，材料是否具有可回收性和再生性，是否是不燃或难燃等安全型材料等。应尽可能选择绿色、环保、节能、安全型材料，为人们创造一个美观、安全、舒适的环境。

### 2.功能性

在选用装饰材料时，首先应满足与环境相适应的使用功能。对于外墙，应选用耐大气侵

蚀、不易褪色、不易沾污、不泛霜的材料；对于地面，应选用耐磨性、耐水性好，不易沾污的材料；对于厨房、卫生间，应选用耐水性、抗渗性好，不发霉、易于擦洗的材料。

### 3.装饰性

装饰材料的色彩、光泽、形体、质感和花纹图案等性能都影响装饰效果，特别是装饰材料的色彩对装饰效果的影响非常明显。因此，在选用装饰材料时要合理应用色彩，给人以舒适的感觉。例如：卧室、客房宜选用浅蓝或淡绿色，以增加室内的宁静感；儿童活动室应选用中黄、淡黄、橘黄、粉红等暖色调，以适应儿童天真活泼的心理；医院病房要选用白色、淡蓝、淡黄等色调，使病人感到安静和安全，以利于早日康复。

### 4.耐久性

不同功能的建筑及不同的装修档次，所采用的装饰材料耐久性要求也不一样。尤其是新型装饰材料层出不穷，人们的物质精神生活要求也逐步提高，很多装饰材料都有流行趋势。因此，有的建筑使用年限较短，就要求所用的装饰材料耐用年限不一定很长；但也有的建筑要求其耐用年限很长，如纪念性建筑物等。

### 5.经济性

一般装饰工程的造价往往占建筑工程总造价的30%～50%，个别装修要求较高的工程可达60%～65%。因此，装饰材料的选择应考虑经济性，原则上应根据使用要求和装饰等级恰当地选择材料。在不影响装饰工程质量的前提下，尽量选用优质价廉的材料，以及工效高、安装简便的材料，以降低工程费用。另外在选用装饰材料时，不但要考虑一次性投资，还应考虑日后的维修费用。有时在关键问题上，宁可适当加大点儿一次性投资，可以延长使用年限，从而达到总体上经济的目的。

### 6.施工性

在选用装饰材料时，要考虑施工条件的具体情况，尽量选用加工方便、安装快捷的材料和制品，做到构造简单、施工方便。这样既缩短了工期，又节约了开支，还为建筑物提前发挥效益提供了前提。应尽量避免选用有大量湿作业、工序复杂、加工困难的材料。

【扩展阅读】

## 室内装饰材料的发展与创新

建筑装饰材料是构成建筑物装饰装修的物质基础，是营造舒适优美室内环境的关键要素之一。随着科学技术进步和人们审美观念的改变，新型建筑装饰材料不断涌现，为提高室内环境品质、满足人们对美好生活的向往带来更多可能。2022年3月，住房和城乡建设部发布了《"十四五"住房和城乡建设科技发展规划》，提出要大力发展绿色建材，加快建材工业数字化智能化转型，推动建材工业高质量发展。随着可持续发展理念深入人心，人们对健康环保、节能减排的要求越来越高，这对建筑装饰材料的选用提出了更高要求。一些设计师和业主开始注重选用天然、环保、可再生的装饰材料，以减少有害物质对室内环境的污染，降低能源消耗，实现人与自然的和谐共生。室内设计中对建筑装饰材料的创新应用体现在以下5个方面。

① 巧用环保材料，打造健康空间。在室内设计中，应积极选用环保型建筑装饰材料，如低VOC涂料、天然矿物质材料、竹木材料等，减少室内环境中有害物质的释放，营

健康、舒适的生活空间。例如，可用竹编材料制作隔断或背景墙，既能调节室内湿度，又能营造出清新雅致的东方意境；将竹子编织成不同形态的装饰元素，不仅能够软化空间线条，增加视觉层次，还能起到自然调湿的作用，为室内环境增添一份清新自然的气息。

② 融合智能材料，创享智慧生活。随着科技的进步，智能化建筑装饰材料不断涌现。这些材料集成了传感、调控、反馈功能，能够对环境条件和人的需求做出智能响应，为人们带来更加便捷、舒适的生活体验。设计师通过人性化的设计策略，将技术与艺术巧妙融合，创造出兼具实用性和美感的智能化空间，让居住者真正享受到科技带来的智慧生活。

③ 个性定制材料，彰显独特风格。随着数字化制造技术的发展，个性化定制建筑装饰材料成为可能。与传统的批量化生产模式不同，个性化定制能够根据客户的特定需求，在材料的色彩、纹理、形状等方面进行专属设计，生产出独一无二的装饰产品，从而打造出彰显个性、富有创意的室内空间。

④ 跨界混搭材料，演绎时尚活力。创新应用建筑装饰材料，不拘泥于常规搭配，而是大胆尝试材料的跨界混搭，将不同属性、风格的材料组合在一起，以"化学反应"激发出材料的"崭新表情"，演绎出时尚活力的空间效果。跨界混搭打破了材料应用的条条框框，让材料释放出更多可能性，同时也让空间更富设计感和艺术感，满足现代人追求个性、时尚、多元化的审美需求。

⑤ 传承创新工艺，弘扬文化精髓。室内设计应当继承和发扬中国优秀的传统装饰工艺，如木雕、砖雕、石雕、织绣等。这些工艺凝结了中华民族的智慧结晶和审美追求，彰显出传统文化的独特魅力。

**【思考与练习】**

1. 室内装饰材料的功能都有哪些?
2. 室内装饰材料如何分类?
3. 室内装饰材料的物理性质、力学性质和抗耐性能分别有哪些?
4. 室内装饰材料的选用原则有哪些?
5. 试论述室内装饰材料未来的发展趋势。

# 项目二 楼地面工程装饰材料与构造

## 【项目提要】——

本项目主要介绍墙面和柱面装饰工程所用材料及结构的知识，涵盖墙面和柱面装饰工程所用材料的基础知识、类别、花色品种、规格、性能特征、用途及装饰构造等方面的内容。

整体面层是指一次性连续铺筑而成的面层，如水泥砂浆面层、细石混凝土面层、水磨石面层、细石混凝土地面等。其工程量按主墙间（主墙指砖砌墙厚度大于等于180mm，混凝土墙大于等于100mm）的净空面积计算。不扣除柱、垛、壁墙、附墙烟囱及0.3㎡内的孔洞面积，门洞、空圈、暖气包槽部分也不增加。对于凸出地面的构筑物、设备基础和不抹灰的地沟盖板等所占面积应扣除。

## 【学习目标】——

### 1.知识目标

掌握整体式楼地面、块料楼地面、橡塑楼地面、竹木楼地面、地毯类楼地面以及防静电和静音活动地板的基础知识和材料类别。

### 2.能力目标

能够清晰判定出材料的具体分类，能够掌握不同类材料的性能和特征，能够画出不同装饰地面的构造图。

### 3.素质目标

培养科学的专业思维，掌握专业的装饰材料理论认知，以及在装饰材料与构造中守规范的意识；通过实际工程中装饰材料的应用，培养精益求精的工匠精神；培养独立分析问题和解决问题的能力。

## 【学习要点】——

### 1.学习重点

不同楼地面装饰材料的基础知识，楼地面装饰材料的分类，以及不同类别楼地面装饰材料的性能特征。

### 2.学习难点

不同类别楼地面装饰构造图的学习和绘制。

# 模块一
## 整体面层材料与构造

### 一、现浇水磨石面层材料与构造

#### 1.现浇水磨石面层材料概述

现浇水磨石（也称水磨石）是将碎石、玻璃、石英石等骨料拌入水泥黏结料制成混凝制品后经表面研磨、抛光的制品（图2-1-1）。传统水磨石是早期普遍流行的一种地坪做法，但具有施工过程污染严重、易风化等缺点，因此逐渐被其他地坪产品替代。近年来，随着技术的进步，市场上出现了现代化的水磨石整体地坪产品，施工更为灵活，图案艺术化效果更强，重新掀起了一股水磨石风潮，深受设计师喜爱。

(a)　　　　　　　　　　　　　　(b)

图2-1-1　水磨石面层

#### 2.现浇水磨石面层材料的类别

水磨石按照原料分类，可以分为以水泥为黏结料制成的无机水磨石，以及用环氧黏结料等制成的环氧水磨石或有机水磨石。按施工制作工艺又分为现场浇筑水磨石和预制板材水磨石两种。

水泥水磨石（图2-1-2）采用普通水泥配合无机耐温聚合技术，在不经高温熔化的条件下，选用坚硬的岩石，加工成小颗粒和细小颗粒，与水泥和外加剂混合，经过分格、硬化、打磨和抛光，使得水泥水磨石具有极高的强度、耐磨性和优越的抗污性能，自然色度和整体装饰效果可达到或超过天然石材。水泥水磨石通常需要进行表面处理，可以用打蜡或混凝土密封技术形成致密的封闭表面，从而有效防止灰尘等问题。

环氧水磨石以环氧树脂为黏结剂制作而成，拥有环氧树脂的部分优越性能。底涂和面涂的处理可以做到色彩绚丽缤纷，颜色图案任意组合，同时表面光滑、细腻、耐压、抗冲击，经久耐用（图2-1-3）。

图2-1-2 水泥水磨石地坪

图2-1-3 环氧水磨石地坪

### 3.现浇水磨石面层材料的性能特征

现浇水磨石整体地坪拥有多样化的色彩搭配选择，并具有创造各种线条或图案的能力，可以充分实现设计师的艺术理念，并实现大面积无分割、无拼接，达到天然石材、人造石或者瓷砖都无法实现的整体视觉完整性，现浇水磨石地坪具有以下特征。

① 具有大理石材质特性，并且通过现场大面积浇筑铺设，可以实现整体无缝施工，避免大理石铺设时的拼接缝隙，无切割、无拼接、整体性强。

② 自重轻，符合高层建筑物需求。其弹性强度是普通混凝土的10倍，抗拉强度是普通混凝土的10倍，抗压强度是普通混凝土的3倍，耐磨性是普通混凝土的4倍。

③ 可以表现出绚丽多彩的颜色和纷繁复杂的图案，平整、亮洁、无色差，从而可完美地表达出设计意象。

④ 树脂罩面，表面密闭性好，可以达到洁净、无尘、耐脏污、抗菌等高标准的卫生使用要求；易清洁、维护和保养，经久耐用，光亮耐磨。

⑤ 具有很强的防滑功能，脚感舒适，静音效果好。

#### 4.现浇水磨石面层材料的用途

现浇水磨石地坪适用于城市公共基础设施，如学校、医院、机场、博物馆、体育馆等，商业贸易中心，如商场、展厅、高档餐厅等，以及其他一些需要美观耐磨地坪的场所，尤其适合对洁净、美观、无尘以及无菌要求较高的场所（图2-1-4）。

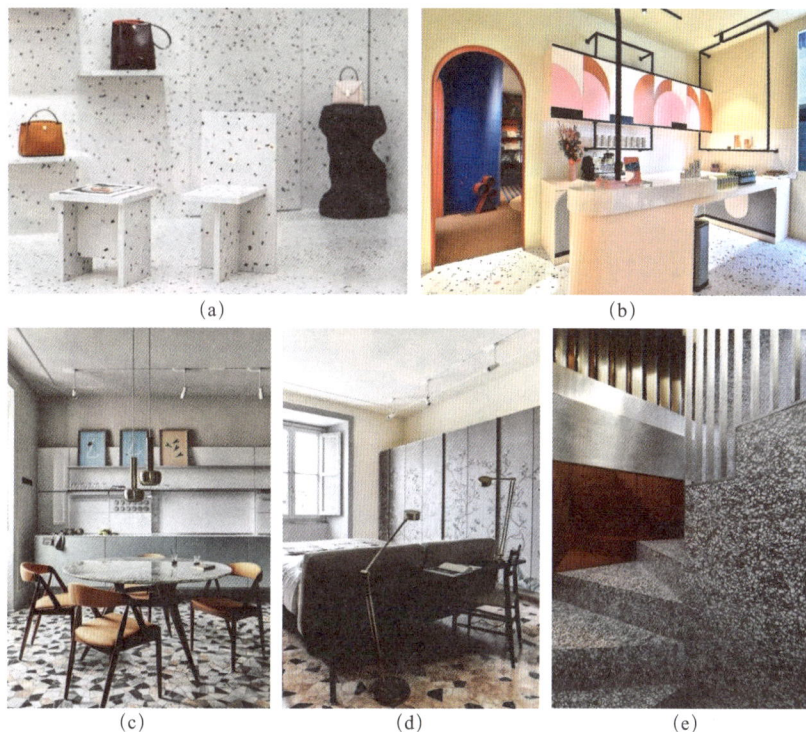

(a)　　　　　　　　　　　(b)

(c)　　　　　(d)　　　　　(e)

图2-1-4　现浇水磨石地坪的应用

#### 5.装饰构造

现浇水磨石地坪的装饰构造一般由基层处理、镶嵌分格条和面层处理等几部分组成。现浇水磨石地坪装饰构造做法和节点三维示意如图2-1-5和图2-1-6所示。

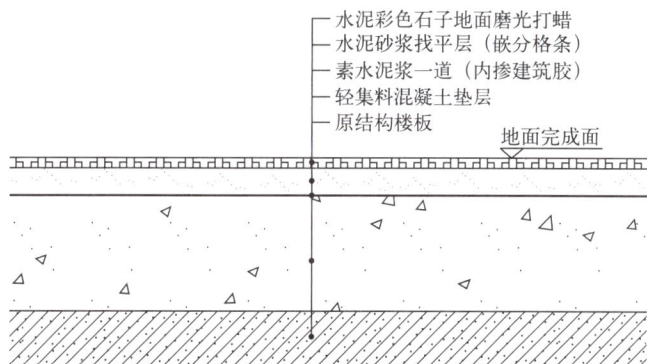

水泥彩色石子地面磨光打蜡
水泥砂浆找平层（嵌分格条）
素水泥浆一道（内掺建筑胶）
轻集料混凝土垫层
原结构楼板

地面完成面

图2-1-5　现浇水磨石地坪装饰构造

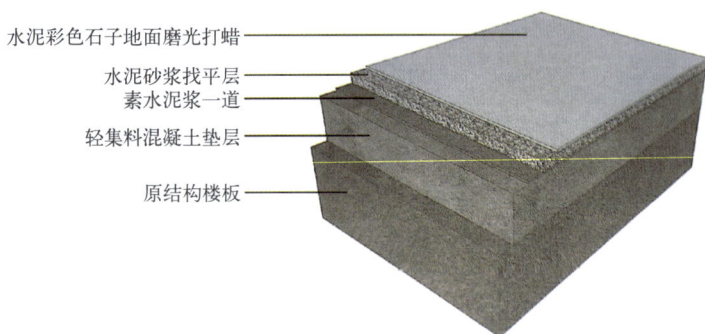

水泥彩色石子地面磨光打蜡

水泥砂浆找平层

素水泥浆一道

轻集料混凝土垫层

原结构楼板

图2-1-6　现浇水磨石地坪节点三维示意

## 二、自流平面层材料与构造

### 1. 自流平面层材料概述

自流平面层是一种无溶剂、粒子致密的厚浆型环氧地坪涂料。简单来说就是由多种材料与水混合而成的液态物质，倒在地面上能根据地面的高低不平顺势流动，对地面进行自动找平（图2-1-7）。

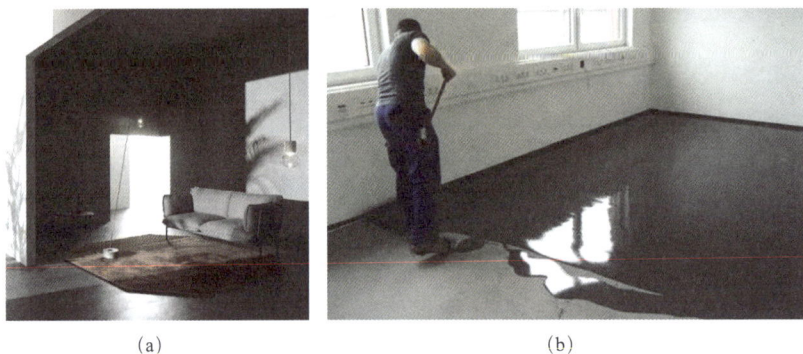

(a)　　　　　　　　　　　　　　(b)

图2-1-7　自流平面层

### 2.自流平面层材料的类别

自流平面层根据材料的不同，主要分为水泥基自流平和环氧自流平。

水泥基自流平地坪主要是由特种水泥、超塑化组分、天然高强骨料及有机改性组分复合而成的干拌砂浆。使用时与水混合后形成流动性极佳的流体浆料，在人工辅助摊铺下，能快速展开、自动找平。它只在一定的时间内（视施工温度，有3～5min的施工时间）存在一定的流动度和流动方向（它只能从高处向低处流动），超过一定时间，就会停止流动，开始凝固。水泥基自流平地坪根据使用情况可分为垫层自流平地坪和面层自流平地坪。垫层自流平地坪主要采用环氧树脂、PU等垫层找平材料和PVC、瓷砖、地毯、木板等基础找平材料。水泥基自流平地坪的垫层厚度为3～5mm，只是用于找平，硬度也相对较小，如图2-1-8所示。

环氧自流平地坪以环氧树脂为主材，由固化剂、稀释剂、溶剂、分散剂、消泡剂及某些填料等混合加工而成。环氧自流平地坪包括混凝土基层和环氧自流平地坪涂层两部分。混凝土基层采用强度等级不小于C25的混凝土一次浇筑成型。有耐压、耐冲击要求时，混凝土基层可采用双向钢筋网处理。环氧自流平地坪涂层包括底涂层、中涂层、腻子层和面涂层，如图2-1-9所示。

图2-1-8　水泥基自流平地坪　　　　　　图2-1-9　环氧自流平地坪

### 3. 自流平面层材料的性能特征

① 施工简便快速，直接加水拌和即可，手工操作和机械施工均可以，具有良好的黏结性。

② 具有良好的流动性，自动找平，不需振捣、抹压，施工速度快，4～5h后可上人行走，24h后可进行面层施工。机械泵送，日施工面积大，硬化速度快，省时省力。

③ 硬化强度高，具有高抗压强度和耐磨性能。

④ 收缩率极低，不易龟裂和产生脱层空鼓现象。

⑤ 易于清洁，材料施工成型后结合其他产品良好的耐化学品腐蚀性能，做适当表面处理，即具有防水、防油污渗入性能，经过简单清洁即可光洁如新，省去定期保养的麻烦。

⑥ 可根据用户需求选择合适的颜色及成型效果。

### 4. 自流平面层材料的用途

自流平面层材料可应用于很多地板基层找平工程中，具有一定耐磨性的自流平面层材料广泛应用于工厂、仓库、地下车库、运动场地等；高档的自流平面层材料也广泛应用于商业建筑、办公室、展厅及老旧建筑改造等地坪装饰中，如图2-1-10所示。

(a)　　　　　　　　　　　　　(b)

图2-1-10

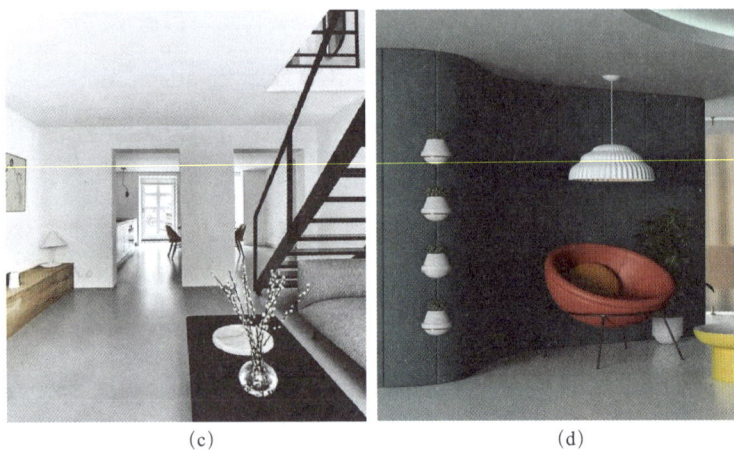

(c)　　　　　　　　　　　　　　　　(d)

图2-1-10　自流平面层材料的应用

## 5.自流平地坪的装饰构造（图2-1-11～图2-1-14）

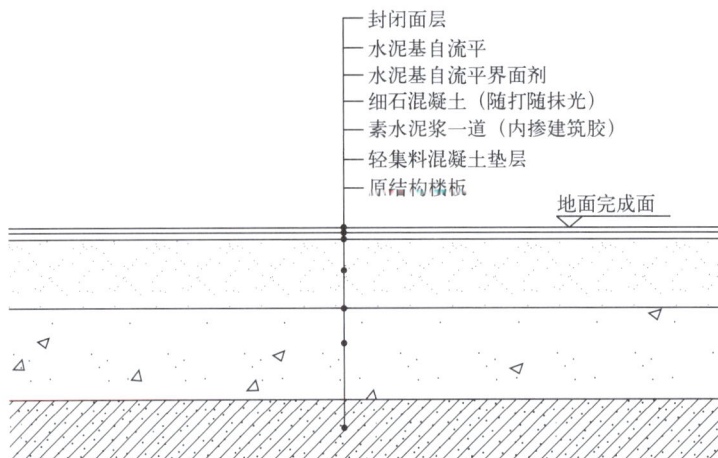

封闭面层
水泥基自流平
水泥基自流平界面剂
细石混凝土（随打随抹光）
素水泥浆一道（内掺建筑胶）
轻集料混凝土垫层
原结构楼板
地面完成面

图2-1-11　水泥基自流平地坪装饰构造

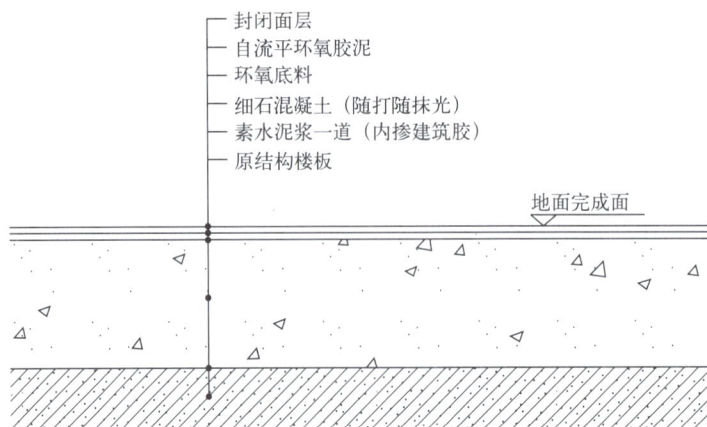

封闭面层
自流平环氧胶泥
环氧底料
细石混凝土（随打随抹光）
素水泥浆一道（内掺建筑胶）
原结构楼板
地面完成面

图2-1-12　环氧自流平地坪装饰构造

封闭面层

水泥基自流平+界面剂

细石混凝土+素水泥浆一道（内掺建筑胶）

轻集料混凝土垫层

原结构楼板

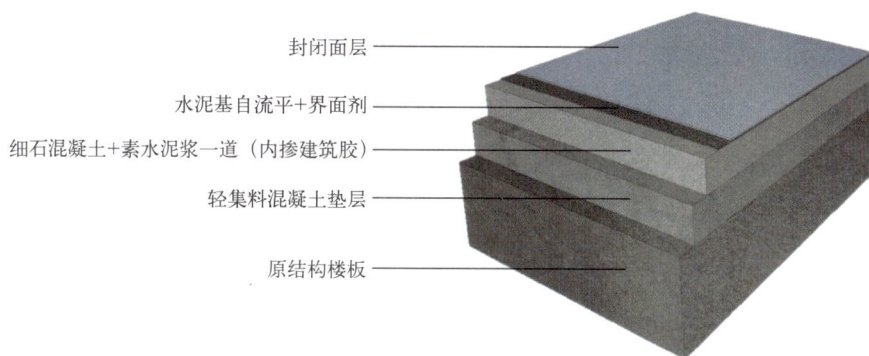

图2-1-13　水泥自流平地面三维示意

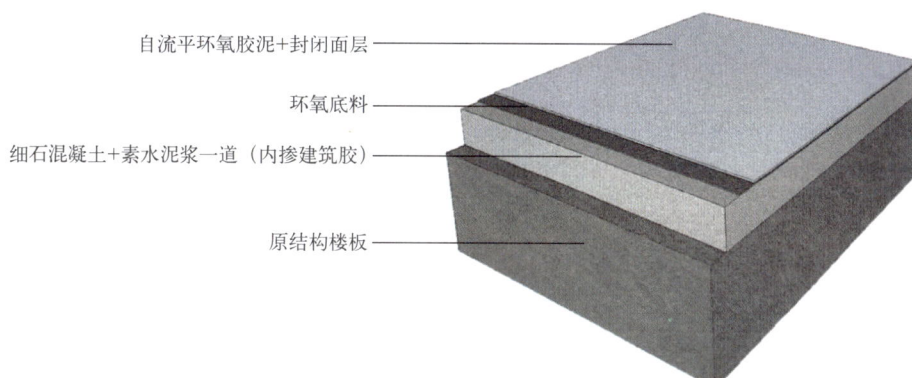

自流平环氧胶泥+封闭面层

环氧底料

细石混凝土+素水泥浆一道（内掺建筑胶）

原结构楼板

图2-1-14　环氧自流平地面三维示意

## 三、地坪漆面层材料与构造

### 1. 地坪漆面层材料的类别

地坪漆是一种地面涂料（图2-1-15），可分为环氧地坪漆、聚氨酯地坪漆、防腐蚀地坪漆等类别。

（a）

（b）

图2-1-15　地坪漆面层

**（1）环氧地坪漆**

通常由环氧树脂、溶剂、固化剂、颜料及助剂构成。这类涂料中包含众多地坪漆品种，如无溶剂自流平地坪漆、防腐蚀地坪漆、耐磨地坪漆、防静电地坪漆和水性地坪漆等。其主要特征是与水泥基层的黏结力强，具有耐水性和耐其他腐蚀性介质的作用，以及非常良好的涂膜物理力学性能等，适合各种工厂、修理场、球场、停车场、仓库、商场等场所。环氧地坪漆与混凝土基面很高的黏结强度，可以有效抵抗水汽引起的背压，适用于腻子、砖石、混凝土结构的封闭底漆，也可用作对热喷锌、喷铝的封闭和无机富锌涂层的封闭。

**（2）聚氨酯地坪漆**

以聚醚树脂、丙烯酸酯树脂或环氧树脂为组分，涂膜硬度和与基层的黏结力等不如环氧树脂类涂料，其品种较少。主要用于对地坪有弹性和防滑要求的场所。

**（3）防腐蚀地坪漆**

除了具有可载重地坪漆的各种强度性能外，还能够耐受各种腐蚀性介质的腐蚀作用。适用于各种化工厂、煤油厂、卫生材料厂等地面的涂装。

**（4）弹性地坪漆**

采用弹性聚氨酯制成，行走舒适，适用于各种体育运动场所、公共场所和某些工厂车间的地面涂装。

**（5）防静电地坪漆**

能够防止因静电积累而产生事故，以及屏蔽电磁干扰和防止吸附灰尘等，适用于电厂、电了厂车间、火工产品厂、计算机室等地面的涂装。

**（6）防滑地坪漆**

涂膜具有很高的摩擦系数，有防滑性能，适合各种具有防滑要求的地面涂装，是一类正处于快速应用与发展阶段的地坪漆。

**（7）可载重地坪漆**

这类地坪漆与混凝土基层的黏结强度高，拉伸强度和硬度均高，并具有很好的抗冲击性能、承载力和耐磨性。适用于需要有载重车辆和叉车行走的工厂车间和仓库等的地坪涂装。

## 2. 地坪漆面层材料的性能特征

**（1）优良的附着力**

环氧地坪漆与底材的吸附力强。而且环氧树脂固化时体积收缩率低（仅2%左右），故漆膜对金属（钢、铝）、陶瓷、玻璃、混凝土、木材等极性底材均有优良的附着力。

**（2）耐化学品性能优良**

环氧地坪漆耐碱而且附着力好，故可大量用作防腐蚀底漆。而且环氧地坪漆固化后呈三维网状结构，又能耐油类的浸渍，因此也可大量用于油槽、油轮、飞机的整体油箱内壁衬里等的防腐。

**（3）韧性好**

与热固性酚醛树脂涂料相比较，环氧地坪漆具有一定的韧性，而不像酚醛树脂那样脆。

**（4）防水、防腐蚀**

环氧树脂能排挤物体表面的水而涂布，可用于水下结构的抢修和水下结构的防腐蚀施工。

　　同时，地坪漆面层具有颜色不褪不变的特点，可以根据客户需求进行个性化调配。特别是其坚韧而又干净的表面，橘皮花纹平整、均匀，防滑又易清洗，且具有防渗、防尘、便于消毒和清洁等功能。

### 3. 地坪漆面层材料的用途

　　环氧防腐面漆广泛用于各种酸、碱、盐环境下的钢结构防腐，各种地坪的防腐、防尘、防霉、防菌，如GMP药厂、电子厂、食品加工厂、纺织工厂、造纸厂、医院手术室、试验室等（图2-1-16）。

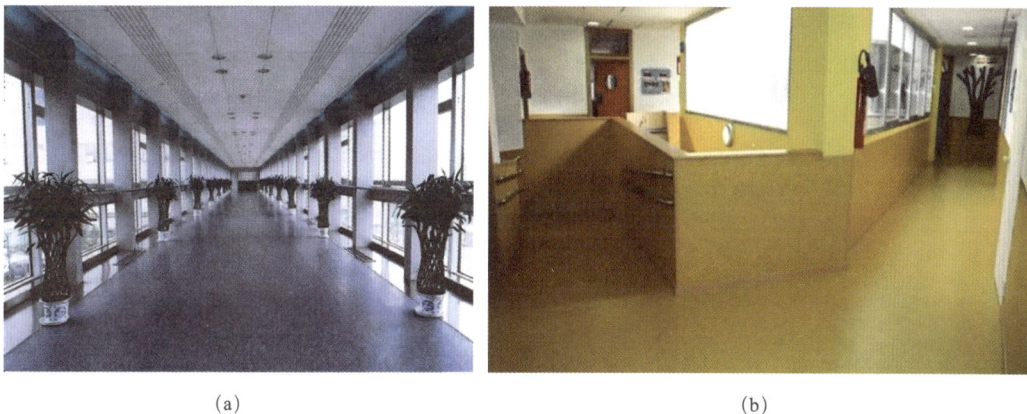

(a)　　　　　　　　　　　　　　　　(b)

图2-1-16　地坪漆面层的应用

### 4. 地坪漆面层装饰构造（图2-1-17）

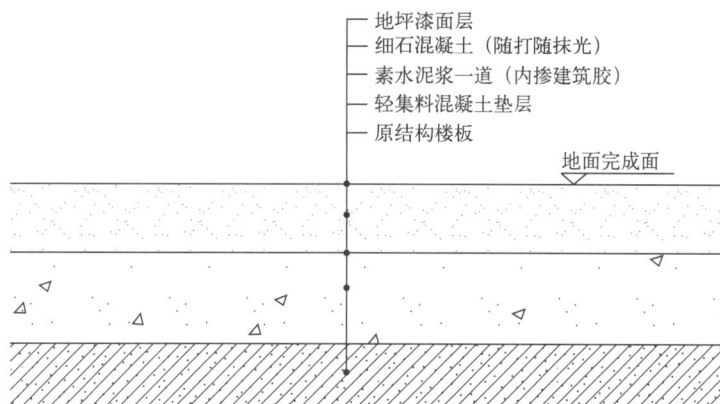

地坪漆面层
细石混凝土（随打随抹光）
素水泥浆一道（内掺建筑胶）
轻集料混凝土垫层
原结构楼板
地面完成面

图2-1-17　地坪漆面层装饰构造

## 一、陶瓷面层材料与构造

### （一）抛光砖

#### 1.抛光砖面层概述

抛光砖是通体坯体的表面经过打磨而成的一种光亮的砖种，属于通体砖的一种。与一般通体砖相比，抛光砖要光洁得多，但由于抛光砖表面存在着微细气孔（4%～5%的闭口气孔），这些微细气孔暴露于瓷砖表面，形成开口孔隙，使得抛光砖在使用时易被污染物（如墨水、涂料、茶水、水泥、橡胶等）所污染（图2-2-1）。

(a)　　　　　　　　　　　　　　　　(b)

图2-2-1　抛光砖面层

#### 2.抛光砖的类别

抛光砖主要分为渗花型砖、微粉砖、多管布料砖、微晶石和防静电砖等（图2-2-2）。

**（1）渗花型砖**

渗花型砖生产工艺较简单，就是在坯体表层施上一层渗花釉，一般为3～5mm厚，经过两次抛光、修边、倒角工序，再做一遍防污处理就可以出厂了。应该注意的是最后的防污处理工艺，因为抛光砖最大的缺点就是表面很容易渗入污染物。

**（2）微粉砖**

在坯体表面撒上一层更细的粉料（坯体和表层所用的原料都是一致的），表层的粉料经过球磨机再次长时间地球磨，然后将粉料用刮刀刮在坯体上，再压制一次即可制成微粉砖。这类产品的优点是表层颗粒细，直接体现在吸水率低、防渗透能力强。缺点是花色简单，所有微粉砖的纹路都是一样的，纵向花纹规则，整体铺贴后效果单调，存在技术瓶颈；由于微粉砖是两次压制的，所以容易出现夹层开裂现象。

**（3）多管布料砖**

多管布料砖的生产工艺比较特殊，粉料下料的时候是由很多料管一次下料及一次压制成型的。这类产品花色、纹路很自然，每片砖大体差不多但又不一样，能替代大理石。

**（4）微晶石**

微晶石最大的优点是不渗污，吸水率基本为零。它的厚度基本上与3块普通抛光砖相当，是由两层物质结合压制而成的。其缺点是不耐磨，时间一长就会被鞋上带的沙子磨花；由于是两次压制成型，因此容易开裂。

**（5）防静电砖**

防静电砖是防静电瓷砖的一种，是在防静电釉面砖（包括仿古砖）基础上改良而成的。除兼具防静电釉面砖所有优点外，还具有硬度高（经1360℃高温烧制而成）、高耐磨、平整度高、吸水率低、不发尘和规格尺寸精度高等优点，比普通抛光砖多了防静电功能。这种砖主要用在一些对静电敏感的场所，如计算机房、通信机房。

| (a) 渗花型砖 | (b) 微粉砖 | (c) 微晶石 |

图2-2-2　抛光砖的类别

### 3.抛光砖面层的花色品种

抛光砖的品种名称繁多，如天之石系列、云影石系列、白玉渗花系列、雪花白石系列、彩虹石系列、彩云石系列、天韵石系列、金花米黄系列、真石韵系列、流星雨系列等。

### 4.抛光砖面层的规格

抛光砖规格尺寸较多，可接受定制尺寸。抛光砖的常用规格为400mm×400mm×6mm、500mm×500mm×6mm、600mm×600mm×8mm、800mm×800mm×10mm、1000mm×1000mm×10mm等。

### 5.抛光砖面层的性能特征

相对于通体砖的平面粗糙而言，抛光砖的优点在于坚硬、耐磨、砖体薄、重量轻，无放射性元素，可控制色差，抗弯强度大，防滑，适合室内外大面积铺贴。抛光砖的缺点是易脏，抗污能力较差。因为制作中留下的凹凸孔隙会藏污纳垢，使污渍通过砖体表面的孔隙渗入材料内部。一些优质的抛光砖都会专门加设一层防污层。所有的抛光砖都具有较强的防滑性，砖上有土会滑，有水反而会变涩。

### 6.抛光砖面层的用途

目前抛光砖主要被用在家居的客厅、餐厅和玄关处。客厅是家中最大的休闲、活动空间，是家人相聚、娱乐会客的重要场所，明亮、舒适的光线有助于形成愉悦的气氛，减轻眼睛的负担。为了满足客厅的功能，其地面材料就要求坚硬耐磨，而抛光砖就是一个不错的选择（图2-2-3）。但由于抛光砖本身易脏，因此要多加注意，可在施工前打上水蜡，以防止污染。另外，在使用中也要注意保养。

(a)　　　　　　　　　　　　　　　(b)

图2-2-3　抛光砖面层的应用

### 7. 抛光砖面层的选购要点

在选购抛光砖时，应注意以下几点。

① 抛光砖表面应光泽亮丽，无划痕、色斑、漏抛、漏磨、缺边、缺角等缺陷。把几块砖拼放在一起应没有明显色差，砖体表面无针孔、黑点、划痕等瑕疵。

② 注意观察抛光砖的镜面效果是否强烈，越光的产品硬度越好，玻化程度越高，烧结度越好，而吸水率则越低。

③ 用手指轻敲砖体，若声音清脆，则瓷化程度高，耐磨性强，抗折强度高，吸水率低，且不易受污染；若声音混哑，则瓷化程度低（甚至存在裂纹），耐磨性差，抗折强度低，吸水率高，极易受污染。

④ 以少量墨汁或带颜色的水溶液倒于砖面，静置2min，然后用水冲洗或用布擦拭，看残留痕迹是否明显；如只有少许残留痕迹，则证明砖体吸水率低，抗污性好，理化性能佳；如有明显或严重痕迹，则证明砖体玻化程度低，质量低劣。

### 8. 抛光砖面层的装饰构造（图2-2-4）

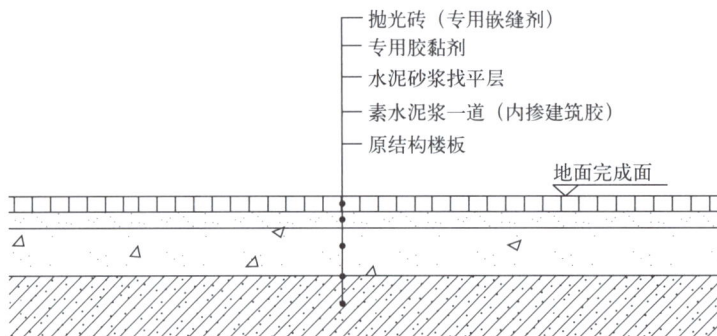

抛光砖（专用嵌缝剂）
专用胶黏剂
水泥砂浆找平层
素水泥浆一道（内掺建筑胶）
原结构楼板

地面完成面

图2-2-4　抛光砖面层的装饰构造

## （二）玻化砖

### 1. 玻化砖概述

玻化砖由优质高岭土强化高温烧制而成，表面光洁，不需要抛光，因此不存在抛光气孔的问题（图2-2-5）。玻化砖的出现是为了解决抛光砖的易脏问题，又称为全瓷砖。其吸水率小、抗折强度高，质地比抛光砖更硬、更耐磨。玻化砖与抛光砖类似，但是制作要求更高，要求压机更好，能够压制更高的密度，同时烧制的温度更高，能够做到全瓷化。

(a)　　　　　　　　　　　(b)

图2-2-5　玻化砖面层

### 2. 玻化砖的花色品种

玻化砖同抛光砖一样，品种名称很多，如金花米黄、飞天石、天山石、微晶玉、泰山石、珍珠石、月亮石等。

### 3. 玻化砖的规格

玻化砖的常用规格为600mm×600mm×8mm、800mm×800mm×10mm、4000mm×1000mm×10mm、1200mm×1200mm×12mm等。

### 4. 玻化砖的性能特征

玻化砖具有高光度、高硬度、高耐磨、吸水率低、色差少以及规格多样化和色彩丰富等优点。

① 玻化砖表面光洁但又不需要抛光，不存在抛光气孔的问题。所以质地比抛光砖更硬、更耐磨，长久使用也不容易出现表面破损，性能稳定。

② 玻化砖不同于一般抛光砖色彩单一、呆板、少变化，它的色彩艳丽柔和，没有显著色差，不同色彩的粉料使其自然呈现丰富的色彩层次。

③ 玻化砖高温烧制后，脱离了其自然属性，历久弥新，理化性能稳定，耐腐蚀，抗污性强。

玻化砖主要特性见表2-2-1。

表2-2-1　玻化砖主要特性

| 吸水率 | 抗折强度 | 破坏强度 |
| --- | --- | --- |
| ≤ 0.5% | > 45MPa | 平均值≥1 300N |

### 5. 玻化砖的用途

玻化砖有很多优点，应用也较广泛，多用于星级宾馆、银行、大型商场、高级别墅和住宅楼的墙体、柱体、栏杆等室内装饰装修（图2-2-6）。在家庭装修中，其应用与抛光砖相同。但玻化砖如果在施工过程中不慎或日常保养不当，就会出现渗脏吸污现象，严重影响其整体美观性。所以，使用玻化砖时要特别注意这一点。

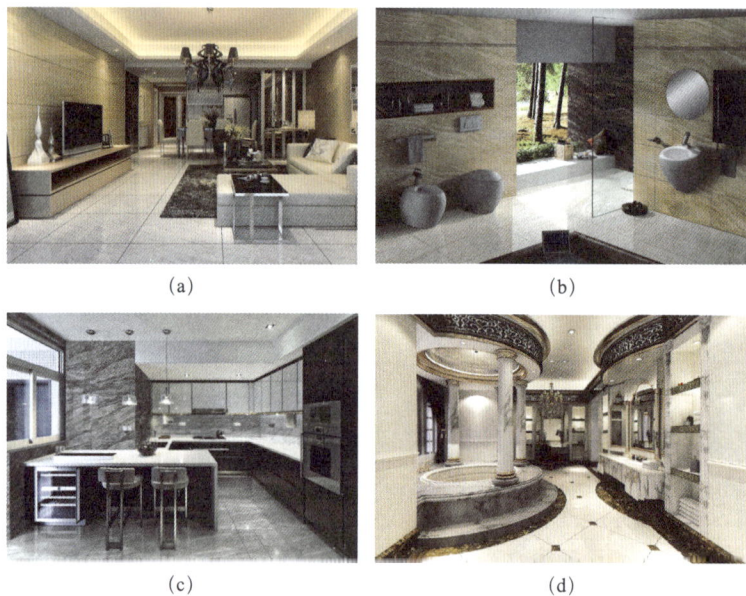

(a)  (b)

(c)  (d)

图2-2-6　玻化砖面层的应用

### 6. 玻化砖面层的装饰构造（图2-2-7）

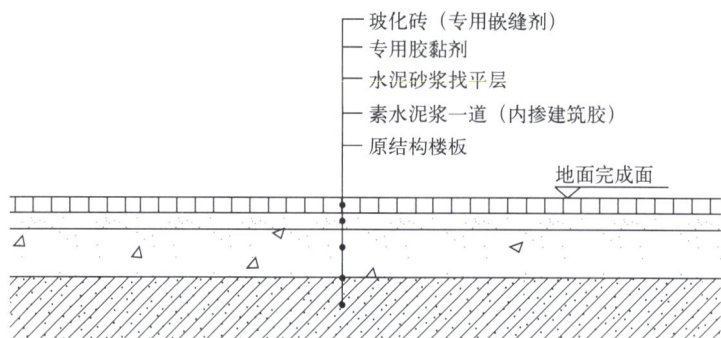

玻化砖（专用嵌缝剂）
专用胶黏剂
水泥砂浆找平层
素水泥浆一道（内掺建筑胶）
原结构楼板

地面完成面

图2-2-7　玻化砖面层的装饰构造

## （三）釉面砖

### 1. 釉面砖概述

釉面砖又称为陶瓷砖、瓷片或釉面陶土砖，是一种传统的卫生间、浴室墙面砖，是以黏土或高岭土为主要原料，加入一定的助熔剂，经过研磨、烘干、筑模、施釉、烧结成型的精陶制品（图2-2-8）。

图2-2-8　釉面砖面层

### 2.釉面砖的类别

根据釉料和生产工艺不同，将釉面砖分为白色釉面砖、彩色釉面砖、装饰釉面砖、印花釉面砖、瓷砖壁画等几种（图2-2-9）。

(a) 白色釉面砖　　(b) 彩色釉面砖　　(c) 装饰釉面砖　　(d) 印花釉面砖

图2-2-9　釉面砖的类别

#### （1）白色釉面砖

颜色纯白，釉面光亮，给人以整洁之感。

#### （2）彩色釉面砖

釉面光亮晶莹，色彩丰富多样；或釉面半无光，色泽一致，色调柔和，无刺眼之感。

#### （3）装饰釉面砖

在釉面砖上施以多种彩釉，经高温烧成。色釉互相渗透，花纹千姿百态，有良好装饰效果；或具有天然大理石花纹，颜色丰富饱满，可与天然大理石媲美。

#### （4）印花釉面砖

在釉面砖上装饰各种彩色图案，经高温烧成，纹样清晰，款式大方，可产生浮雕、缀光、绒毛、彩漆等效果。釉面砖表面所施釉料品种很多，有白色釉、彩色釉、光亮釉、珠光釉、结晶釉等。

#### （5）瓷砖壁画

以各种釉面砖拼成各种瓷砖画，或根据已有画稿浇成釉面砖后再拼成各种瓷砖画。巧妙地集绘画技法和陶瓷装饰艺术于一体，经过放样、制版、刻画、配釉、施釉、烧成等一系列工序，采用浸点、涂、喷、填等多种施釉技法和丰富多彩的窑变技术而产生独特的艺术效果。

釉面砖根据原材料的不同，可分为陶制釉面砖和瓷制釉面砖。由陶土烧制而成的釉面砖吸水率较高，强度较低，背面为红色；由瓷土烧制而成的釉面砖吸水率较低、强度较高，背面为灰白色。现今主要用于墙地面铺设的是瓷制釉面砖，其质地紧密、美观耐用、易于保洁、孔隙率小、膨胀不显著。

### 3. 釉面砖的规格

釉面砖按形状不同可分为通用砖和异型砖。通用砖是正方形砖、长方形砖，异型砖也称为配件砖。通用砖一般用于较大面积墙面的铺贴，型形砖多用于墙面阴阳角和各收口部位的细部构造处理。异型砖外形详见图2-2-10。釉面砖常见规格见表2-2-2。

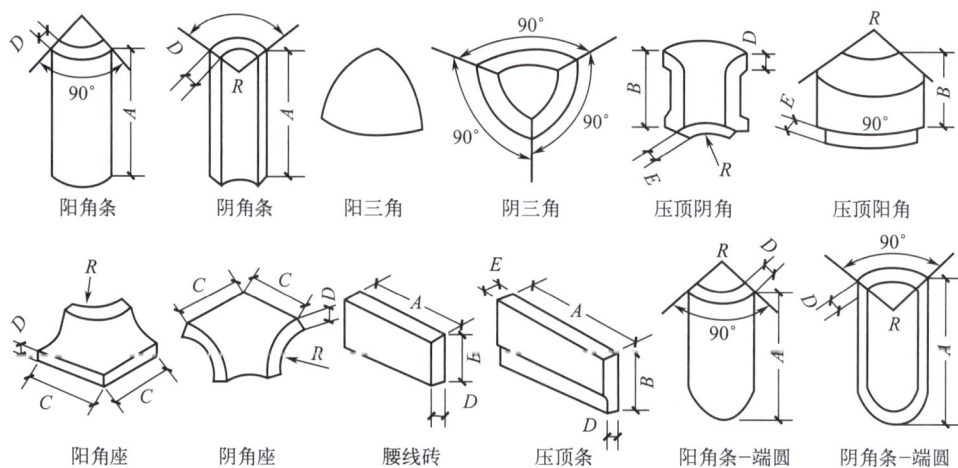

阳角条　　　阴角条　　　阳三角　　　阴三角　　　压顶阴角　　　压顶阳角

阳角座　　　阴角座　　　腰线砖　　　压顶条　　　阳角条-端圆　　阴角条-端圆

图2-2-10　异型砖外形

R—半径；D—厚度；C—长度；B—高度；A—高度

表2-2-2　釉面砖常见规格　　　　　　　　　　　　　　　　　　　　　　单位：mm

| 墙面釉面砖 | 200×200×5、200×300×5、250×330×6、330×450×6等 |
| --- | --- |
| 地面釉面砖 | 250×250×6、300×300×6、500×500×8、600×600×8、800×800×10等 |

### 4. 釉面砖的性能特征

釉面砖具有许多优良性能，它不仅强度高、防潮、耐污染、易清洗、变形小，具有一定的抗极冷极热性能，而且表面光亮细腻、色彩和图案丰富、风格典雅，具有很好的装饰性。

① 釉面砖的色彩图案丰富、规格多、清洁方便、选择空间大，适用于厨房和卫浴间。

② 釉面砖的表面强度大，可用于墙面和地面。

③ 釉面砖防渗，不怕脏，且大部分釉面砖的防滑度都非常好。

④ 釉面砖可以无缝拼接，任意造型，韧度非常好，基本上不会发生断裂等现象。

⑤ 釉面砖拥有耐急冷急热的特性，即温度急剧变化时不会出现裂纹。

⑥ 釉面砖耐磨性不如抛光砖，在烧制过程中经常能看到有针孔、裂纹、弯曲、色差，釉面有水波纹、斑点等。

### 5.釉面砖的用途

釉面砖的应用非常广泛，主要用于厨房、浴室、卫生间、实验室、精密仪器车间及医院等内墙面、地面和台面，可使室内空间具有独特的装饰美观效果（图2-2-11）。通常釉面砖不宜用于室外，因为釉面砖多为精陶坯体，吸水率较大，吸水后将产生湿胀，而其表面釉层的湿胀性很小，因此会导致釉层发生裂纹或剥落，严重影响建筑物的饰面效果。

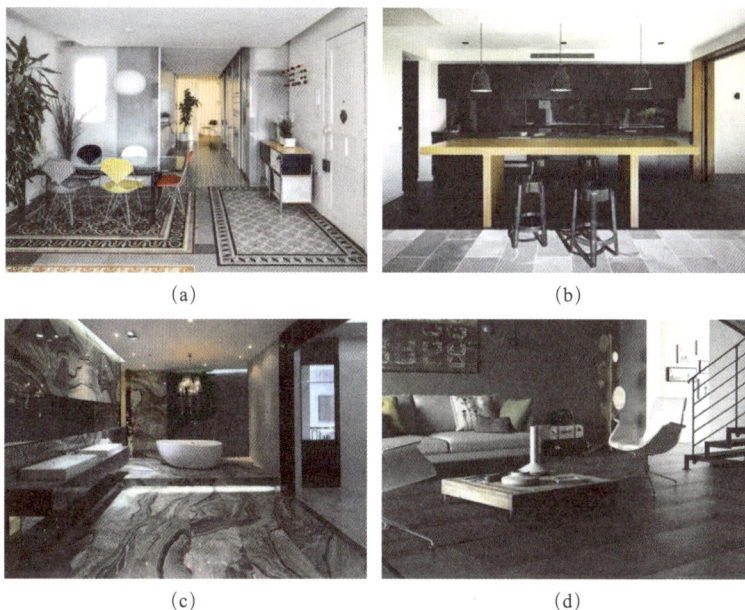

| (a) | (b) |
| (c) | (d) |

图2-2-11　釉面砖面层的应用

### 6.釉面砖的选购

在选购釉面砖时，应注意以下几点。

① 在光线充足的环境中把釉面砖放在离视线半米的距离外，观察其表面有无开裂和釉裂，然后把釉面砖翻转过来，看其背面有无磕碰情况。只要不影响正常使用，有些磕碰也可以。但如果侧面有裂纹，而且占釉面砖本身厚度一半或一半以上的时候，此砖就不宜使用了。

② 随便拿起一块釉面砖，然后用手指轻轻敲击釉面砖的各个位置，如声音一致，则说明内部没有空鼓、夹层；如果声音有差异，则可认定此砖为不合格产品。

③ 选购有正式厂名、商标及检测报告等的正规合格釉面砖。釉面砖的应用非常广泛，但不宜用于室外，因为室外的环境比较潮湿，而此时釉面砖就会吸收水分，产生湿胀，其湿胀应力大于釉层的抗张应力时，釉层就会产生裂纹。所以，釉面砖主要用于室内的厨房、浴室、卫生间。

## 7.釉面砖面层的装饰构造（图2-2-12）

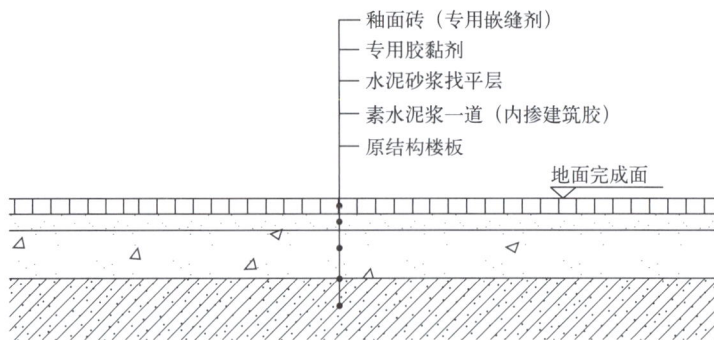

釉面砖（专用嵌缝剂）
专用胶黏剂
水泥砂浆找平层
素水泥浆一道（内掺建筑胶）
原结构楼板

地面完成面

图2-2-12　釉面砖面层的装饰构造

## （四）通体砖

### 1.通体砖概述

通体砖是将岩石碎屑经过高压压制而成，表面不上釉的陶瓷砖，而且正反两面的材质和色泽一致，也由此得名（图2-2-13）。通体砖是一种耐磨砖，有多种渗花通体砖的品种，但花色比不上釉面砖。

（a）　　　　　　　　　　　　　　　　（b）

图2-2-13　通体砖

### 2.通体砖的类别

通体砖的种类不多，花色比较单一。常用种类有自洁砖、45×145粉砂系列、大颗粒系列、红岩系列、岩石系列、劈开通体砖系列、蚀文系列、月扇系列、古域系列、川岩系列等（图2-2-14）。

（a）大颗粒系列　　　　　　　　　　（b）岩石系列

图2-2-14　通体砖的类别

**（1）自洁砖**

能有效地分解附在瓷砖表面的油酸分子等物质，使灰尘、污垢无法粘紧在瓷砖表面，遇风、雨便会自动冲洗干净，达到自洁效果。

**（2）45×145粉砂系列**

该系列属于无釉砖，以岩石碎屑高压压制而成，表面经粉砂工艺处理，形成细腻颗粒感，兼具天然石材的硬度和低吸水率（通常≤0.5%）。砖体从表层到底坯材质、色泽完全一致，即使切割或磨损后仍保持统一纹理，适合需倒角、拉槽等工艺的场景。

**（3）大颗粒系列**

用多元化的大颗粒为料，科学考究的工艺处理手段，质地纯厚丰润，体现表里如一的品质，使墙面富有特色。

**（4）红岩系列**

特有暖色亲和力的铁红，表面自然、细腻、原始，富于变化的色调具有活力，更具有浓郁的古典色彩和品味。

**（5）岩石系列**

似岩石的自然劈离，似风蚀的熔岩，酿造经典，能塑造广阔的艺术空间。

**（6）劈开通体砖系列**

蚀孔状态的砖面，自然的拉痕，十分接近风化的效果，贴近自然的个性化设计，迎合最独特的构思和理念。

**（7）蚀文系列**

经过天然雕刻，使砖面表现得细腻，演绎遗留的古老文化。

**（8）月扇系列**

月扇配之相应的色调，表现出一种意气风发、柔性的基调，创造出自然清新及高贵典雅的建筑效果。

**（9）古域系列**

自然的肌理、呈色的变化，以及带有石锈斑的修饰性，使墙面给人古朴、典雅、卓越的感觉。

**（10）川岩系列**

呈现岩石原有的自然风貌，肌理错落有致，带着自然的干练，又有水蚀的那份轻柔。

**3.通体砖的常用规格**

通体砖的常用规格有45mm×45mm×5mm、45mm×95mm×5mm、108mm×108mm×13mm、200mm×200mm×13mm、300mm×300mm×5mm、400mm×400mm×6mm、500mm×500mm×6mm、600mm×600mm×8mm、800mm×800mm×10mm等。

**4.通体砖的性能特征**

**（1）装饰效果好**

通体砖装饰效果古香古色、高雅别致、纯朴自然，同时由于其表面粗糙，光线照射后产生漫反射，反光柔和不刺眼，对周边环境不会造成光污染。

### （2）耐磨性、防滑性强

通体砖表面较粗糙，耐磨性、防滑性是所有瓷砖中最好的。不过它也有一个缺点就是易脏，其表面的气孔很容易藏污纳垢。若制作工艺中粉末非常细腻，烧制温度太高，表面在烧制过程中就会出现玻化现象。成品基本没有毛细孔，基本不会吸污渍，不会出现渗色现象。

### （3）颜色多样

通体砖颜色较多，色彩效果缤纷呈现，且不会出现脱釉的情况，属于质量比较好的材料，密度相对而言也是比较高的。

不过尽管颜色比较丰富，但是花色比较单一，纹路基本一致，属于纵向规则花纹。

### （4）重量轻、易铺贴

天然石材的强度低，加工厚度较大、笨重，会增加建筑物楼层的荷重，形成潜在威胁，导致成本上升，而通体砖的砖体较薄，重量轻，便于运输、铺贴。

### （5）装饰效果相对较差

由于通体砖表面不上釉，所以其装饰效果不如釉面砖。

### 5.通体砖的用途

由于目前的室内设计越来越倾向于素色，所以通体砖也逐渐成为一种时尚，被广泛使用于室内外广场、走道等公共区域，多数的防滑砖都属于通体砖。通体砖被广泛使用于厅堂、过道和室外走道等装修项目的地面，一般较少使用在墙面上（图2-2-15）。

(a)

(b)

(c)

(d)

图2-2-15　通体砖面层的应用

## 6.通体砖面层的装饰构造（图2-2-16）

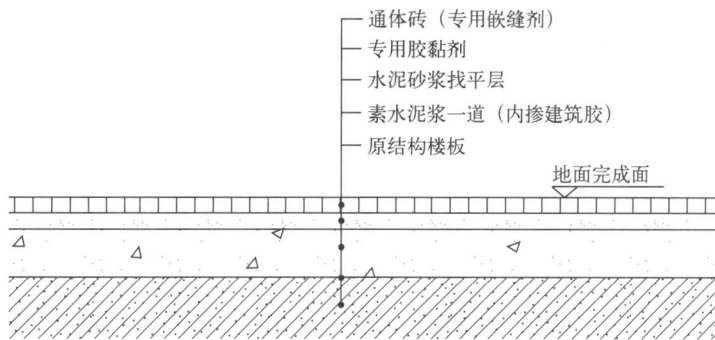

图2-2-16　通体砖面层的装饰构造

## （五）微晶石

### 1.微晶石概述

微晶石是一种采用天然无机材料，运用高新技术经过高温烧结而成的新型绿色环保高档建筑装饰材料。微晶石在行内称为微晶玻璃陶瓷复合砖，是将一层3～5mm的微晶玻璃复合在陶瓷玻化石的表面，经二次烧结后完全融为一体的产品。在国家建材行业标准《微晶玻璃陶瓷复合砖》（JC/T 994—2019）中，微晶玻璃陶瓷复合砖的定义为：将微晶玻璃熔块施布于陶瓷砖坯表面，经高温晶化烧结，微晶玻璃层形成晶相和晶纹，这种微晶玻璃面层和陶瓷基体复合而成的建筑装饰砖。

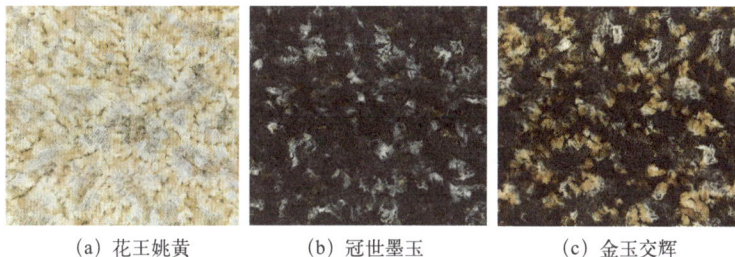

（a）花王姚黄　　　　　（b）冠世墨玉　　　　　（c）金玉交辉

图2-2-17　微晶石

### 2.微晶石的类别

微晶石作为新型建筑材料，根据其原材料及制作工艺，可以分为三类：无孔微晶石、通体微晶石、复合微晶石。

**（1）无孔微晶石**

无孔微晶石也称人造汉白玉，是一种多项理化指标均优于普通微晶石和天然石的新型高级环保石材，具有色泽纯正、不变色、无辐射、不吸污、硬度高、耐酸碱、耐磨损等特性。

其最大的特点是通体无气孔、无杂斑点、光泽度高、吸水率为零、可打磨翻新，弥补了普通微晶石和天然石的缺陷。适用于外墙、内墙、地面、圆柱、洗手盆、台面等高级装修场所。

**（2）通体微晶石**

通体微晶石也称微晶玻璃，是一种新型的高档装饰材料。它是以天然无机材料、采用特定的工艺、经高温烧结而成，具有无放射、不吸水、不腐蚀、不氧化、不褪色、无色差、不变形、强度高、光泽度高等优良特性。

**（3）复合微晶石**

复合微晶石也称微晶玻璃陶瓷复合砖，复合微晶石是将微晶玻璃复合在陶瓷玻化砖表面（一般为3～5mm）的新型复合板材，经二次烧结而成的高科技新产品，微晶玻璃陶瓷复合砖厚度为13～18mm，光泽度>95。

复合微晶石可用于建筑物的内外墙面、地面、圆柱、台面和家具装饰等任何需要石材建设、装饰的地点，广泛应用于高档宾馆、酒店、机场、地铁、写字楼、别墅及高档公寓。

### 3. 微晶石的性能特征

微晶石具有表面平整洁净，色调均匀一致，纹理清晰雅致，光泽柔和晶莹，色彩绚丽璀璨，质地坚硬细腻，不吸水，防污染，耐酸碱，抗风化，绿色环保，无放射性毒害等优良特性。

**（1）性能优良**

微晶石是在与花岗岩形成条件相似的高温状态下，通过特殊工艺烧结而成的，质地均匀，密度大、硬度高，抗压、抗弯、耐冲击等性能优于天然石材，经久耐磨，不易受损，更没有天然石材常见的细碎裂纹。

**（2）质地细腻，表面光泽晶莹柔和**

微晶石既有特殊的微晶结构，又有特殊的玻璃基质结构，对丁射入光线能产生扩散漫反射效果，使人感觉柔美和谐。

**（3）色彩丰富、应用范围广泛**

微晶石的制作工艺，可以根据使用需要生产出丰富多彩的色调系列（尤以水晶白、米黄、浅灰、白麻四个色系最为时尚、流行），同时能弥补天然石材色差大的缺陷。

**（4）耐酸碱度佳，耐候性能优良**

微晶石作为化学性能稳定的无机质晶化材料，又包含玻璃基质结构，其耐酸碱度、抗腐蚀性能都好于天然石材，尤其是耐候性更为突出，经受长期风吹日晒也不会褪光，更不会降低强度。

**（5）卓越的抗污染性，方便清洁维护**

微晶石的吸水率极低，污秽浆泥、染色溶液不易侵入渗透，依附于表面的污物也很容易清除擦净，特别有利于建筑物的清洁维护。

**（6）能热弯变形，制成异型板材**

微晶石可用加热方法制成所需的各种弧形、曲面板，具有工艺简单、成本低的优点，避免了弧形石材加工时大量切削、研磨、耗时、耗料、浪费资源等弊端。

**（7）不含放射性元素**

微晶石的制作已经人为地剔除了任何含辐射性的元素，不含像天然石材那样可能出现对人体的放射伤害，是现代非常安全的绿色环保型材料。

### 4. 微晶石的用途

各种规格、不同颜色的平面板和弧形板可用于室内外墙面、地面、包柱装饰等，也可应用于室内地面、洗脸台面、厨房台面、办公台面、窗台板及餐桌、茶几台面等，还可作为高档家具的饰件（图2-2-18）。

(a)　　　　　　　　　　　(b)

(c)　　　　　　　　　　　(d)

图2-2-18　微晶石面层的应用

### 5. 微晶石面层的装饰构造（图2-2-19）

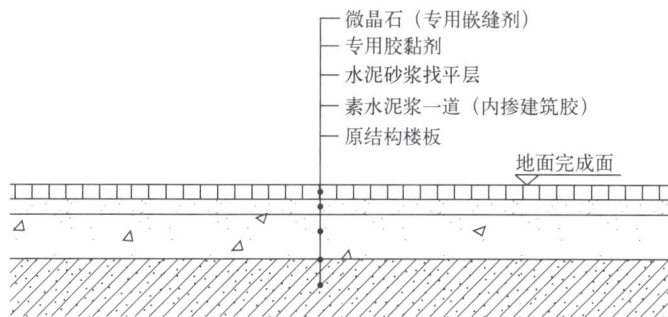

—— 微晶石（专用嵌缝剂）
—— 专用胶黏剂
—— 水泥砂浆找平层
—— 素水泥浆一道（内掺建筑胶）
—— 原结构楼板

地面完成面

图2-2-19　微晶石面层的装饰构造

## （六）仿古砖

### 1. 仿古砖概述

仿古砖通常指有釉装饰砖，其坯体可以是瓷质的，也有炻瓷、细炻和炻质的；釉以亚光的为主；色调则以黄色、咖啡色、暗红色、土色、灰色、灰黑色等为主（图2-2-20）。仿古砖蕴藏的文化、历史内涵和丰富的装饰手法，使其成为欧美市场的瓷砖主流产品，在国内也得到了迅速的发展。

(a)　　　　　　　　　　　　　　　(b)

图2-2-20　仿古砖

### 2.仿古砖的类别

目前仿古砖主要分为两大类，即传统仿古砖和现代仿古砖（图2-2-21），它们的区别主要是风格上的差异。传统仿古砖的色彩一般以棕色调为主，整体风格偏向传统和经典。而现代仿古砖是近年兴起的品类，分为木纹、石材、水泥、编织四大系列，整体风格偏向个性、简约，深受新生代消费者的喜爱。

（a）传统仿古砖　　　　　　　　　　（b）现代仿古砖

图2-2-21　仿古砖的类别

### 3.仿古砖的常用规格（表2-2-3）

表2-2-3　仿古砖的常用规格　　　　　　　　　　　　　　　　　　　　　　　　　　单位：mm

| 常规规格 | 300×300、400×400、500×500、600×600、300×600、800×800等 |
|---|---|
| 欧洲常用规格 | 300×300、400×400和500×500等 |
| 国内常用规格 | 600×600、300×600等 |

### 4.仿古砖的性能特征

仿古砖强度高，具有极强的耐磨性，并兼具防水、防滑、耐腐蚀的特征。

**（1）式样丰富，自然逼真**

仿古砖的式样很多，光是木纹砖这一系列，款式就多到足以让人眼花缭乱，且每一款式都能做到纹理逼真，简直可以媲美真实的木地板。近年来瓷砖工艺不断提升，仿古砖的花样也越来越丰富，且纹理高度仿真，满足消费者多样的要求。

**（2）规格齐全，容易搭配**

随着时间的推移，仿古砖的规格不断更新，现今已囊括了从适合厨房、卫浴的小规格到最近市面上流行的大板规格。

**（3）耐磨防滑，防污性能较好**

相对抛光砖而言，仿古砖很好地解决了瓷砖湿滑的问题。而且仿古砖的制作工艺较为严格，一般采用液压机压制，后经1000℃以上的高温烧结而成，技术含量较高。

**（4）健康环保，耐用性久**

仿古砖表面亚光，不会产生光污染，健康又环保，容易打理，使用寿命较长。

### 5.仿古砖的用途

仿古砖通过样式、颜色、图案，营造出怀旧的氛围，用带着古典的独特韵味吸引人们的目光，体现岁月的沧桑和历史的厚重。仿古砖的应用范围和釉面砖相同，适用于各类公共建筑室内外地面和墙面以及现代住宅的室内地面和墙面装饰，如室内的厨房、浴室、卫生间、医院等空间的内墙面和地面（图2-2-22）。

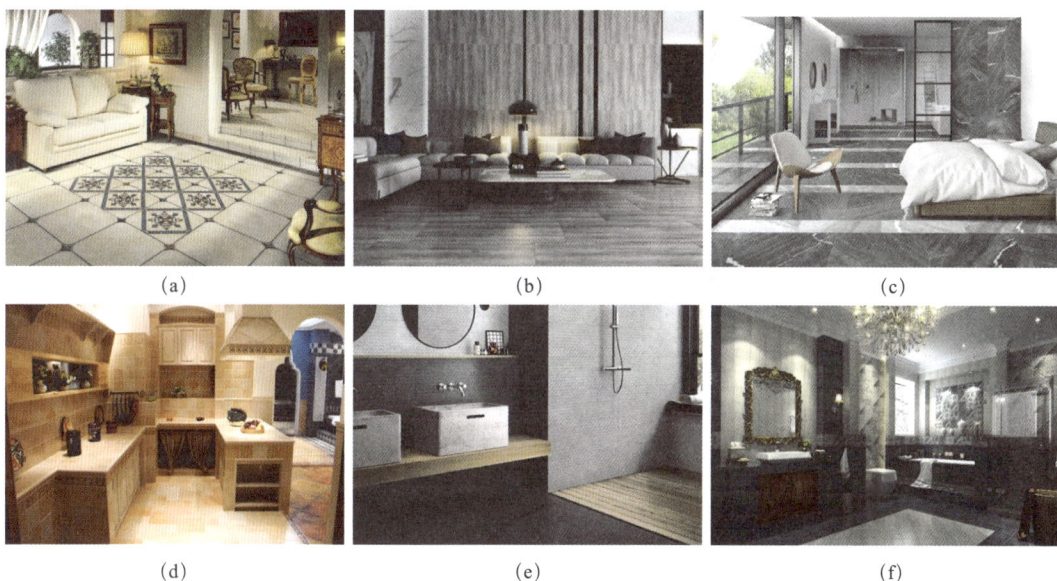

| (a) | (b) | (c) |
| (d) | (e) | (f) |

图2-2-22 仿古砖面层的应用

### 6.仿古砖面层的装饰构造（图2-2-23）

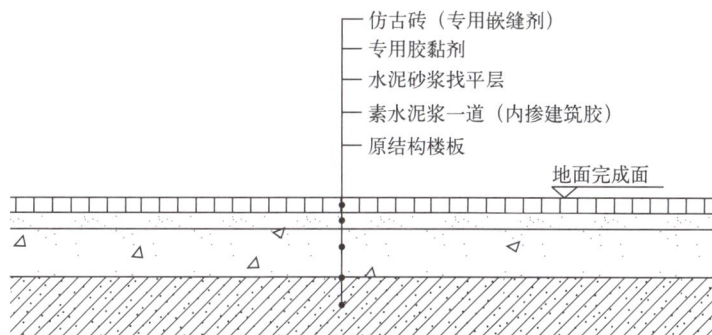

仿古砖（专用嵌缝剂）
专用胶黏剂
水泥砂浆找平层
素水泥浆一道（内掺建筑胶）
原结构楼板

地面完成面

图2-2-23 仿古砖面层的装饰构造

## （七）水泥砖

### 1.水泥砖概述

从本质上来说，水泥砖是还原水泥地面效果的仿古砖，符合中国传统的古朴风格，属于人文气息浓厚的装饰材料；适用于简约时尚、前卫多变的风格，在酒吧、写字楼和高档别墅住宅等场所也可以应用。水泥砖可以作为陪衬产品，配合其他产品还原空间本质，营造安静舒适的家居环境，适合内墙、外墙装修的各种风格。在水泥砖表面可以做出多种自然纹理，与色彩鲜艳的花片搭配，在不经意间营造出自然、随性的空间效果（图2-2-24）。

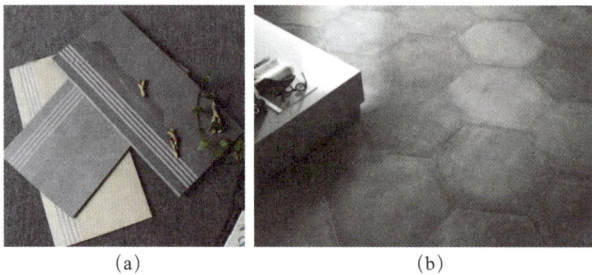

(a)                          (b)

图2-2-24　水泥砖

### 2.水泥砖的规格

水泥砖的常用规格为600mm×600mm、600mm×900mm、800mm×800mmm等。

### 3.水泥砖的性能特征

① 装饰性强。水泥砖采用独特的印花工艺，如水泥一般自然质朴的纹理，呈现出全新的视觉效果。

② 性能佳。水泥砖配有多种尺寸，吸水率低，常年使用无变色，不因气候变化热胀冷缩而产生龟裂或者剥落。

③ 安全环保。水泥砖采用安全建材，无辐射，高耐磨，平整度佳，适用于各种空间。

④ 风格多变。水泥砖可与各种色调产品进行混搭，达到风格多变的效果。

⑤ 防滑性能佳。水泥砖表面有纹理，防滑性能比抛光砖好很多，而且抗污性强。

### 4.水泥砖的用途

水泥砖因其独特的装饰性、多变的风格、良好的性能，被广泛应用于别墅住宅、办公场所、商场、餐厅、酒吧等空间（图2-2-25）。

(a)                          (b)

(c)　　　　　　　　　　　(d)

图2-2-25　水泥砖面层的应用

### 5. 水泥砖面层的装饰构造（图2-2-26）

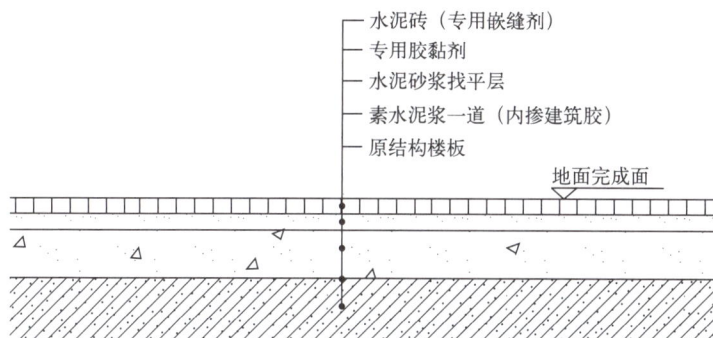

水泥砖（专用嵌缝剂）
专用胶黏剂
水泥砂浆找平层
素水泥浆一道（内掺建筑胶）
原结构楼板

地面完成面

图2-2-26　水泥砖面层的装饰构造

## （八）马赛克

### 1. 马赛克概述

马赛克又称为陶瓷锦砖，源自古罗马和古希腊的镶嵌艺术。如今的马赛克经过现代工艺的打造，在色彩、质地、规格上都呈现出多元化的发展趋势，而且品质优良。一般由数十块小砖拼贴而成，小瓷砖形态多样，有方形、矩形、六角形、斜条形等，形态小巧玲珑，具有防滑、耐磨、不吸水、耐酸碱、抗腐蚀、色彩丰富等特点（图2-2-27）。

(a)　　　　　　　　(b)　　　　　　　　(c)

图2-2-27　马赛克

### 2. 马赛克的类别

根据行业标准《陶瓷马赛克》（JC/T 456—2015）的规定，陶瓷马赛克按表面性质分为有釉和无釉两种；按颜色分为单色、混色和拼花三种。

### 3.马赛克的规格

马赛克单块砖边长不大于95mm，表面面积不大于55cm²；分为正方形、长方形和其他形状。如有特殊要求可进行定制。马赛克的常用规格见表2-2-4。

表2-2-4 马赛克常用规格

| 长度×宽度 | 厚度 |
| --- | --- |
| 20mm×20mm、25mm×25mm、30mm×30mm等 | 4～4.3mm |

### 4.马赛克的性能特征

马赛克具有色泽明净、图案美观、质地坚实、抗压强度高、耐污染、耐腐蚀、耐磨、耐水、抗火、抗冻、不吸水、不滑、易清洗等特点。坚固耐用，造价较低，可以拼接出风景、动物、花草等各种图案。

### 5.马赛克的用途

随着马赛克品种的不断更新，其应用也变得越来越广泛，适用于桑拿、会所、礼堂、宾馆、厨房、浴室、卫生间、卧室、客厅等。现在的马赛克可以烧制出更加丰富的色彩，也能通过各种颜色搭配拼贴成人们喜欢的图案，镶嵌在墙上可以作为背景墙（图2-2-28）。

(a)　　　　　　　　　　(b)

(c)　　　　　　　　　　(d)

图2-2-28 马赛克面层的应用

### 6. 马赛克的选购

在选购马赛克时，应注意以下几点。

① 在自然光线下，距马赛克半米目测有无裂纹、疵点及缺边、缺角现象，如内含装饰物，其分布面积应占总面积的20%以上，并且分布均匀。

② 马赛克的背面应有锯齿状或阶梯状沟纹。选用的粘贴剂，除保证粘贴强度外，还应易清洗。此外，粘贴剂不能损坏背纸或使马赛克变色。

③ 抚摸其釉面应可以感觉到防滑度，然后看厚度，厚度决定密度，密度高的吸水率低，吸水率低是保证马赛克持久耐用的重要因素。可以把水滴到马赛克的背面，水滴往外溢的质量好，往下渗透的质量差。另外，内层中间打釉通常是品质好的马赛克。

④ 选购时要注意颗粒之间是否同等规格、大小一样，每个颗粒的边沿是否整齐，将单片马赛克置于水平地面检验是否平整，单片马赛克背面是否有太厚的乳胶层。

⑤ 品质好的马赛克包装箱表面应印有产品名称、厂名、注册商标、生产日期、色号、规格、数量和重量（毛重、净重），并应印有防潮、易碎、堆放方向等标志。

### 7. 马赛克面层的装饰构造（图2-2-29）

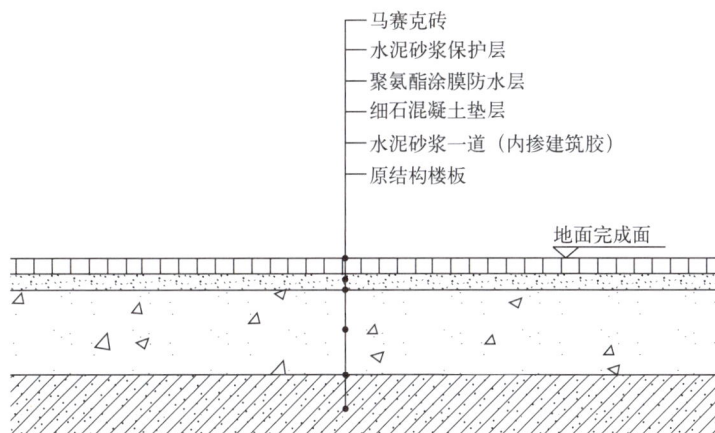

马赛克砖
水泥砂浆保护层
聚氨酯涂膜防水层
细石混凝土垫层
水泥砂浆一道（内掺建筑胶）
原结构楼板

地面完成面

图2-2-29　马赛克面层的装饰构造

## 二、石材面层材料与构造

### （一）天然石材

#### 1. 大理石

#### （1）大理石概述

大理石是地壳中原有的岩石经过地壳内高温、高压作用形成的变质岩，属于中硬石材，主要由方解石、石灰石、蛇纹石和白云石组成。其主要的成分以碳酸钙为主，约占50%以上，其他还有碳酸镁、氧化钙、二氧化锰及二氧化硅等（图2-2-30）。由于大理石一般都含有杂质，而且碳酸钙在大气中受二氧化碳、碳化物、水汽的作用，容易风化和溶蚀，表面会很快失去光泽。大理石因盛产于中国云南大理而得名。

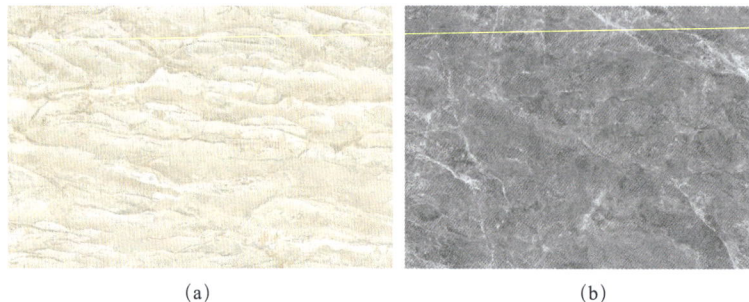

(a)　　　　　　　　　　　　　(b)

图2-2-30　天然大理石面层

### （2）大理石的类别

根据《天然大理石建筑板材》（GB/T19766—2016）规定，大理石板材按形状分为普型板(PX)、圆弧板(HM)、毛光板（MG）、异型板（YX）四大类。普型板按加工质量（尺寸偏差、形位公差）和外观质量（色调、花纹、缺陷）分为A级、B级、C级三个等级。普型板的关键检测项目包含规格尺寸偏差、平面度公差、角度公差、镜向光泽度（≥70光泽单位）、外观缺陷。

### （3）大理石的花色品种

根据抛光面基本颜色，大致可分为米色系（金象牙、莎安娜米黄、艾芙米黄、月光米黄、阿曼米黄）、白色系（雅士白、金蜘蛛）、灰色系（帕斯高灰、法国木纹灰）、黄色系（雨林棕）、绿色系（雨林绿）、红色系（西班牙西施红）、咖啡色系（土耳其浅啡网、西班牙深啡网）、黑色系（黑晶玉）等系列（图2-2-31）。

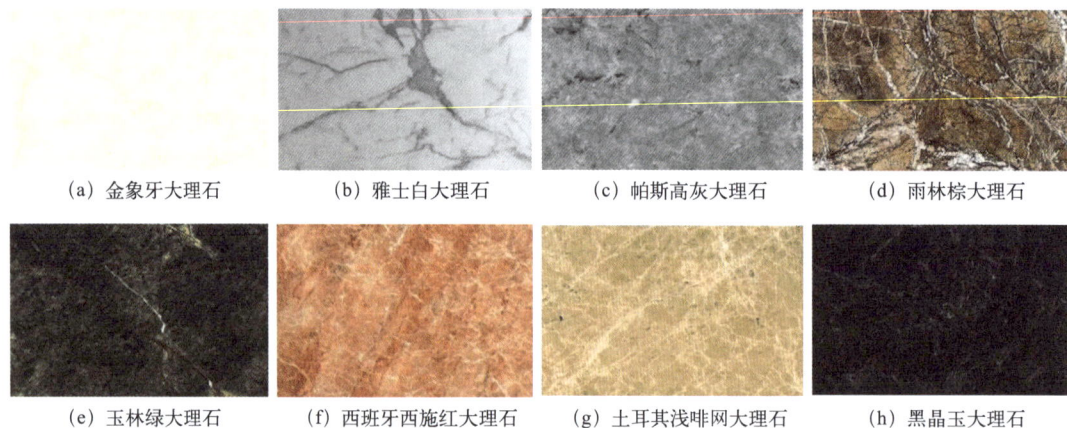

(a) 金象牙大理石　　　(b) 雅士白大理石　　　(c) 帕斯高灰大理石　　　(d) 雨林棕大理石

(e) 玉林绿大理石　　　(f) 西班牙西施红大理石　　　(g) 土耳其浅啡网大理石　　　(h) 黑晶玉大理石

图2-2-31　天然大理石面层的花色品种

根据大理石的品种，命名原则也不一。有以产地和颜色命名的，如丹东绿、铁岭红等；有以花纹和颜色命名的，如雪花白、艾叶青；有以花纹形象命名的，如秋景、海浪；还有的是传统名称，如汉白玉、晶墨玉等。

**（4）大理石的规格**

常规尺寸，可定制。

**（5）大理石的性能特征**

大理石由沉积岩和沉积岩的变质岩形成，主要成分是碳酸钙，其含量为50%～75%，呈弱碱性。颗粒细腻（指碳酸钙），表面条纹分布一般较不规则，硬度较低。经过加工处理后，主要用于地面和墙面装饰，因其具有耐磨、耐热等优点，深受市场欢迎。

大理石的性能指标见表2-2-5。

表2-2-5　大理石的性能指标

| 表观密度/（kg/m³） | 2500～2700 | 抗压强度/MPa | 47～140 |
|---|---|---|---|
| 吸水率/% | <0.75 | 膨胀系数×$10^{-6}$/℃$^{-1}$ | 9.0～11.2 |
| 平均质量磨耗率/% | 12 | 耐用年限/年 | 30～80 |

① 大理石有良好的装饰性，辐射低且色泽艳丽、色彩丰富。

② 大理石物理性能稳定、组织缜密，受撞击后晶粒不脱落，表面不起毛边，不影响其平面精度，材质稳定，能够保证长期不变形，线膨胀系数小，机械精度高，防锈、防磁、绝缘。

③ 大理石具有优良的加工性能：可锯、切、磨光、钻孔、雕刻等。

④ 大理石资源分布广泛，便于大规模开采和工业化加工。

⑤ 大理石易风化、耐磨性差，长期暴露在室外条件下会逐渐失去光泽、掉色甚至裂缝。一般认为应用于室外正常厚度（20～30mm）的大理石墙板耐用年限仅为10～20年。

⑥ 大理石在建筑中一般多用于室内墙面，应用于室外则需经过特殊的防水、防腐保护处理，用于室内地面时需经常抛光以保护光洁度。

**（6）大理石的用途**

大理石不宜用作室外装饰，因为空气中的二氧化硫会与大理石中的碳酸钙发生反应，生成易溶于水的石膏，使表面失去光泽、粗糙多孔，从而降低装饰效果。天然大理石质地致密但硬度不大，容易加工、雕琢和磨平、抛光等，但强度不及花岗岩，在磨损率高、碰撞率高的部位应慎重考虑。大理石抛光后光洁细腻，纹理自然流畅，有很高的装饰性。多用于宾馆、酒店大堂、会所、展厅、商场、机场、娱乐场所、部分居住环境等室内墙面、地面、楼梯踏板、栏板、台面、窗台板、踏脚板等，也用于家具台面和室内外家具（图2-2-32）。

| (a) | (b) | (c) |

图2-2-32

(d)　　　　　　　　　　　　(e)　　　　　　　　　　　　(f)

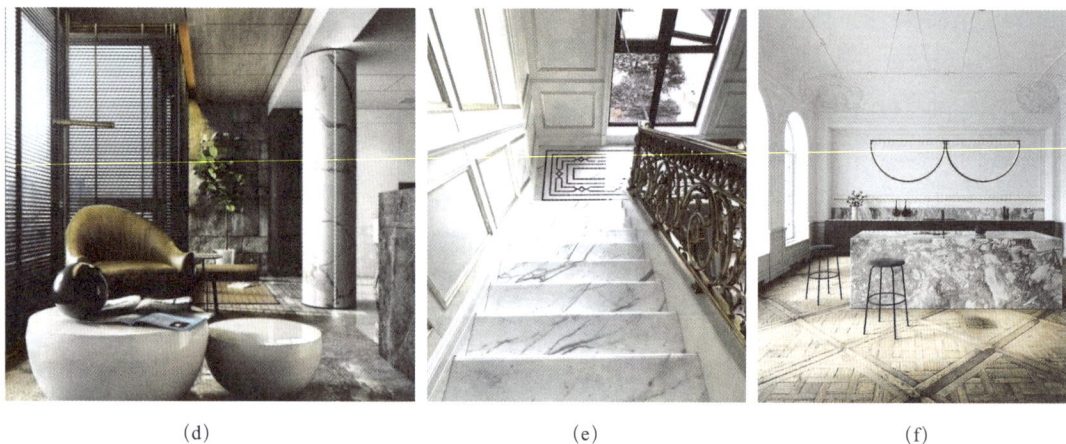

图2-2-32　天然大理石面层的应用

**（7）大理石面层的装饰构造（图2-2-33）**

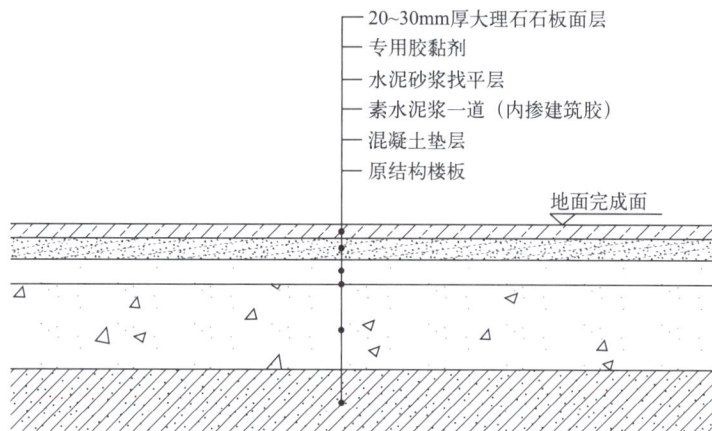

— 20~30mm厚大理石石板面层
— 专用胶黏剂
— 水泥砂浆找平层
— 素水泥浆一道（内掺建筑胶）
— 混凝土垫层
— 原结构楼板

地面完成面

图2-2-33　大理石面层的装饰构造

### 2.花岗岩

**（1）花岗岩概述**

花岗岩又称为岩浆岩（火成岩），主要矿物质成分有石英、长石和云母，是一种全晶质天然岩石。按晶体颗粒大小，可分为细晶、中晶、粗晶及斑状等多种，颜色与光泽由长石、云母及暗色矿物质含量而定，通常呈现灰色、黄色、深红色等（图2-2-34）。优质的花岗岩质地均匀、构造紧密，石英含量多而云母含量少，不含有害杂质，长石光泽明亮，无风化现象。所谓火成岩就是地下岩浆或火山喷溢的熔岩冷凝结晶而成的岩石，火成岩中二氧化硅的含量、长石的性质及其含量决定了石材的性质。当二氧化硅的含量大于65%时，就属于酸性岩，这种岩石中正长石、斜长石、石英等基本矿物形成晶体时，呈料状结构，就称为花岗岩。

**（2）花岗岩制品的类别**

花岗岩制品根据加工方式不同，可分为抛光面、亚光面、火烧面、荔枝面、剁斧面、仿古面、蘑菇面、拉槽面等（图2-2-35）。

(a) 满地黄金红花岗岩　　　　　　(b) 奶油黄花岗岩

图2-2-34　花岗岩

(a) 抛光面花岗岩　　(b) 亚光面花岗岩　　(c) 火烧面花岗岩　　(d) 荔枝面花岗岩

(e) 剁斧面花岗岩　　(f) 仿古面花岗岩　　(g) 蘑菇面花岗岩　　(h) 拉槽面花岗岩

图2-2-35　花岗岩面层类别

① 光面（抛光面）。光面是指表面平整，用树脂磨料等在表面进行抛光，使之具有镜面光泽。一般的石材光泽度可以达到80～90光泽单位。

② 亚光面。亚光面是指表面平整，用树脂磨料等在表面进行较少的磨光处理，一般为30～50光泽单位。亚光面花岗岩具有一定的光泽度，但对光的反射较弱。

③ 火烧面。火烧面是指以乙炔、氧气，或丙烷、氧气，或石油液化气、氧气为燃料产生的高温火焰，对石材表面进行加工形成的粗面饰面。

④ 荔枝面。荔枝面是用形如荔枝皮的锤子在石材表面敲击，从而形成形如荔枝皮的粗糙表面。

⑤ 剁斧面。也叫龙眼面，是用斧子剁敲在石材表面，形成非常密集的条状纹理，有些像龙眼表皮的效果。

⑥ 仿古面。为了消除火烧面表面刺手的触感，石材先用火烧之后，再用钢刷刷3～6遍，即成仿古面。仿古面的做法还有很多，比如火烧后水冲、酸蚀、直接用钢刷刷或高压水冲等。

⑦ 蘑菇面。蘑菇面是指在石材表面用凿子和锤子敲击形成表面起伏的板材。

⑧ 拉槽面。在石材表面上开一定的深度和宽度的沟槽。

其他的处理还包括自然面、机切面、喷砂面、水冲面、刷洗面、翻滚面、开裂面、酸洗面等，各具特点。

### (3) 花岗岩的花色品种

花岗岩的质地纹路均匀，颜色虽然以淡色系为主，但十分丰富，按颜色可分为红色系列、黄色系列、花白系列、黑色系列、青色系列几个色系。

① 红色系列：四川红、石棉红、岑溪红、虎皮红、樱桃红、平谷红、杜鹃红、玫瑰红、贵妃红、鲁青红、连州大红等（图2-2-36）。

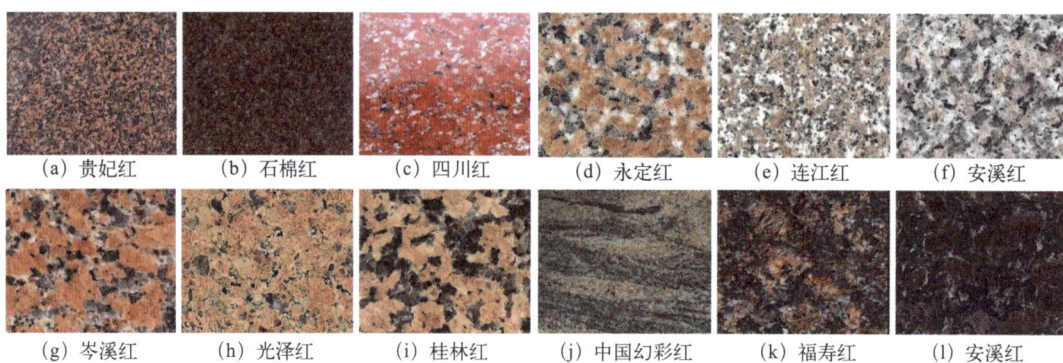

| (a) 贵妃红 | (b) 石棉红 | (c) 四川红 | (d) 永定红 | (e) 连江红 | (f) 安溪红 |
| (g) 岑溪红 | (h) 光泽红 | (i) 桂林红 | (j) 中国幻彩红 | (k) 福寿红 | (l) 安溪红 |

图2-2-36 红色系列

② 黄红色系列：岑溪橘红、东留肉红、连州浅红、兴洋桃红、兴洋橘红、浅红小花、樱花红、珊瑚花、虎皮黄等（图2-2-37）。

| (a) 樱花红 | (b) 虎贝 | (c) 黄锈石 | (d) 黄金麻 | (e) 虎皮黄 | (f) 旧金彩麻 |
| (g) 沙漠棕 | (h) 威尼斯金麻 | (i) 紫点金麻 | (j) 集美红 | (k) 惠东红 | (l) 岑溪橘红 |

图2-2-37 黄红色系列

③ 花白系列：白石花、白虎涧、黑白花、芝麻白、花白、岭南花白、济南花白、四川花白等（图2-2-38）。

④ 黑色系列：淡青黑、纯黑、芝麻黑、四川黑、烟台黑、沈阳黑、长春黑等（图2-2-39）。

⑤ 青色系列：万年青、森林绿、冰花绿、济南青、竹叶青、菊花青、青花、芦花青、南雄青、攀西兰等（图2-2-40）。

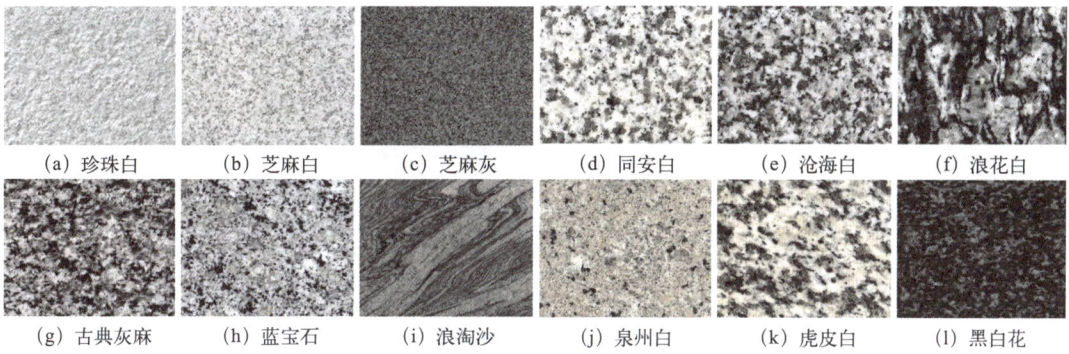

| (a) 珍珠白 | (b) 芝麻白 | (c) 芝麻灰 | (d) 同安白 | (e) 沧海白 | (f) 浪花白 |

| (g) 古典灰麻 | (h) 蓝宝石 | (i) 浪淘沙 | (j) 泉州白 | (k) 虎皮白 | (l) 黑白花 |

图2-2-38 花白系列

| (a) 芝麻黑 | (b) 中国黑 | (c) 福鼎黑 | (d) 珍珠黑 | (e) 金点黑麻 | (f) 夜里雪 |

图2-2-39 黑色系列

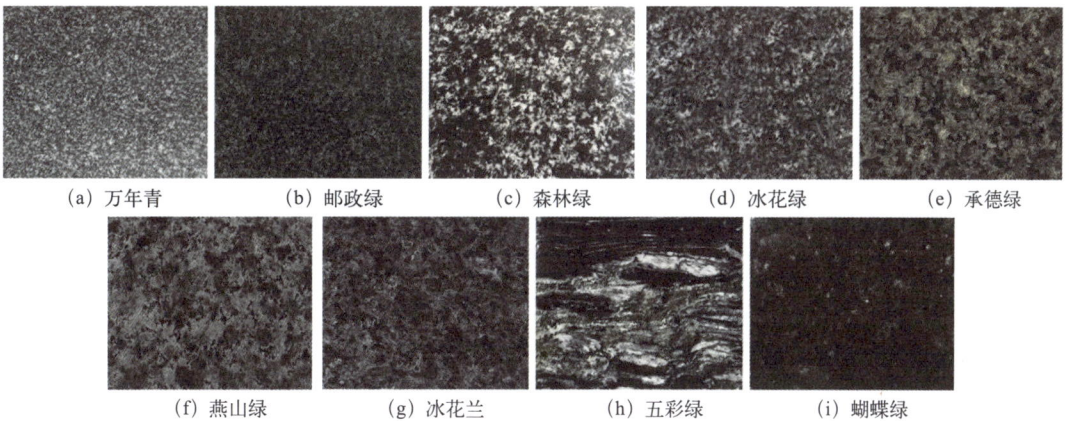

| (a) 万年青 | (b) 邮政绿 | (c) 森林绿 | (d) 冰花绿 | (e) 承德绿 |

| (f) 燕山绿 | (g) 冰花兰 | (h) 五彩绿 | (i) 蝴蝶绿 |

图2-2-40 青色系列

⑥ 进口花岗岩：黄金钻、南非红、幻彩绿、克什米尔金、小翠红、墨绿麻、美国灰麻、幻彩红、印度红、英国棕等（图2-2-41）。

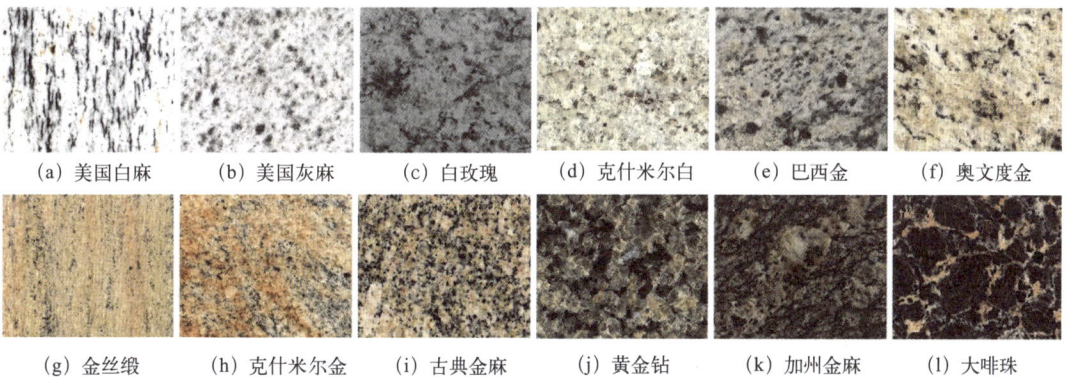

| (a) 美国白麻 | (b) 美国灰麻 | (c) 白玫瑰 | (d) 克什米尔白 | (e) 巴西金 | (f) 奥文度金 |

| (g) 金丝缎 | (h) 克什米尔金 | (i) 古典金麻 | (j) 黄金钻 | (k) 加州金麻 | (l) 大啡珠 |

图2-2-41

| (m) 绿星 | (n) 巴西绿 | (o) 墨绿麻 | (p) 蓝珍珠 | (q) 南非黑 | (r) 黑金砂 |

| (s) 幻彩红 | (t) 红钻 | (u) 南非红 |

图2-2-41　进口花岗岩

国产部分花岗岩的主要性能及产地见表2-2-6。

表2-2-6　国产部分花岗岩的主要性能及产地

| 品种 | 颜色 | 表观密度 / ( g / cm³ ) | 抗压强度 / MPa | 硬度 / HS | 产地 |
| --- | --- | --- | --- | --- | --- |
| 白虎涧 | 粉红 | 2.58 | 137.3 | 86.5 | 昌平 |
| 花岗岩 | 浅灰 | 2.67 | 202.1 | 90.0 | 日照 |
| 花岗岩 | 红灰 | 2.61 | 212.4 | 99.7 | 崂山 |
| 花岗岩 | 粉红 | 2.58 | 180.4 | 89.5 | 汕头 |
| 日中石 | 灰白 | 2.62 | 171.3 | 97.8 | 惠安 |
| 厦门白 | 灰白 | 2.61 | 169.8 | 91.2 | 厦门 |
| 龙石 | 浅红 | 2.61 | 214.2 | 94.1 | 南安 |
| 大黑白点 | 灰白 | 2.62 | 103.6 | 87.4 | 同安 |

**（4）花岗岩的规格**

花岗岩的大小可随意加工，用于铺设室内地面的厚度为20～30mm，铺设家具台柜的厚度为18～20mm。市场上零售的花岗岩宽度一般为600～650mm，长度在2000～5000mm不等。特殊品种也有加宽加长型，可以打磨边角。若消费者用于大面积铺设，也可以订购同等规格的板材，如花岗岩台面（长×宽×厚）300mm×300mm×15mm、500mm×500mm×20mm、600mm×600mm×20mm、800mm×800mm×25mm、800mm×600mm×20mm、1000mm×1000mm×30mm、1200mm×1200mm×30mm等。

**（5）花岗岩的性能特征**

花岗岩具有良好的硬度，抗压强度高，孔隙率小，吸水率低，导热快，耐磨性好，耐久性好，抗冻，耐酸，耐腐蚀，不易风化，表面平整光滑，棱角整齐，色泽持续力强且色泽稳重大方，是一种较高档的装饰材料。但花岗岩一般存于地表深层处，具有一定的放射性，大面积用在居室的狭小空间里，对人体健康会造成不利影响。此外，花岗岩中所含的石英会在570℃及870℃时发生晶体变化、产生较大体积膨胀，致使石材开裂。

花岗岩的性能指标见表2-2-7。

表2-2-7 花岗岩的性能指标

| 表观密度/（kg/m³） | 2300~2800 | 抗压强度/MPa | 120~250 |
|---|---|---|---|
| 吸水率/% | <0.75 | 膨胀系数×10⁻⁶/℃⁻¹ | 9.0~11.2 |
| 平均质量磨耗率/% | 12 | 耐用年限/年 | 约150 |

### （6）花岗岩的用途

花岗岩属于高级建筑装饰材料，主要应用于大型公共建筑或装饰等级要求较高的室内外装饰工程，经抛光后，是室内外地面、墙面、踏步、柱石、勒脚等处的首选装饰材料。一般镜面板和细面板表面光洁光滑、质感细腻，多用于室内空间装饰，粗面板表面质感粗糙、粗犷，主要用于室外墙基础和墙面装饰，有一种古朴、回归自然的亲切感（图2-2-42）。

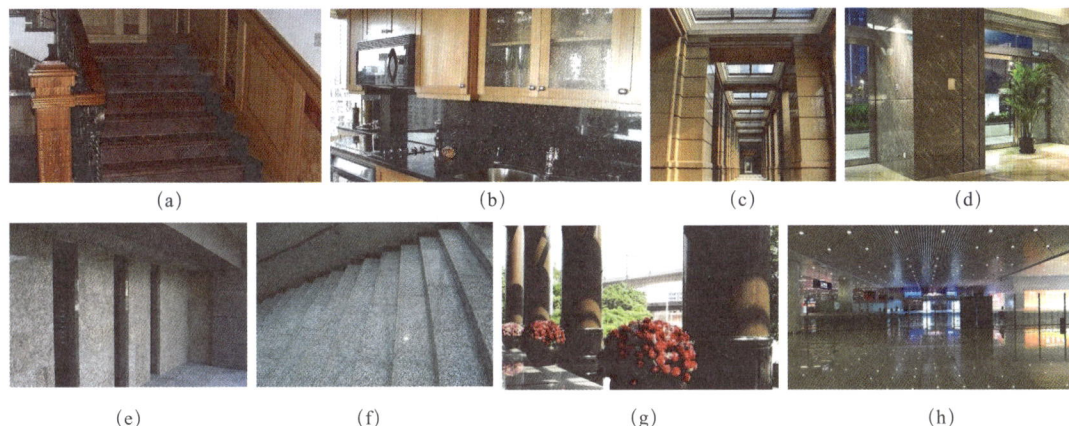

(a)  (b)  (c)  (d)

(e)  (f)  (g)  (h)

图2-2-42 天然花岗岩面层的应用

### （7）花岗岩面层的装饰构造（图2-2-43）

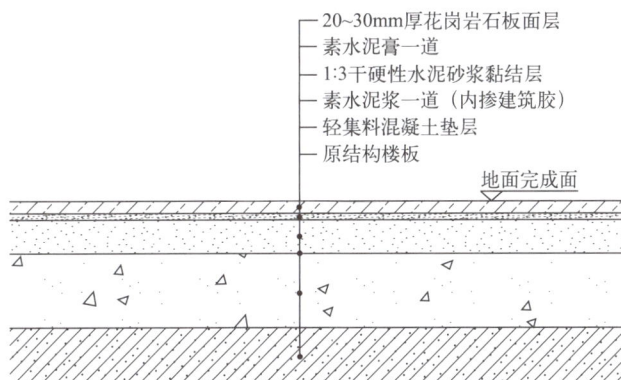

— 20~30mm厚花岗岩石板面层
— 素水泥膏一道
— 1:3干硬性水泥砂浆黏结层
— 素水泥浆一道（内掺建筑胶）
— 轻集料混凝土垫层
— 原结构楼板

地面完成面

图2-2-43 花岗岩面层的装饰构造

## （二）人造石材

### 1. 人造石材概述

人造石材是以不饱和聚酯树脂为胶黏剂，配以天然大理石或方解石、白云石、硅砂、玻璃粉等无机物粉料，以及适量的阻燃剂、颜料等，经配料混合、瓷铸、振动压缩、挤压等方法成型固化制成的。人造石材一般指人造大理石和人造花岗岩，其中以人造大理石应用较为广泛（图2-2-44）。

(a)                           (b)

图2-2-44　人造石材

### 2. 人造石材的类别

人造石材一般分为水泥型人造石、树脂型人造石、复合型人造石材。

**（1）水泥型人造石**

水泥型人造石是以水泥（硅酸盐水泥或铝酸盐水泥）为胶凝材料，砂为细骨料，碎大理石、花岗岩、工业废渣等为粗骨料，按比例经配料、搅拌、成型、研磨、抛光等工序而制成灰色系人造石台面的人工石材。制成的人造大理石具有表面光泽度高、花纹耐久等特性，其抗风化、耐火性、防潮性都优于一般的人造大理石。其色泽与天然石材类似，表面光滑，具有光泽且呈半透明状，价格非常低廉。

**（2）树脂型人造石**

树脂型人造石是以不饱和聚酯树脂为胶黏剂，与石英砂、大理石渣、方解石粉、玻璃粉等无机物料搅拌混合，浇注成型，经固化、脱模、烘干、抛光等工序制成[图2-2-45（a）]。

树脂型人造石具有天然花岗岩和天然大理石的色泽花纹，几乎可以假乱真。而且价格低廉，吸水率低，重量轻，抗压强度较高，抗污染性能优于天然石材，对醋、酱油、食用油、鞋油、机油、墨水等均不着色或十分轻微，耐久性和抗老化性较好。目前，国内外人造大理石以聚酯型为多。这种树脂的黏度低，易成型，常温固化。其产品光泽性好，颜色鲜亮，可以调节。

**（3）复合型人造石**

复合型人造石是先将无机填料用无机胶黏剂胶结成型、养护后，再将坯体浸渍于有机单体中，使其在一定条件下聚合。由于板材制品的底材采用无机材料，故性能稳定且价格低。其面层可采用聚酯和大理石粉制作，以获得最佳的装饰效果[图2-2-45（b）]。

（a）树脂型人造石　　　　　　（b）复合型人造石

图2-2-45　人造石材面层的类别

### 3. 人造石材的规格

常规尺寸，可定制。

### 4. 人造石材的性能特征

人造石材具备大理石的天然质感和坚固质地，以及陶瓷的光洁细腻，还具有轻质、高强、耐污染、多品种、生产工艺简单、易施工等特点，其经济性、选择性等均优于天然石材的饰面材料，作为可再生材料可以在有限空间内发挥无尽的创意，因而得到了广泛的应用。其之所以能得到较快发展，是因为具有如下一些特点。

① 重量较天然石材轻，一般为天然大理石和花岗岩的80%。因此，其厚度一般仅为天然石材的40%，从而可大幅度降低建筑物重量，方便运输与施工。

② 耐酸。天然大理石一般不耐酸，而人造大理石可广泛用于酸性介质场所。

③ 制造容易。人造大理石生产工艺与设备不复杂，原料易得，色调与花纹可按需要设计，也可比较容易地制成形状复杂的制品。市场上以树脂型人造石材和水泥型人造石材的销售为主，其色泽丰富、品种繁多。

④ 人造石材的材料经过筛选，不含放射性物质，无放射性污染。

⑤ 结构致密，清洁卫生。人造石材结构致密，无微孔，液体物质不能渗入，细菌不能在其中生长，被称为"抗菌石"。

### 5. 人造石材的用途

**（1）水泥型人造石材**

水泥型人造石材在室内地面、窗合板、踢脚板等部位装饰得到广泛应用。

**（2）树脂型人造石材**

市场上销售的树脂型人造大理石一般用于厨房台柜面，宽度在650mm以内，长度为2400～3200mm，厚度为10～15mm，可定制加工，包安装、包运输。

人造石材面层的应用如图2-2-46所示。

### 6. 人造石材的价格

不同类型人造石材的价格不一样，按价格从高到低排序，分别是亚克力石、铝粉人造石（透光石）、石英石、钙粉人造石、岗石。不同的材质决定了最终成品的价格，人造石材台面的价格通常按延米计算。

(a)　　　　　　　　　　　　　　　　　　(b)

(c)　　　　(d)　　　　(e)　　　　(f)

图2-2-46　人造石材面层的应用

## 7. 人造石材面层的装饰构造（图2-2-47）

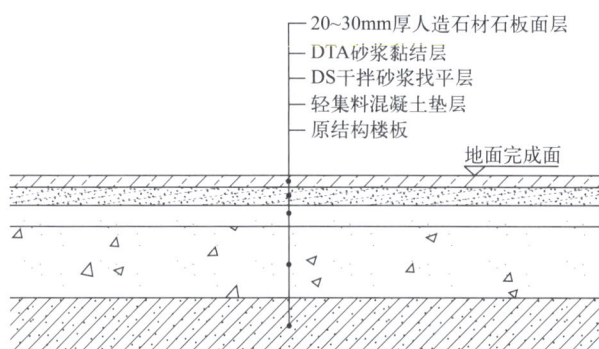

　　20~30mm厚人造石材石板面层
　　DTA砂浆黏结层
　　DS干拌砂浆找平层
　　轻集料混凝土垫层
　　原结构楼板

地面完成面

图2-2-47　人造石材面层的装饰构造

## 一、橡胶地板材料与构造

### 1.橡胶地板概述

橡胶地板是天然橡胶、合成橡胶和其他成分的高分子材料所制成的地板。其中天然橡胶是指从人工培育的橡胶树采下来的橡胶，合成橡胶常见的有丁苯橡胶和顺丁橡胶，是石油的附加产品。橡胶地板颜色亮丽，质感柔软，适合用于运动场合的铺地。

### 2.橡胶地板的种类和规格

橡胶地板的种类有弹性橡胶地板，耐油、耐高温橡胶地板，导电、抗静电、抗超低温橡胶地板，高度电绝缘地板等。

橡胶地板以合成橡胶为主要原料，可做成单层或双层，从外形上有块状和卷材之分。

橡胶地板市场上以块状地板居多，规格主要有500mm×500mm、600mm×600mm、1000mm×1000mm，厚度15～30mm。

### 3.橡胶地板的性能及用途

橡胶地板的优点是弹性好，脚感舒适；防滑性能好，能降低对人的碰撞伤害，使用安全可靠；环保，无毒无污染，使用起来不会出现发霉、生菌等问题；橡胶地板非常耐磨，颜色表里一致，质量好，使用寿命很长；它还具有超强的吸声性能，用在室内可很好地吸收噪声和回声，特别适合要求安静的工作环境；铺装更换非常方便，不会损伤地面。

橡胶地板的缺点一是怕腐蚀，腐蚀以后会留下痕迹，影响橡胶地板外表的美观。平时在使用的时候应该避免液体例如血液、墨水以及其他酸性的液体洒在橡胶地板表面。二忌划伤，橡胶地板表面受损后很难修复，应该避免在地板上面直接拖动桌椅等物体。

橡胶地板主要用在娱乐活动场所、健身房、办公楼、幼儿园、老年人活动中心、医院、体育跑道、居室阳台、厨房、客厅、卧室、洗手间等，如图2-3-1所示。

(a)          (b)

图2-3-1 橡胶地板

### 4.橡胶地板的铺装构造

橡胶地板铺装简单，只需将待铺设的基层地面和橡胶地板的背面均匀涂胶，待胶将干时，逐块对齐粘贴，并用橡胶锤敲实即可。橡胶地板铺装构造见图2-3-2。

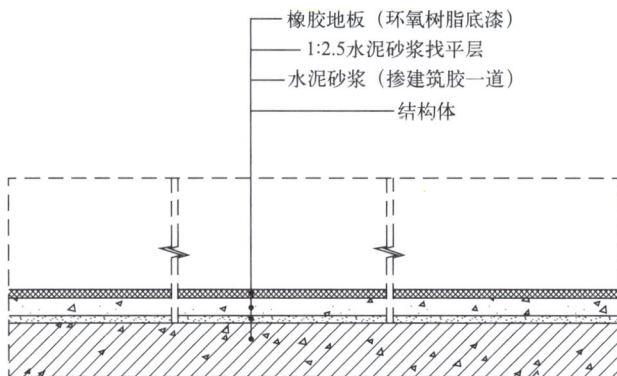

橡胶地板（环氧树脂底漆）
1:2.5水泥砂浆找平层
水泥砂浆（掺建筑胶一道）
结构体

图2-3-2　橡胶地板铺装构造

## 二、塑料地板材料与构造

### （一）塑料地板的基本知识

塑料地板是以合成树脂为原料，掺入各种填料和助剂，经一定工艺制作而成的块状或卷材地面材料，如图2-3-3所示。

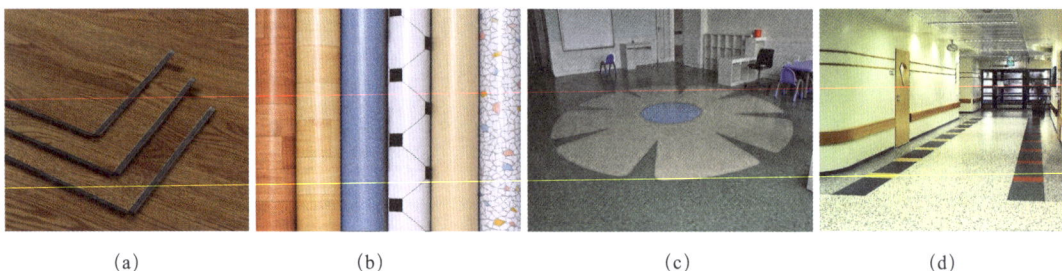

(a)　　　　　　　　(b)　　　　　　　　(c)　　　　　　　　(d)

图2-3-3　塑料地板

### 1.塑料地板的构成

弹性多层塑料地板由上（表）层、中层和下层构成。表层为透明、填料较少的耐磨、耐久材料；中层一般为弹性垫层，压成凹形花纹或平面，一般采用泡沫塑料、玻璃棉、合成纤维毡以及亚麻毡垫；下层为填料较多的基层。上、中、下层一般用热压法黏结在一起。

### 2.塑料地板的分类

按使用的原料可分为聚氯乙烯树脂塑料地板、氯乙烯-乙酸乙烯塑料地板、聚乙烯树脂塑料地板。

按产品的外形可分为块状塑料地板和卷材塑料地板。

按结构可分为带基材塑料地板、带弹性基材及无基材塑料地板。

按材质可分为硬质地板、半硬质地板和软质（弹性）地板。

按功能可分为弹性地板、抗静电地板、导电地板、体育场地塑胶地板等。

此外，属于塑料地板类的还有现浇无缝地板。现浇无缝地板也叫塑料涂布地板，常用聚酯树脂、聚酰胺树脂、环氧树脂、丙烯酸树脂为主要原料，适用于卫生条件要求较高的实验室、洁净车间、健身房、医院等的地面。

### 3.塑料地板的特点

它具有弹性好、脚感舒适、质轻耐磨、价格低廉、花色品种多、选择余地大、装饰效果好、尺寸稳定、耐潮湿、阻燃的特点，表面可做成绚丽多彩的图案，也可做成仿各种木材、天然石材、陶瓷地砖等花纹图案，同时塑料地板易于清洗、护理、更换，施工及维修也非常简捷，是中低档装修中的一种重要的地面装饰材料。

## （二）塑料地板的常用品种

### 1.塑料地板块

由聚氯乙烯-乙酸乙烯酯加入大量石棉纤维等材料制成，以块状供应。

**（1）塑料地板块的规格**

块状板材有正方形（边长200～480mm）和条形（宽100～200mm，长300～900mm），厚度1.5～3mm不等。常用规格为305mm×305mm，厚度1.5～2.0mm。

**（2）塑料地板块的性能特点**

色泽选择性强，产品颜色多样；质轻耐磨，耐磨性优于水泥砂浆、水磨石；表面较硬，但与石材、水磨石等材料相比略有弹性，无冷感，步行时噪声小；防滑、防腐且不助燃；造价远低于大理石、水磨石、木地板；施工方便，地面平整后用专用黏结剂粘贴即可，但耐刻划性差，易被划伤。

**（3）塑料地板块的用途**

半硬质塑料地板块属于低档装饰材料，常用于医院、疗养院、商店、餐厅、办公室以及住宅地面的装饰。

**（4）塑料地板块的铺装构造**

塑料地板的铺设主要有直接铺设和胶黏铺设两种。直接铺设时要先对基层进行处理，对于不同的基层应有不同的措施，比如加设防潮层或橡胶垫层等。对于大面积塑料卷材要求足尺铺贴。胶黏铺设主要用于半硬质塑料地板，用胶黏剂将其与基层固定，胶黏剂主要有白胶、白胶泥、氯丁胶等。

### 2.塑料卷材地板

俗称地板革，属于软质塑料。一般采用压延法生产，主要原料是糊状聚氯乙烯树脂，基材用矿棉纸和玻璃纤维毡等。

**（1）塑料卷材地板的规格**

每卷宽幅为1.2m、1.5m、1.8m、2m等几种，长度有15m/卷、20m/卷、30m/卷等不同规格，厚度为1.5～3mm不等。塑料卷材地板产品可进行压花、印花、发泡等。

**（2）塑料卷材地板的性能特点**

色泽选择性强，有仿木纹、大理石及花岗岩等图案；柔软、弹性好，行走舒适，以发泡地板革的脚感最好；耐磨、耐污染、收缩率小。但表面耐热性较差，易烧焦或烤焦。

**（3）塑料卷材地板的用途**

适用于宾馆、饭店、教室、办公楼、民用住宅等建筑的室内地面装饰。

**（4）塑料卷材地板的铺装构造（图2-3-4）**

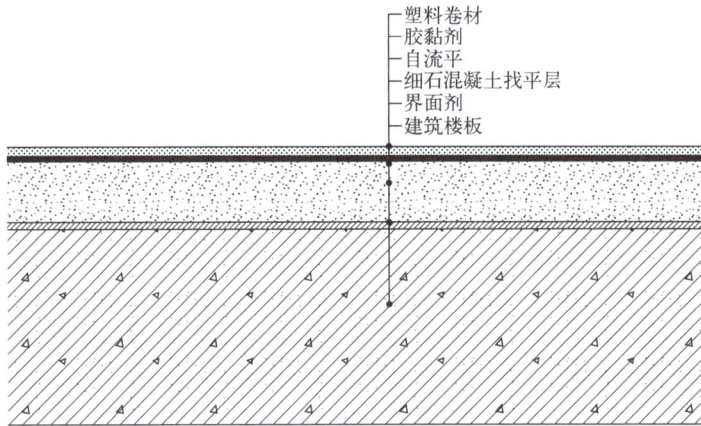

塑料卷材
胶黏剂
自流平
细石混凝土找平层
界面剂
建筑楼板

图2-3-4　塑料卷材地板的铺装构造

### 3.PVC弹性塑胶地板

PVC弹性塑胶地板是目前世界建材行业中新颖的高科技铺地材料，现已在装饰工程中普遍采用，如图2-3-5所示，主要有卷材地板、片材地板和板材地板三种。

(a)　　　　　　　　　　(b)

图2-3-5　PVC弹性塑胶地板

**（1）PVC弹性塑胶地板的规格**

每卷宽幅为1800～2000mm，长度为20000～30000mm，厚度为2.0mm。片材地板有方块状和长条状，厚度1.5～8mm。板材地板大多为长条状，厚度为8～12mm。

**（2）PVC弹性塑胶地板的性能特点**

耐磨损，使用寿命很长，只要保养得当，使用寿命一般可达20~30年；承滚压能力强，产品经过干燥过程强化，可承受推车、病床和家具轮的重压；防火、阻燃；干净卫生，具有抗菌作用；装饰性强，图案美观大方、设计精美；可热焊，地板接缝处可用焊条焊接，起到防水作用。

**（3）PVC弹性塑胶地板的用途**

适用于办公楼、商场、机场、制药厂、医院、工厂、学校、图书馆、体育馆等建筑的室内地面装饰。

### （三）塑料地板的选购

购买块状塑料地板时，除索要检验合格证等质量文件外，还应目测其外观质量，产品不允许有缺口、龟裂、分层、凹凸不平、明显纹痕、光泽不均、色调不匀、污染、伤痕等明显质量缺陷，还应检测每块板的尺寸。尺寸允许误差值：边长应小于0.3mm，厚度应小于0.15mm。

购买卷材塑料地板时，首先应目测外观质量，不允许有裂纹、断裂、分层、褶皱、气泡、漏印、缺膜、套印偏差、色差、污染和图案变形等明显的质量缺陷。打开卷材检查，每卷卷材都应是整张，中间不能有分段，边沿应齐整、无损伤和残缺。同时应向经销商索要产品质量检验合格证等有关质量文件。

### （四）塑料地板的使用与保养

① 定期打蜡，1~2个月一次。避免大量的水，特别是热水、碱水与塑料地面接触，以免影响黏结强度或引起变色、翘曲等现象。

② 尖锐的金属工具，如炊具、刀、剪等应避免跌落在塑料地板上，更不能用尖锐的金属物体在塑料地板上刻划，以免损坏地板的表面。不要在塑料地板上放置60℃以上的热物体及踩灭烟头，以免引起塑料地板变形和产生焦痕。

③ 在静荷载集中部位，如家具脚，最好垫一些面积大于家具脚1~2倍的垫块，以免使塑料地板产生永久性凹陷。

④ 避免阳光直射。

# 模块四
# 竹木地板面层材料与构造

竹木地板包括竹地板和木地板两大类。木地板又分实木地板、复合木地板和软木地板三大类。

## 一、实木地板

实木地板是由天然原木经过锯解、干燥、加工而成的一种高级地面装饰材料。环保、对人体无害是实木地板的特点。其原料材种来源广、花纹美观、脚感舒适、冬暖夏凉、使用安全，装饰风格返璞归真，质感自然，是真正的绿色环保家装理想材料，深受广大消费者的青睐。

## （一）实木地板的特点

实木地板（图2-4-1）用天然木材直接加工而成，保留了天然木材的颜色和纹理，且不使用胶黏合剂，所以非常环保，给人以清新自然的感觉。家庭是人们工作之余憩息的港湾，因此亲近自然的居室装饰风格，已越来越被人们所青睐，使用实木地板铺设地面已成为人们追求的时尚。实木地板具有如下特点。

图2-4-1　实木地板

### 1.美观自然

木材是天然材料，其管孔、早晚材、年轮形成的纹理非常美观，给人一种返璞归真、回归自然的感觉，无论质感与美感都是人造地板无法相比的。

### 2.冬暖夏凉

木材不易导热，而金属、混凝土的热导率非常高，如钢铁的热导率为木材的200倍。木材作为建筑装饰材料（如实木地板），能很好地调节室内温度，达到冬暖夏凉的效果。因此，就居住的舒适性而言，高保温性的木材是最佳的建筑装饰材料。

### 3.调节湿度

当周围空间空气干燥时，木材内部水分会排出；当周围空间空气潮湿时，木材会从空气中吸收水分。木地板通过吸收和释放水分，把居室空气湿度调节到令人舒适的水平。

### 4.天然环保

实木地板大多为硬木材料，板面纹理美观自然，天然环保，无污染。有些名贵木材能散发出有益健康、安神的香气，有益于身心健康，仿佛回到大自然中，令人心旷神怡。且这种芳香并不因使用时间而消散，能持久散发。

### 5.质轻而强

大部分木材都能浮于水面上。但与金属、混凝土、石材等材料相比，强重比高。作为地面材料，实木地板更能体现出其优点。

### 6.脚感舒适、经久耐用

木材抗冲击、弹性好，比其他建筑材料柔和、自然，有益于人体的健康和居住安全。人在上面行走，脚感非常柔和舒适。绝大多数实木地板品种材质致密，耐腐性好，抗蛀性强，正常使用寿命可长达几十年乃至上百年。

## （二）实木地板的种类及规格

### 1. 实木地板的分类

**（1）按照木地板的形状分类**

常见的有拼花木地板、条式木地板和方块状木地板，其中条式木地板是最常见的，也是应用最为广泛的。

**（2）按照木地板的结构分类**

可分为企口地板、平口地板、指接地板、集成材地板和拼花地板。

**（3）按照表面是否上漆分类**

可分为漆板和素板，现在最常见的是UV漆涂饰地板。

**（4）按照产地的不同分类**

可分为国产材地板和进口材地板。国产材地板常用的材种有柞木、桦木、水曲柳、柞木、榉木、榆木、核桃木、枫木、色木等。进口材地板常用的材种有橡木、樱桃木、甘巴豆、印茄木、香脂木豆、重蚁木、柚木、古夷苏木、李叶苏木、香二翅豆、蒜果木、四籽木、铁线子等。

### 2.实木地板的树种简介

**（1）橡木**

壳斗科；产地为中国、北美洲、欧洲；市场俗称柞木、柞木；商用名为Oak。

材性：气干密度约为$0.77g/cm^3$，心材呈褐色至暗褐色，有时略带黄色。边材呈淡黄白带褐色，心边材区别明显。木材具光泽，纹理直或斜，结构粗。年轮明显，呈波浪状。木射线明显，且呈宽窄两种，径切面宽射线有光泽，构成极明显的斑纹。材重，耐潮湿性能良好，耐磨损。握钉力强，油漆着色性好。为欧美市场传统消费及畅销树种。

适用地区：适合国内任何地区使用。

**（2）柚木**

马鞭草科；产地为缅甸；市场俗称缅甸柚木、脂木；商用名为Teak。

木材特征：气干密度约为$0.62g/cm^3$，世界知名木地板树种，木材呈黄褐色、褐色，久置呈暗褐色。生长年轮明显，纹理呈直线或略交错，结构纤维较粗，分布不均匀，重量中等。木材干燥性能良好，干缩小，干燥后尺寸稳定，耐腐性能好，是闻名于世的好木材。施工时应拼紧。

适用地区：适合国内任何地区使用。此板材稳定性佳，缩胀均匀，铺装时以自然拼紧为宜，板与板之间不必刻意留缝。

**（3）花梨**

豆科，紫檀属、黄檀属等树种的心材。产地为泰国、缅甸、越南、柬埔寨、老挝，我国海南、云南及两广地区也有引种栽培；市场也有紫檀、红花梨、黄花梨之称；商用名为Padauk。

材性：气干密度 0.93～1.05g/cm³，边材呈黄白色到灰褐色，心材呈浅黄褐色、橙褐色、红褐色、紫红色到紫褐色；材色较均匀，可见深色条纹。木材有光泽，具有轻微清香气，纹理交错、结构细而均（部分南美洲、非洲产略粗）。木质坚硬，色差较小，耐腐、耐久性强，是可用百年的材种。适用于高档家具制作和装修，是地板中较为稀少的树种。

适用地区：适合国内任何地区使用。

### （4）甘巴豆

苏木科；产地为东南亚；市场俗称金不换、康巴斯；商用名为 Kempas。

材性：气干密度约 0.88g/cm³；心材呈浅红色至红色，久则转暗红色，边材较浅，心边材明显。木材具光泽，纹理交错或呈波浪状，结构粗，略均匀，材重质硬，强度高，稳定性欠佳，耐腐防虫。纹理鲜明，常带有美丽的花纹，加工困难，价格低廉。

适用地区：北方干燥地区应谨慎使用（冬季加湿处理）。铺装时要刻意留缝，以两排插一片打包带的厚度为宜，使用时注意环境湿度的调整。

### （5）印茄木

苏木科；产地为东南亚；市场俗称波罗格；商用名为 Merbau。

材性：气干密度为 0.76～0.94g/cm³，心材呈黄褐色至红褐色，久则转深，边材呈较浅的黄色，心边材明显。木材具光泽，纹理交错均匀，常具有不规则黑色斑纹，无特殊气味和滋味，木材中至重，质硬，强度高，稳定性好，干缩小。油漆性能良好，装饰效果好，耐腐防虫。纹理简洁朴实，花纹漂亮，价格实惠，性价比较高，为市面较流行树种。

适用地区：适合国内任何地区使用。铺装时以自然拼紧为宜，板与板之间不必刻意留缝。

### （6）重蚁木

紫薇科，产地为中南美洲，商用名为 Ipe。是世界上质地最密实的硬木之一，由于重蚁木经年不朽，因此常常用于户外铺板和壁板。

材性：气干密度 0.90～1.14g/cm³，心材呈橄榄褐色至暗褐色，常具浅色或深色细条纹，有时带有红色或黄褐色条纹，木材带有油腻感，富含黄绿色矿物质沉积物。木材具光泽，纹理交错且均匀，条状花纹很丰富，无特殊气味，木材甚重，材质硬，强度高，稳定性和耐候性均佳，耐腐和防虫性能极好。中南美洲特有的树种，色泽丰富，冬季易产生细小的裂纹。重蚁木以深沉儒雅而略显高贵的色泽，配以浅色的装饰风格则显"典雅现代"之气；衬以传统古典式的居饰则呈古朴仁风，可谓古今皆相宜。

适用地区：北方干燥地区应谨慎使用（冬季加湿处理）。自然拼紧，不必在板与板之间刻意留缝。

### （7）古夷苏木

苏木科；产地为非洲；市场俗称非洲花梨、红贵宝；商用名为 Bubinga。

材性：气干密度 0.80～0.90g/cm³，心材呈红褐紫色或红褐色，边材呈白色或浅黄褐色，心边材明显。木材具光泽，具深紫色条纹，纹理直至略交错，结构细而匀，无特殊气味。木材重，强度高，干燥无开裂和变形；耐磨性好，握钉力强，胶合油漆性能良好，耐腐防虫。纹理华丽，适合配搭豪华家具，有"老红木"的美称。

适用地区：适合国内任何地区使用。

**（8）香二翅豆**

蝶形花科；产地为南美洲；市场俗称龙凤檀；商用名为 Cumaru。

材性：气干密度 $1.07\sim1.11g/cm^3$，心材呈褐色至深褐色，边材略浅，心边材不明显。木材具光泽，纹理直略斜，结构细或中，材质均匀，无特殊气味。抗腐朽，防虫蛀。纹理美观，材色悦目，稳定性极佳。

适用地区：适合国内任何地区使用。铺装时应以拼紧为宜，万不可插片铺装。最好是进行二次铺设，第一次不用钉子固定，一年后再用钉子固定，或者在选购时挑选较窄的地板。

**（9）香脂木豆**

蝶形花科；产地为南美洲；市场俗称红檀香；商用名为 Balsamo。

材性：气干密度约为 $0.95g/cm^3$，木材呈红褐色至紫红褐色，具有浅色条纹，心边材不明显。纹理交错，结构细而均匀。光泽强，具香味。木材重，强度高。耐腐蚀，抗蚁性强，能抗菌、虫危害。加工略困难，但切面很光滑。色泽颇受人喜爱。有微渗油，施工时应拼紧。

适用地区：适合国内任何地区使用。每隔两排用打包带插片，同时用无水胶在榫头榫槽中每隔 $20\sim25cm$ 点胶，以防止地板铺装后产生踏响声。

**（10）龙脑香**

产地：缅甸、菲律宾、马来西亚；市场俗称夹油木、缅甸红、克隆木；商用名为 Keruning。

材性：气干密度 $0.64\sim0.81g/cm^3$。心材呈灰红褐色至红褐色，边材呈巧克力色至浅灰褐色，木材散孔，光泽弱，常有树脂气味，纹理通常直，结构略粗，略均匀，木材略硬，强度较强，抗弯弹性模量很高，刨面光滑，着色容易，干燥后稳度性良好。耐腐性强，抗白蚁。纹理自然感强，色泽美观耐看。广泛用于地板、车辆、桥梁、码头、火车车厢等。

适用地区：适合国内任何地区使用。

**（11）番龙眼**

无患子科；产地为东南亚、非洲；市场俗称红梅嘎；商用名为 KasaiTaun。

材性：气干密度 $0.54\sim0.86g/cm^3$，纹理通直交错，树皮厚约 $0.5cm$，红褐色层和白色层相间层积而成，易锯刨光，加工性良好，广泛应用于家具制造、内部装饰和其他木制品。纹理与茚茄木相似。

适用地区：适合国内任何地区使用。

### 3.实木地板的规格

一般常用规格有：长度 250mm 以上；宽度 40mm 以上，一般不大于 120mm；厚度 $8\sim25mm$。

## （三）实木地板的选购及用途

① 实木地板按外观质量、物理性能分为优等品、一等品、合格品三个等级。三个等级从表面和背面对活节、死节、蛀孔、树脂囊、腐朽、裂纹、缺棱、加工波纹、漆面特征进行了尺寸和数量限定。其中优等品质量最高，检验实木地板时，目测不能有死节、虫眼、腐朽、

裂纹等质量缺陷，对活节、漆膜粒子等缺陷做了直径大小和数量限定。所以选购时，要严格按国家标准首先对外观质量（即表面缺陷）进行检验。

② 看加工精度。主要检查翘曲度、拼装离缝、拼装高度差等形状位置偏差。要求表面加工光滑，无翘曲变形，口槽加工统一完整、规矩，无毛边、残损现象的为合格品。

③ 要特别检测木材的含水率。含水率高的地板安装后必然要变形，含水率要求大于等于7%，小于等于我国各使用地区的平衡含水率。

实木地板主要用于居住空间的客厅、卧室、书房等空间，甚至用于一些高档的建筑室内公共空间，如体育馆一般都用实木地板铺装。

### （四）实木地板的保养

① 保持地板干燥、清洁。不允许用滴水的拖把拖地板或用碱水、肥皂水擦地板，以免破坏油漆表面的光泽。

② 尽量避免阳光暴晒，以免表面油漆长期在紫外线的照射下提前变色、老化、开裂。

③ 板面局部污染应及时清除。若是油污，可用抹布蘸温水掺少量洗衣粉擦洗；若是药物或颜料，则必须在污迹未渗入木质表层以前加以清除。

④ 最好每三个月打一次蜡，打蜡前要将地板表面的污渍清理干净。经常打蜡可保持地板的光洁度，延长地板的使用寿命。

⑤ 避免尖锐器物划伤地面，尽量避免在木地板表面拖动沉重的家具。建议在门口处放置蹭蹭垫，以防带进尘粒损伤地板。

### （五）实木地板铺装构造（图2-4-2）

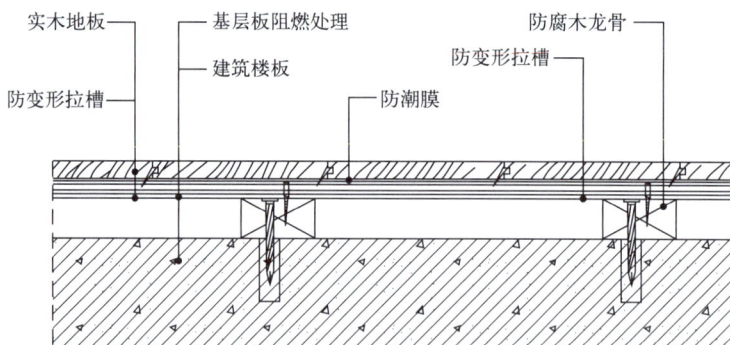

图2-4-2 实木地板铺装构造

## 二、复合木地板

复合木地板包括强化复合地板和实木复合地板。实木复合地板又分三层实木复合地板和多层实木复合地板两大类。

## （一）强化复合地板

### 1.强化复合地板概述

强化复合地板是以硬质纤维板、中密度纤维板为基材，与三聚氰胺浸渍纸胶膜贴面层复合而成的，表面再覆以三氧化二铝耐磨材料。复合木地板是写字楼、商场、住宅等建筑室内的常用地板。

强化复合地板诞生于20世纪80年代的欧洲，1994年进入我国以来就以朴实、耐磨、典雅、美观、色泽自然、花色丰富、防潮、阻燃、抗冲击、不开裂变形、安装便捷、保养简单、打理方便等诸多优点，迎合了现代人追求时尚、品位的生活方式，赢得了广大消费者的认可，对实木地板形成了一定冲击。

### 2.强化复合地板的性能特点

强化复合地板具有质轻、规格统一的特点，便于施工安装，省工省时。它的强度大、弹性好、脚感舒适、温馨、典雅，特别是无须上漆打蜡，日常维护简便，可以大大减少使用中的成本支出，并具有良好的阻燃性和防腐、防蛀、耐压、耐擦洗等性能。强化复合地板铺装效果如图2-4-3所示。

图2-4-3　强化复合地板铺装效果

强化复合地板由于用高密度或中密度纤维板为基材，所以大大提高了木材的利用率，对于森林资源贫乏的国家和地区有更大的推广价值。强化复合地板是取代实木地板较理想的材料。

### 3.强化复合地板的种类及规格

#### （1）强化复合地板的种类

强化复合地板从表面装饰层的效果上分有榉木、红木、橡木、桦木、胡桃木等；从加工档次上分有单面耐磨层和双面耐磨层两种。构造为以中密度板为基材加面饰材料，表面以结晶三氧化二铝为耐磨层复合而成，如图2-4-4所示。

强化复合地板由以下四层结构组成。

第一层：耐磨层。其主要由结晶三氧

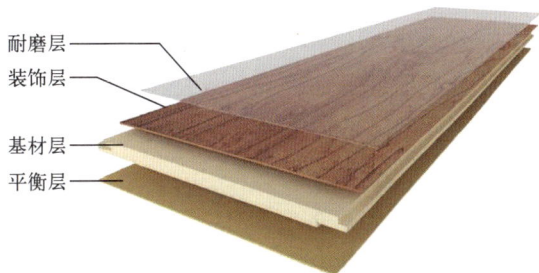

耐磨层 ———
装饰层 ———
基材层 ———
平衡层 ———

图2-4-4　强化复合地板结构

化二铝组成，有很强的耐磨性和硬度。

第二层：装饰层。它是一层经三聚氰胺树脂浸渍的纸张，纸上印刷有仿珍贵树种的木纹或其他图案。

第三层：基材层。它是中密度或高密度纤维板，经高温、高压处理，有一定的防潮、阻燃性能，基本材料是木质纤维。

第四层：平衡层。它是一层牛皮纸，有一定的强度和厚度，并浸以树脂，起到防潮、防地板变形的作用。

**（2）强化复合地板的规格**

强化复合地板的标准宽度一般为191～195mm，长度一般为1200～1300mm；宽板的宽度多为295mm，窄板的宽度基本上在100mm左右，也有仿实木地板宽度90mm的。厚度有6mm、7mm、8mm、12mm、15mm等主要规格，现在多见的是8mm、12mm；其中6mm厚度的强化地板偏薄，使用率不高。目前市场常见的强化复合地板规格有：1200mm×195mm×8mm、800mm×120mm×12mm、1200mm×90mm×8mm等，各个厂家有所不同。

### 4.强化复合地板的选购

**（1）甲醛释放量**

目前强化复合地板使用的胶黏剂以脲醛树脂胶为主，胶黏剂中残留的甲醛将向周围环境释放，在恶劣的环境条件下，如脲醛树脂发生分解也会产生甲醛气体释放。欧共体的绿色建材标准为甲醛游离释放量小于10mg/100g，我国的标准为A类不大于9mg/100g；B类为9～40mg/100g。

**（2）耐磨度**

强化复合地板的三氧化二铝耐磨层厚度都在0.1mm以上，厚的可达0.7mm。国家标准规定家用地板耐磨性必须超过6000转，而商用地板必须超过9000转。

**（3）基材的密度**

国家规定基材的相对密度必须大于0.8，中密度板和高密度板的分界线是0.88，所以质量好的地板全用高密度板，一般相对密度为0.90～0.94。

**（4）吸水膨胀率和内结合强度**

强化复合地板基材用吸水厚度膨胀率和内结合强度两项指标来衡量。吸水厚度膨胀越小，说明胶合的抗水浸袭能力越强，内结合强度越大，也说明地板承受负载时中心层的抗剪切破坏的能力越优，使用寿命越长。表面结合强度反映了装饰层与基材之间结合的牢固程度，强度越大，使用期越长。吸水膨胀率不大于2.0%，内结合率不小于1.0%为优等品。

**（5）地板的外观质量**

强化复合地板表面的浸渍胶膜纸饰面不应有干湿花、污斑、划痕、压痕、颜色、光泽不均、鼓泡、孔隙及纸张撕裂等问题，地板四周的榫舌和榫槽应完整。

### 5.强化复合地板的安装构造

为了取得良好的安装效果，施工场所必须平整，为了避免底部潮湿，可铺设一层防潮垫。固定相邻的两块地板时，首先从侧面压紧，然后从上面压紧。为了给地板留有膨胀的空间，最好在墙和地板之间留出10～15mm的伸缩缝，可以用踢脚板掩盖复合木地板和墙面间的缝隙。其安装结构如图2-4-5所示。

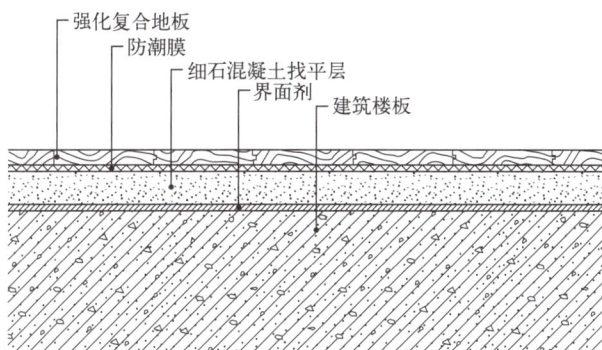

图2-4-5　强化复合地板的安装构造

## （二）实木复合地板

### 1.三层实木复合地板

三层实木复合地板由表层、芯层及底层组成。其中表层由优质阔叶材规格板条镶拼而成，厚度一般为4mm；芯层由普通软杂规格木条组成，厚度一般为9mm；底层是旋切单板，厚度为2mm。三层结构用脲醛树脂胶热压而成，总厚度为14～15mm，如图2-4-6所示。

(a)　　　　　　　　　　(b)

图2-4-6　三层实木复合地板

### 2.多层实木复合地板

多层实木复合地板是以多层胶合板为基材，以规格硬木薄片镶拼板或单板为面板，通过脲醛树脂层压而成。单板面板厚度通常为0.3～0.8mm，镶拼板面板厚度通常为1～1.2mm，总厚度一般不超过12mm，如图2-4-7所示。

### 3.实木复合地板的性能特点及安装构造

实木复合地板兼具强化复合地板的稳定性与实木地板的美观性于一体，同时实木复合地板每层木质纤维相互垂直，不易变形，且规格大，安装简单，维修方便。实木复合地板既解决了实木地板易变形、不耐磨的缺陷，达到了实木地板的脚感舒适度，又解决了实木地板难保养的问题，是一种理想的高档地面装饰材料。其安装构造同强化复合地板。

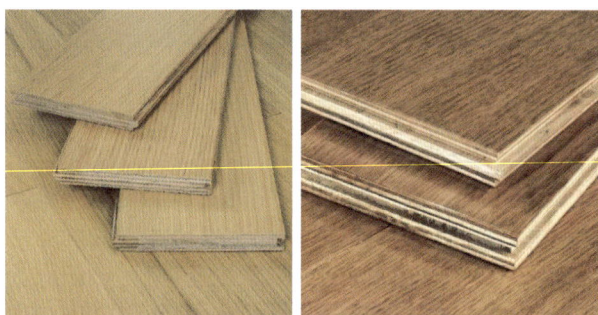

(a)          (b)

图2-4-7　多层实木复合地板

### 4.实木复合地板的规格

实木复合地板的常用规格有1802mm×303mm×15mm、1 802mm×150mm×15mm、1200mm×150mm×15mm、800mm×120mm×15mm等。

## 三、软木地板

### （一）软木概述

软木制品的原料是橡树或栓皮栎的树皮，这种树的树皮被环剥后，树木不会死亡，树皮会再度生长出来。人们最熟悉的软木制品就是葡萄酒瓶的软木塞、羽毛球的头部等。其主要特性是质轻、浮力大、伸缩性强、柔韧抗压、不渗透强、防潮防腐、传导性极差、隔热隔声、绝缘性强、耐摩擦、不易燃及可延迟火势蔓延、不会导致过敏反应。对于音乐"发烧友"来说，软木是最好的隔声和吸声材料（图2-4-8）。

(a)          (b)

图2-4-8　软木

软木的另一大用途就是制作地板。用软木加工成的地板温暖、柔软，对人体无害，尤其是软木地板的隔声功能更为突出。

### （二）软木地板的性能特点

① 软木地板的柔韧性非常好，使用寿命长，表层独有的耐磨层至少使用20年不会出现

开裂、破损。

② 有温暖感，光着脚走在软木地板上，会比走在实木地板或复合地板上感觉温暖得多。

③ 软木地板是实实在在的环保产品，不但产品本身是绿色无污染的，而且由于软木的原材料具有再生性，每棵树9年可采剥一次，因此对森林资源也没有破坏。

④ 虫子对软木地板一点也不感兴趣，无论是在潮湿的地中海还是在干燥的非洲大陆，还没有软木地板被虫蛀的记录。

### （三）软木地板的种类及规格

#### 1. 软木地板的种类

第一类：软木地板表面无任何覆盖层，此产品是最早期的。

第二类：在软木地板表面做涂装，即在胶结软木的表面涂装清漆、色漆或光敏清漆。根据漆种不同，又可分为三种，即高光、亚光和平光。此类产品对软木地板表面要求比较高，也就是所用的软木料较纯净。

第三类：PVC贴面，即在软木地板表面覆盖PVC贴面。其结构通常为四层：第一层采用PVC贴面，其厚度为0.45mm；第二层为天然软木装饰层，其厚度为0.8mm；第三层为胶结软木层，其厚度为1.8mm；第四层为应力平衡兼防水PVC层，此层很重要，若无此层，在制作时，当材料热固后，PVC表层冷却收缩，将使整片地板发生翘曲。

第四类：第一层为聚氯乙烯贴面，厚度为0.45mm；第二层为天然薄木，其厚度为0.45mm；第三层为胶结软木，其厚度为2mm左右；第四层为PVC板，与第三类一样防水性好，同时又使板面应力平衡，其厚度为0.2mm左右。

第五类：多层复合软木地板。第一层为漆面耐磨层，第二层为软木层，第三层为实木多层板或HDF高密度板层，第四层为软木平衡静音层，如图2-4-9所示。

图2-4-9 复合软木地板

#### 2. 软木地板的规格

软木地板的常用规格为300mm×300mm×（4～6）mm、600mm×300mm×（4～6）mm。

### （四）软木地板的用途

适用于宾馆、图书馆、医院、托儿所、计算机房、播音室、会议室、练功房及家庭住宅。但必须根据房间的性能，选择适合的软木地板品种。

### （五）软木地板的质量鉴定方法

① 看地板砂光表面是否光滑，有无鼓凸颗粒，软木颗粒是否纯净。

② 看软木地板边长是否直，其方法是取4块相同地板，铺在玻璃上或较平的地面上，拼装看其是否合缝。

③ 检验板面弯曲强度，其方法是将地板两对角线合拢，看其弯曲表面是否出现裂痕，没有则为优质品。

④ 胶合强度检验。将小块样品放入开水泡，发现其砂光的光滑表面变成癞蛤蟆皮一样，表面凹凸不平，则此产品为不合格品；优质品遇开水表面无明显变化。

### （六）软木地板铺装结构

软木地板的安装方式，目前有悬浮式和粘贴式两种。

#### 1.悬浮式

悬浮式地板是在上下软木材料中夹了一块带企口的中密度板，安装与复合地板相似，对地面要求也不太高。

#### 2.粘贴式

粘贴式地板是纯软木制成的，用专用胶直接粘贴在地面上，施工工艺较悬浮式复杂，对地面要求也较高，但价格比悬浮式低一些。

软木地板铺装结构如图2-4-10所示。

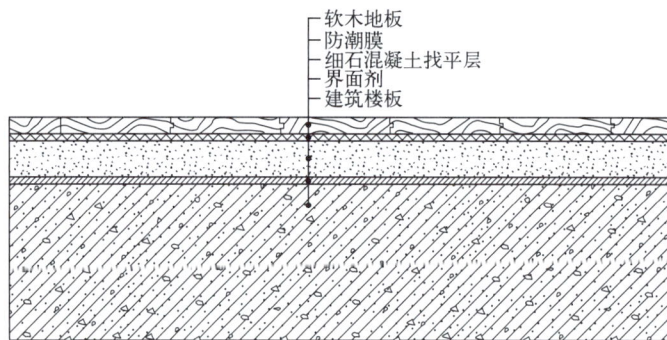

软木地板
防潮膜
细石混凝土找平层
界面剂
建筑楼板

图2-4-10 软木地板铺装结构

## 四、竹地板

### （一）竹地板概述

竹地板采用中上等材料，经严格选材、制材、漂白、硫化、脱水、防虫、防腐等工序加工处理，又经高温、高压下热固胶合而成，如图2-4-11所示。竹地板具有耐磨、防潮、防燃，铺设后不开裂、不扭曲、不发胀、不变形等特点，外观呈现自然竹纹，色泽高雅美观，顺应了人们崇尚回归大自然的心理，是20世纪90年代兴起的室内地面装饰材料。

### （二）竹地板的特点

#### 1.良好的质地和质感

竹材的组织结构细密，材质坚硬，具有较好的弹性，脚感舒适，装饰自然大方。

#### 2.优良的物理力学性能

竹材的干缩湿胀小，尺寸稳定性高，不易变形开裂，同时主材的力学性能比木材高，耐磨性好。

(a)　　　　　　　　　(b)

图2-4-11　竹地板

### 3.别具一格的装饰性

竹材色泽淡雅，色差小；纹理通直，很有规律；竹节上有点状放射性花纹，有特殊的装饰性。

## （三）竹地板的分类和规格

### 1. 竹地板的分类

#### （1）竹材层压板

竹材层压板具有硬度大、强度高、弹性好、耐腐蚀、抗虫蛀等优点。板厚一般为10～35mm。

#### （2）竹材贴面板

竹材贴面板是一种高级装饰材料，可用作地板、护墙板，还可以制造家具。竹材贴面板厚度一般为0.1～0.2mm，含水率为8%～10%，采用高精度的旋切机加工而成。

竹材单板可拼接成整幅竹板，也可采用拼花方式。对竹材进行漂白、染色处理后，板材的饰面效果更佳。

#### （3）竹材碎料板

竹材碎料板是将竹材和竹材加工过程中的废料，经刨片、再碎、施胶、热压等工艺处理而成的人造板。这种板具有较高的静曲强度和抗水性，可用于建筑物内隔墙、地板、顶棚、建筑模板、门芯板及活动用房等。

### 2. 竹地板的规格

竹地板的常用规格：长度900～2500mm；宽度50～200mm，一般不大于120mm；厚度15～18mm。

## （四）竹地板的选购

### 1.选择优异的材质

正宗楠竹较其他竹类纤维坚硬密实，抗压和抗弯强度高，耐磨，不易吸潮、密度高、韧性好、伸缩性小。

### 2.控制含水率

各地由于湿度不同，选购竹地板含水率标准也不一样，必须注意含水率要与当地的平衡含水率相适应，一般取8%～12%。目前市场上有很多未经处理和粗制滥造的木地板，极易受潮气、湿气影响，安装一段时间后地板发黑、失去光泽、收缩变形，选购时要认真鉴别。

### 3. 预防生虫霉变

选购竹地板时应强调防虫和防霉的质量保证。未经严格特效防虫和防霉剂浸泡及高温蒸煮或炭化的竹质地板，绝对不能选购。

### 4. 胶合技术

竹地板经高温高压胶合而成，对高温高压和胶合都有严格的工艺标准和检测标准。若施胶质量不能保证，极易出现开裂或开胶。

### 5. 表面观感

竹地板采用六面淋漆工艺。由于竹地板是绿色天然产品，表面带有毛细孔，因为存在吸潮概率而引发变形，所以必须将四周和底、表面全部封漆。

## （五）竹地板安装构造

竹地板安装时地面要保持平整、干燥、干净，选用干燥的木材作为龙骨，龙骨规格以20mm×30mm或30mm×40mm为宜。龙骨与地面用钢钉或螺纹钉固定，木龙骨找平后，在上面铺一层防潮垫，把地板错缝平铺在龙骨上，在地板凹处用专用的螺纹地板钉以45°角将地板固定在龙骨上，然后逐步安装。房间四周与地板间应留有10mm的伸缩缝隙，最后用踢脚线封盖。其安装结构如图2-4-12所示。

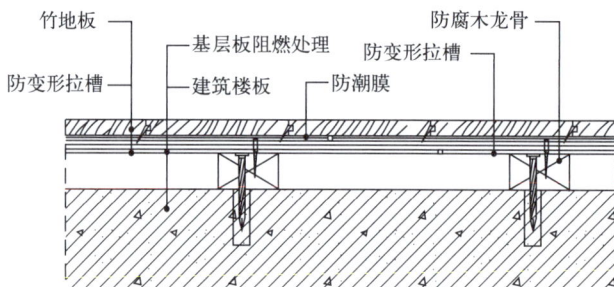

图2-4-12　竹地板安装构造

# 模块五
# 地毯楼地面材料与构造

地毯是一种高级地面装饰材料，有悠久的历史，也是世界通用的装饰材料之一。它不仅具有隔热、保温、吸声、挡风及弹性好等特点，而且铺设后可以使室内具有高贵、华丽、悦目的氛围。所以，它是从古至今经久不衰的装饰材料，广泛应用于现代建筑和民用住宅。

# 一、地毯的分类和规格

## 1.地毯的分类

按使用材质分类：纯毛地毯、混纺地毯、化纤地毯、植物纤维地毯。

按规格用途分类：标准机织地毯、走廊地毯、单块工艺毯、方块地毯。

按纺织结构分类：手工打结地毯、簇绒地毯、针刺地毯、机织地毯、编结地毯、黏结地毯、植绒地毯、无纺地毯等。

## 2.地毯的规格

最常用的方块地毯规格有500mm×800mm、600mm×900mm、700mm×1400mm、900mm×1500mm、1500mm×2400mm、2000mm×3000mm等。

① 浴室、厨房、门口地毯常用尺寸为500mm×800mm、600×900mm。

② 卧室入户地毯常用尺寸为900mm×1500mm。

③ 放在小茶几下的地毯常用尺寸为1200mm×1800mm。

④ 客厅沙发常用地毯常用尺寸为1500mm×2400mm、1800mm×2700mm；对于超大面积的客厅，可以用2100mm×3000mm。

⑤ 餐厅桌下地毯常用尺寸为2400mm×3000mm、2700mm×3600mm。

酒店、办公、展览等场所用的地毯一般宽度1～4m，长度30～50m。

# 二、地毯的特点

## 1.纯毛地毯

我国的纯毛地毯以绵羊毛为原料，其纤维长，拉力大，弹性好，有光泽，是编织地毯的优质原料。纯毛地毯不带静电，不易吸尘土，还具有天然的阻燃性。图案精美，色泽典雅，不易老化、褪色、吸声、保暖、脚感舒适，但抗潮性较差，容易发霉虫蛀。纯毛地毯的质量为$1.6～2.6kg/m^2$，是高级客房、会堂、舞台等地面的高级装修材料。近年来还产生了纯羊毛无纺织地毯，它是不用纺织或编织方法而制成的纯毛地毯，具有质地优良、物美价廉、消声抑尘、使用方便等特点，如图2-5-1所示。

| (a) | (b) |

图2-5-1　纯毛地毯

### 2. 混纺地毯

混纺地毯是以毛纤维与各种合成纤维混纺而成的地面装饰材料。混纺地毯中因掺有合成纤维，所以价格较低，使用性能有所提高。如在羊毛纤维中加入20%的尼龙纤维混纺后，可提高地毯的耐磨性，且装饰性能不亚于纯毛地毯，并克服了纯毛地毯不耐虫蛀及易腐蚀等缺点。混纺地毯具有保温、耐磨、抗虫蛀，弹性、脚感比化纤地毯好，价格适中的特点，如图2-5-2所示。

(a)　　　　　　　　　　　　(b)

图2-5-2　混纺地毯

### 3. 化纤地毯

化纤地毯也叫合成纤维地毯。这类地毯品种极多，如十分漂亮的长毛多元醇酯地毯、防污的聚丙烯地毯等。化纤地毯是我国近年来发展起来的一种新型地面覆盖材料，它是以尼龙纤维（锦纶）、聚丙烯纤维（丙纶）、聚丙烯腈纤维（腈纶）、聚酯纤维（涤纶）等化学纤维为原料，经过机织法、簇绒法等加工成的面层织物，再与布底层加工制成地毯，其外表与触感极似羊毛，耐磨而富弹性，给人以舒适、怡然的感觉。经过特殊处理，可具有防燃、防污、防静电、防虫蛀等特点。化纤地毯色彩鲜艳，图形丰富，价格远远低于纯毛地毯，是现代地面装饰的主要材料之一，如图2-5-3所示。

(a)　　　　　　(b)　　　　　　(c)　　　　　　(d)

图2-5-3　化纤地毯

### 4. 草编地毯

草编地毯是以草、麻或植物纤维等草本植物为原料的传统编织品，是具有乡土风格的地面装饰材料，具有防潮、耐磨等功能属性。

材性：透气性强，手感清爽，耐用性好，具有乡土风格，隔热防潮。草编地毯具有良好的透气性，能够保持室内空气流通；使用草本植物编制，触感清新舒适；草编地毯相对耐用，但需避免长期浸水或高温烘烤。草编地毯具有独特的乡土风格，适合多种室内装饰，并且具有一定的隔热和防潮功能。

### 三、地毯的选购

购买地毯时，有以下性能作为参考。

#### 1.耐磨性

化纤地毯的耐磨性通常是以耐磨次数表示，耐磨次数越多，耐磨性越好。在绒毛密度一样的情况下，地毯面层绒毛长度越长，耐磨性越好。我国生产的丙纶、腈纶化纤地毯的耐磨次数为5000～10000次，已达到了国际同类产品的水平。

#### 2.弹性

质量好的地毯，脚踩在上边应该是非常柔软舒适的，这取决于地毯的弹性。地毯面层的弹性是指地毯经碰撞或负载后，厚度减少的比例（%）。化纤地毯的弹性不及纯羊毛地毯，丙纶地毯的弹性不及腈纶地毯。

#### 3.抗静电性

化纤地毯属有机高分子材料，和有机高分子材料摩擦时，将会有静电产生，而高分子材料具有绝缘性，产生的静电不容易放出，这就使得化纤地毯易吸尘，清扫除尘困难。为了防止静电，现在一般生产厂家往往在化纤地毯的生产过程中，掺入适量的具有导电能力的抗静电剂，使化纤地毯上产生的静电能随时释放出来，以避免静电蓄积。

#### 4. 抗老化性

地毯经过一段时间的光照和接触空气中的氧气后，光泽、颜色、耐磨性、弹性都会发生变化，这就是老化。

#### 5.剥离强度

剥离强度的高低反映了地毯面层与背衬之间黏结强度的性能，也反映了地毯的耐水能力。

#### 6.耐燃性

凡燃烧时间在12min以内，燃烧范围的直径在17.96cm以内的化纤地毯，质量都属合格。

#### 7.耐菌性

化纤地毯作为地面覆盖物，在使用过程中，较易被虫、菌所侵蚀而引起霉烂变化，凡能够经受8种常见霉菌和5种常见细菌的侵蚀而不长菌、不霉变者均可认为合格。

#### 8.色彩

地毯的色彩宜淡雅明快，并应与整个房间的色调协调。

#### 9.规格

根据室内空间构图与功能要求确定规格。

#### 10.外观质量

无论选择何种质地的地毯，都要求毯面无破损，无污渍，无褶皱，色差、条痕及修补痕迹均不明显，毯边无弯折。选择化纤地毯时，还应观其背面，毯背应不脱衬、不渗胶。

## 四、地毯断面形状及适用场所

地毯断面形状及适用场所见表2-5-1。

表2-5-1　地毯断面形状及适用场所

| 名称 | 断面形状 | 适用场所 | 名称 | 断面形状 | 适用场所 |
|------|---------|---------|------|---------|---------|
| 高簇绒 |  | 家庭、客房 | 一般圈绒 |  | 公共场所 |
| 低簇绒 |  | 公共场所 | 高低圈绒 |  | 公共场所 |
| 粗毛低簇绒 |  | 家庭或公共场所 | 圈、簇绒结合式 |  | 家庭或公共场所 |

## 五、地毯的安装结构

地毯的铺设分为满铺与局部铺设，有非固定式和固定式。非固定式铺设是将地毯直接铺设在地面上，不需要固定；固定式铺设则需要将地毯与基层固定。固定式铺设又分为粘贴固定和倒刺板固定。

### 1.粘贴固定

将地毯直接铺设于地面之上，用胶固定，不设垫层。刷胶有满刷和局部刷两种：人流较少的地方可采用局部刷胶；人流活动频繁的地方则需要满刷。地毯粘贴固定构造如图2-5-4所示。

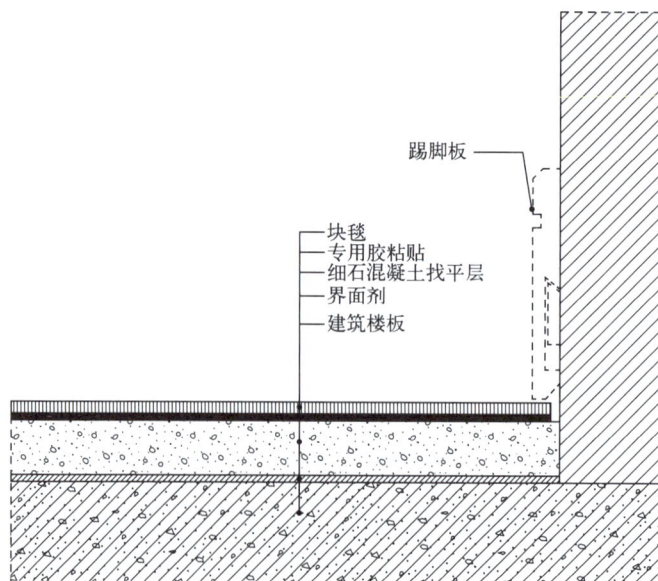

踢脚板

块毯
专用胶粘贴
细石混凝土找平层
界面剂
建筑楼板

图2-5-4　地毯粘贴固定构造

### 2.倒刺板固定

首先清理基层，沿踢脚板边缘用水泥钉将倒刺板固定在基层上，水泥钉间距40cm左右。待地毯铺设好后，用剪刀裁剪掉多余部分，然后将地毯边缘塞入踢脚板预留缝内。采用倒刺板固定地毯一般在地毯下铺设胶垫。地毯倒刺板固定构造如图2-5-5所示。

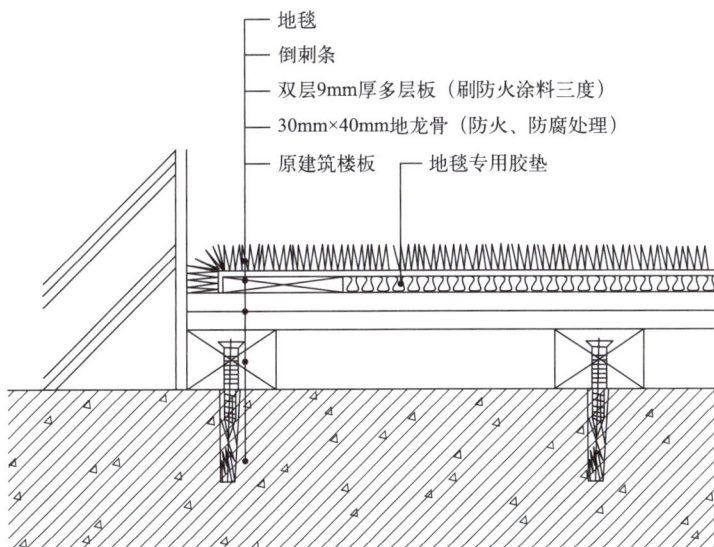

图2-5-5　地毯倒刺板固定构造

图中标注：
地毯
倒刺条
双层9mm厚多层板（刷防火涂料三度）
30mm×40mm地龙骨（防火、防腐处理）
原建筑楼板　　地毯专用胶垫

## 六、地毯的保养及维护

铺装好地毯，保养与养护就十分重要了。除需要有良好的生活习惯外，还应注意以下几点。

① 手工簇绒胶背地毯由天然纤维或化学纤维制成，在使用时切勿接触燃烧物。

② 地毯使用初期，毯面会产生少量浮毛，使用一定时间后会逐渐减少，平时应注意清理地毯上的浮毛。

③ 应避免局部重物长期静压，以免造成倒绒，影响毯面的美观。

④ 应避免地面潮湿，以免损坏地毯的背布和底基布。

⑤ 地毯因长期使用而沾染灰尘时，应定期用吸尘器清理。

⑥ 地毯如局部污染，可用地毯干洗剂或普通干洗剂擦拭，然后用湿布擦净，并在阴凉处晾干。不宜局部水洗，更切忌用汽油等有机溶剂擦洗，以免褪色和损坏地毯绒毛。

⑦ 如地毯被严重污染或显陈旧时，可整体水洗复新。

## 一、防静电地板

### 1.防静电地板概述

防静电地板，又称耗散静电地板，当它接地或连接到任何较低电位点时，使电荷能够耗散，以电阻在 $1.0 \times (10^5 \sim 10^9)$ Ω之间为特征。

防静电活动地板指用支架和横梁连接后架空的防静电地板，如图2-6-1所示。在计算机房、通信机房工程技术施工中，防静电活动地板是很重要的，利用活动地板可以在机房内组成一个地下空间的建筑结构。在众多装饰工艺中，防静电活动地板也称防静电架空面层地面。活动地板，也称装配式地板。

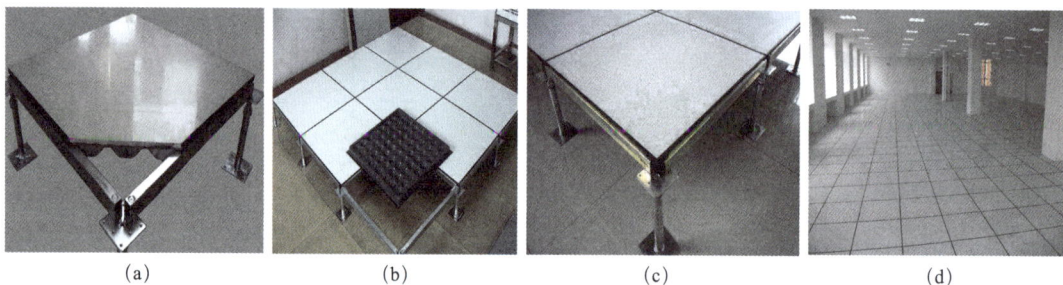

|  |  |  |  |
|:---:|:---:|:---:|:---:|
| (a) | (b) | (c) | (d) |

图2-6-1 防静电活动地板

防静电活动地板与基层地面或楼面之间所形成的架空空间，不仅可以满足敷设纵横交错的电缆和各种管线的需要，而且通过设计，在架空地板适当部位设置通风口，还可以满足静压送风等空调方面的要求。

### 2.防静电地板的分类

防静电地板根据铺贴形式和功能不同可以分为：直铺地板和活动地板（也叫架空地板）。

直铺地板又可以分为防静电瓷砖、防静电PVC地板等。防静电瓷砖是在水泥砂浆中掺入导电粉并增设导电带铺贴而成的，施工工艺简单，而且使用时地面容易清洁（用不滴水的拖把都可以清洁），高耐磨，使用寿命长。相比之下PVC地板不耐老化、不便于清洗、防火性能差。

活动地板根据基材和贴面材料不同可以分为钢基、铝基、复合基、刨花板基（也叫木基）、硫酸钙基等，贴面可以是防静电瓷砖、三聚氰胺（HPL）和PVC。

### 3.防静电地板的性能

载重能力强，防火性能好；外表喷塑，高耐磨，防腐蚀；表面防静电，抗污染，便于清洁；地板上可随意安装线盒，下面便于走线，地板之间互换性强，组装灵活，便于维护。

#### 4.防静电地板的用途

防静电地板主要用在计算机机房、程控交换机房、电化教室、电力调度室、弱电机房、洁净厂房等防尘、防静电、架空的场合。

#### 5.防静电地板的规格

防静电地板的规格有600mm×600mm×30mm、600mm×600mm×35mm、600mm×600mm×40mm、600mm×600mm×45mm等。

#### 6.防静电活动地板的铺装结构

铺装应在室内土建及装修施工完毕后进行，地面应平整、干燥、无杂物、无灰尘，地板下可使用空间，布置敷设电缆、电路、水路、空气等管道及空调系统应在安装地板前施工完毕。施工过程中经常用兆欧表测试地板表面对铜箔间是否导通，如有不通，需找出原因并重新粘贴，以保证每块地板的对地电阻在$10^5 \sim 10^8 \Omega$之间。防静电地板的安装结构如图2-6-2所示。

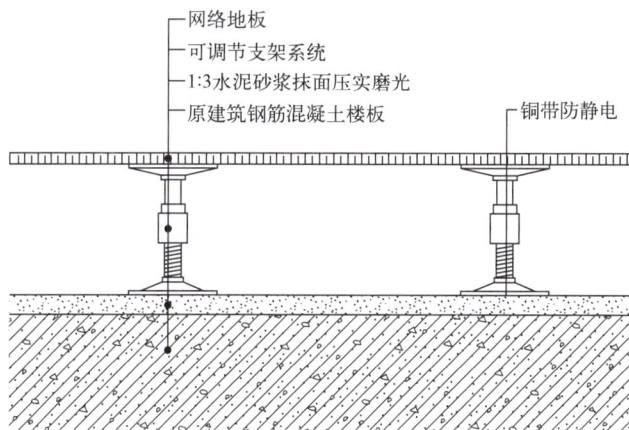

图2-6-2　防静电活动地板的安装结构

## 二、静音地板

### 1.静音地板的种类及规格

**（1）静音型**

静音型的规格主要为1212mm×298mm×12mm。

**（2）实木超静音**

共分五层：软木静音层、防潮平衡层、高密度基材层、装饰层、耐磨层。规格有1212mm×140mm×12mm、1212mm×140mm×8mm、808mm×125mm×12mm、808mm×125mm×8mm等。实木超静音地板结构如图2-6-3所示。

### 2.静音地板的特点

静音地板不但耐磨、阻燃、隔声、防潮、防静电，而且是连环板型槽口设计，具有以下特点。

① 静音，减少回音，同时具有消音效果。

② 隔声，无须额外的隔声材料，就可以拥有一个清净的工作空间。

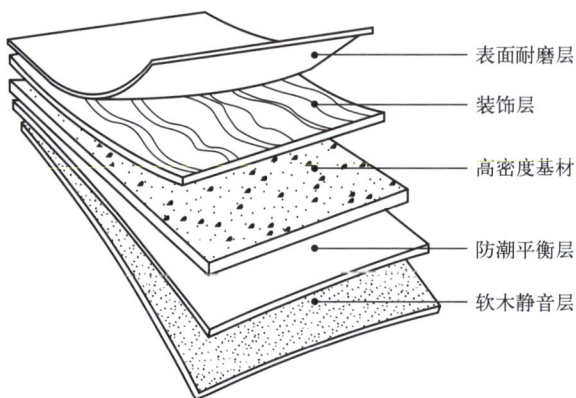

图2-6-3 实木超静音地板结构

③ 保温，能加强空调器的效果，达到冬暖夏凉。

④ 地板之间采用锁扣结构，结合更加紧密平整，从而有效地避免了脱胶、退缝。

⑤ 具有毛毯般的弹性，脚感舒适。

⑥ 比一般地板的防潮性能好。

⑦ 地板的理化性能指标超过复合地板的国家标准。

### 3.静音地板的用途

静音地板广泛用于家庭、营业厅、办公室、酒店、宾馆、无尘车间、计算机房等场所。

【扩展阅读】

#### 竹地板的制作与保养

竹地板的主要制作材料是竹子，它以天然优质竹子为原料，经过二十几道工序，脱去竹子原浆汁，辅以胶黏剂经高温高压拼压，再经过多层油漆，最后由红外线烘干而成。经过脱去糖分、脂肪、淀粉、蛋白质等特殊无害处理后的竹材，具有超强的防虫蛀特性。竹地板无毒，牢固稳定，不开胶，不变形。有竹子的天然纹理，清新文雅，给人一种回归自然、高雅脱俗的感觉。

竹地板以竹代木，具有木材的原有特色，竹在加工过程中，采用符合国家标准的优质胶种，可避免甲醛等物质对人体的危害。另外利用先进的设备和技术，通过对原竹进行多道工序的加工，使竹地板兼具原木地板的自然美感和陶瓷地砖的坚固耐用。竹地板的加工工艺与传统意义上的竹材制品不同，采用中上等竹材，经严格选材、制材、漂白、硫化、脱水、防虫、防腐等工序加工处理之后，再经高温、高压热固胶合而成。相对实木地板，竹地板耐磨、耐压、防潮、防火。它的物理性能优于实木地板，抗拉强度高于实木地板而收缩率低于实木地板，因此铺设后不开裂、不扭曲、不变形起拱。但竹地板强度高，硬度强，脚感不如实木地板舒适，外观也没有实木地板丰富多样。它的外观是自然竹子纹理，色泽美观，顺应人们回归自然的心态，这一点又优于复合地板。

竹地板虽经干燥处理，减少了尺寸的变化，但因其竹材是自然材料，所以竹地板还会随气候干湿度变化而有些变形；在北方地区如果遇到干燥季节，特别是开放暖气时，人们可通过不同方法调节湿度，如采用加湿器或在暖气上放盆水等；南方地区到了多雨季节，消费者应多开窗通风，保持室内干燥；同时，在室内使用竹地板应尽量避免与大量的水接触，若有水泼到地板上，应及时擦干和清洁。对于竹地板漆面，应避免硬物撞击、利器划伤、金属摩擦等。防止将灰尘、沙子等物带入房间，可以在门口放置一块擦鞋垫，不要用钉尖物擦刮竹板表面或穿带有金属钉的鞋进入房间。可以用一些纤维面料将家具的脚包起来，这样既可以使家具移动起来更方便，还可以使家具不损伤地板。

常见竹地板纹理

同时，应正确清洁地板。在日常使用过程中，保持竹地板地面干净，清洁时可用干净扫把扫净，然后用拧干的拖把拖。平时也可以用柔软湿布轻擦地板，当然也可以像对待地毯那样，用吸尘器除去地上的灰尘。根据使用情况，可以隔几年打蜡一次，保持漆膜面平滑光洁。如果条件允许，2~3个月可在竹地板表面打一次地板蜡，这样维护效果更佳。

**【思考与练习】**

一、填空题

1.水磨石按照原料分类，可以分为以水泥为黏结料制成的（　　　　），以及用环氧黏结料等制成的（　　　　）或（　　　　）。按施工制作工艺又分（　　　　）和（　　　　）两种。

2.块料类楼地面所用材料通常有（　　　　）、玻化砖、（　　　　）、通体砖、仿古砖五类。

3.橡胶地板的种类有（　　　　）、（　　　　）、耐高温橡胶地板、导电橡胶地板、（　　　　）、抗超低温橡胶地板、高度电绝缘地板等。

4.橡胶地板以合成橡胶为主要原料，可做成单层或（　　　　），从外形上有块状和（　　　　）之分。

5.地毯按使用材质分类可分为（　　　　）、混纺地毯、（　　　　）、植物纤维地毯。

二、选择题

1.下列哪项不是楼地面可选用的材料？（　　　　）

A.瓷砖　　　　　　B.大理石　　　　　　C.实木地板　　　　　　D.石塑地板

2.下列哪种地面材料适合用于居室的卧室?（　　）

A.防滑地板　　　　B.实木地板　　　　C.防水瓷砖　　　　D.大理石地面

3.楼地面装饰构造按材料形式和施工方式不同可分为整体浇筑地面、卷材地面、涂料地面和（　　）。

A.板块地面　　　　B.整体地面　　　　C.预制地面　　　　D.木地面

4.地毯按制作工艺的不同来分，可分为（　　）。

A.毛地毯、麻地毯　　　　　　　　　B.手工编织地毯、机器编织地毯

C.全毛地毯、人造地毯　　　　　　　D.化纤地毯、天然材料地毯

5.天然石材有哪些优点?（　　）

A.坚硬　　　　　B.色泽丰富　　　　C.价格便宜

D.纹理自然流畅　　E.质感美观

三、简答题

1.整体式楼地面有哪些面层材料与构造?其中现浇水磨石面层的材料有哪几类?

2.竹木地板分为哪几种类别?各自分别有哪些特性?

3.地毯类面层材料有哪几种固定方式?各自有何特色和要求?

4.请绘制出两类块料面层的装饰构造图。

【项目提要】——

本项目主要介绍顶棚装饰工程所用材料及构造的知识，涵盖顶棚装饰工程所用材料的基础知识、种类、规格、性能、用途及装饰构造等方面的内容。

顶棚是位于承重结构下部的装饰构件，其上面布置有照明灯、音响设备、空调及其他管线等，因此，顶棚装饰材料的构造，要求与承重结构连接牢固，保证安全稳定。而且顶棚的构造设计涉及声学、光学、空气调节、防火安全等方面，是一项装饰技术要求比较复杂的工程项目，应结合装饰效果、经济条件、设备安装情况、建筑功能和技术要求以及安全问题等各方面来综合考虑。

【学习目标】——

1.知识目标

了解顶棚工程中常用的材料种类、性能及特点；掌握顶棚的构造形式；熟悉顶棚工程的设计原则和规范要求；了解灯具、空调及窗帘盒与吊顶的衔接构造。

2.能力目标

能够根据不同的建筑空间和使用要求，选择合适的顶棚材料和构造形式；具备识读和绘制吊顶构造详图的能力。

3.素质目标

培养严谨的工作作风和敬业爱岗的工作态度；提高团队协作和沟通能力；增强创新意识；树立环保意识。

【学习要点】——

1.学习重点

认识各类顶棚材料的性能特点及适用范围；掌握悬吊式顶棚的构造组成，包括吊杆、龙骨、饰面板等各部分的作用及连接方式。

2.学习难点

顶棚材料的合理选择与正确搭配；悬吊式顶棚的构造形式及组成。

# 模块一
## 直接式顶棚装饰材料与构造

直接式顶棚是指在屋面板或楼板上直接进行抹灰、喷（涂）内墙涂料、镶板、粘贴装饰材料的一种施工工艺。直接式顶棚构造简单，构造层厚度小，基本不占用室内空间高度，施工简单，造价低，但这类顶棚不能遮盖管网、线路等设备，一般适用于普通建筑及功能较为简单、空间尺度较小的场所。

### 一、直接抹灰类顶棚材料与构造

直接抹灰类顶棚是在上部屋面板或楼板的底面上直接进行抹灰装饰而成的。根据所用饰面材料不同，主要有纸筋灰抹灰、石灰砂浆抹灰、水泥砂浆抹灰和特种抹灰等。普通抹灰用于一般建筑或简易建筑，特种抹灰用于声学要求较高的建筑。

直接抹灰顶棚的构造做法：先在屋面板或楼板的底面上刷一道纯水泥浆，使抹灰层能与基层很好地黏合，然后运用混合砂浆打底，再进行中层抹灰和面层抹灰，具体构造如图3-1-1所示。要求较高的房间，可在底板增设一层钢板网，钢板网上再做抹灰，这种做法强度高，黏合牢，不易开裂脱落。抹灰面的做法和构造与抹灰类墙面装饰相同。

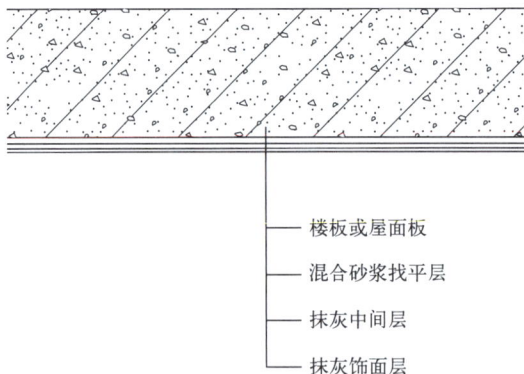

楼板或屋面板
混合砂浆找平层
抹灰中间层
抹灰饰面层

图3-1-1 直接抹灰类顶棚构造

### 二、直接喷刷类顶棚材料与构造

直接喷刷类顶棚是在上部屋面板或楼板的底面上，直接用浆料或涂料喷刷而成的。常用的喷刷材料有石灰浆、大白浆、色粉浆、彩色水泥浆、可赛银、涂料等。直接喷刷类顶棚主要用于普通办公室、宿舍等建筑。直接喷刷乳胶漆顶棚装饰效果如图3-1-2所示。

直接喷刷顶棚的构造做法：先在屋面板或楼板的底面上刷一道纯水泥浆，使抹灰层能与基层很好地黏合，然后运用混合砂浆打底，再进行中层抹灰，然后喷刷内墙涂料或浆料，颜色可以与墙面相同或不同，达到与整体风格统一的目的。其具体构造如图3-1-3所示。

图3-1-2　直接喷刷乳胶漆顶棚装饰效果

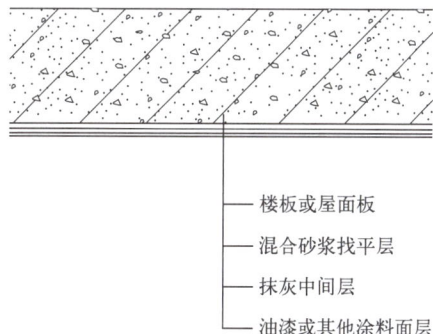

楼板或屋面板
混合砂浆找平层
抹灰中间层
油漆或其他涂料面层

图3-1-3　直接喷刷类顶棚构造

## 三、裱糊类顶棚材料与构造

裱糊类顶棚是采用壁纸、壁布及其他织物直接裱糊在经过抹灰找平处理的屋面板或楼板底面上的饰面方法。这类顶棚主要用于装饰要求较高、面积较小的建筑，如宾馆的客房、住宅的卧室等空间。壁纸裱糊顶棚如图3-1-4所示。裱糊类顶棚所用材料及具体做法与墙面的裱糊构造相同，其具体构造如图3-1-5所示。

图3-1-4　壁纸裱糊顶棚

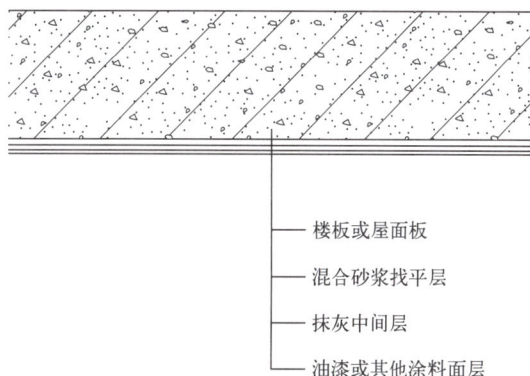

楼板或屋面板
混合砂浆找平层
抹灰中间层
油漆或其他涂料面层

图3-1-5　直接裱糊类顶棚构造

## 四、直接贴面类顶棚材料与构造

直接贴面类顶棚是直接将面砖或装饰板粘贴在经过抹灰找平处理的屋面板或楼板底面上的饰面方法。常用的贴面材料有块材类和板材类。块材类主要有釉面砖、瓷砖等，主要用于防潮、防腐、防霉或清洁要求较高的建筑，如浴室、洁净车间等；板材类主要有轻质装饰吸声板、石膏板、线条等，主要用于装饰要求较高且较干燥的房间。装饰效果如图3-1-6和图3-1-7所示。

图3-1-6　直接粘贴瓷砖顶棚装饰效果　　　　图3-1-7　直接粘贴线条顶棚装饰效果

　　直接贴面类顶棚的构造做法：先在屋面板或楼板的底面上刷一道纯水泥浆，使抹灰层能与基层很好地黏合，利用混合砂浆打底，再用5～8mm厚的水泥石灰砂浆进行找平处理，然后粘贴面砖或装饰板。粘贴面砖做法与墙面砖粘贴相同，粘贴固定石膏板（条）时，宜采用粘贴和钉接相配合的方法，具体构造如图3-1-8所示。

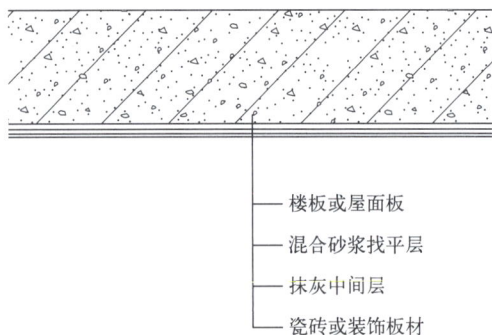

　　　　　　楼板或屋面板
　　　　　　混合砂浆找平层
　　　　　　抹灰中间层
　　　　　　瓷砖或装饰板材

图3-1-8　直接贴面类顶棚构造

## 五、直接格栅式顶棚材料与构造

　　当屋面板或楼板底面平整光滑时，也可将格栅（龙骨）直接固定在楼板的底面上，这种格栅一般采用30mm×40mm方木，以500～600mm的间距纵横双向布置，表面再用各种板材饰面，常用的装饰板材有PVC板、石膏板、铝塑板或木板及木制品板材。这类顶棚适用于装饰要求高的建筑，其装修效果如图3-1-9所示。

　　直接格栅式顶棚构造做法与镶板类装饰墙面的构造相似，具体构造如图3-1-10所示。

图3-1-9 防腐木顶棚装修效果

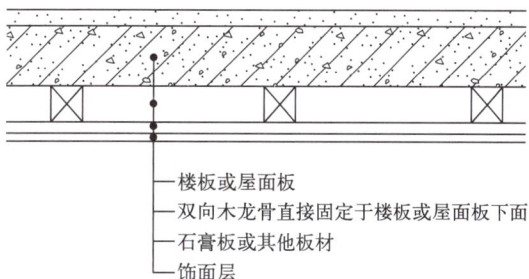

—楼板或屋面板
—双向木龙骨直接固定于楼板或屋面板下面
—石膏板或其他板材
—饰面层

图3-1-10 直接格栅式顶棚构造

## 六、结构式顶棚材料与构造

将屋盖和楼盖结构暴露在外，利用结构本身的韵律做装饰，不再另做顶棚，称为结构式顶棚，例如某些大型公共场所中屋面采用的网架结构、悬索结构、拱形结构等。这些结构构件本身就非常美观，并将屋盖结构暴露在外，充分利用这些结构的优美韵律，体现现代化的施工技术，并将照明、通风、防火和吸声等设备巧妙地结合在一起，形成和谐统一的空间景观，一般应用于体育馆、展览馆等大型公共建筑中，其样式如图3-1-11和图3-1-12所示。

图3-1-11 井格式梁板结构顶棚

图3-1-12 网架结构顶棚

# 模块二
# 悬吊式顶棚材料与构造

悬吊式顶棚又称吊顶，是指装饰面与原有屋面板或楼板之间留有一定的距离，通过一定的悬吊构件，将顶棚骨架和装饰面板悬吊固定在屋面板或楼板之下的一种顶棚形式。它是由吊杆、骨架和面层组成的空间顶棚构造体系，如图3-2-1所示。

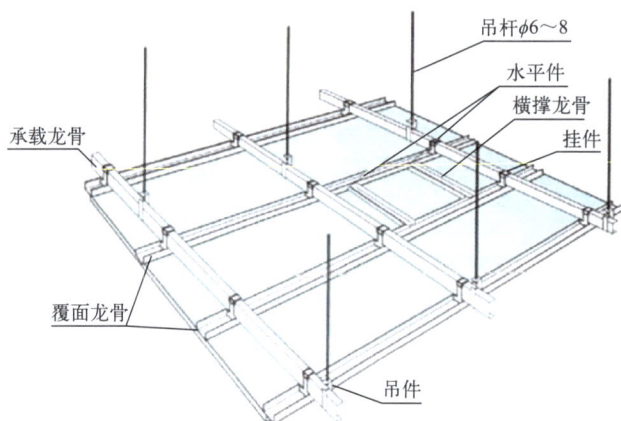

图3-2-1 悬吊式顶棚构造体系

悬吊式顶棚不仅可以隐藏各种管线、管道，镶嵌各类灯具，还可以利用空间高度的变化进行顶棚的造型处理，丰富空间层次等。悬吊式顶棚形式感强，变化丰富，装饰效果好，更具有保温、隔热、隔声和吸声等功能，适用于各种场所。

## 一、吊杆材料

吊杆又称为吊筋，在吊顶中起到承上启下的作用，是将吊顶部分与建筑结构连接起来的承重传力构件。

吊杆的主要作用是用于承受吊顶罩面层和龙骨架的荷载，并将这部分荷载传递给屋面板、楼板、屋顶梁或屋架。通过吊筋还可以调整、确定悬吊式顶棚的空间高度，以适应不同场合、不同艺术处理的需要。

吊杆材料和规格的选用，与顶棚的自重及顶棚所承受的灯具、设备等的荷载有关，也与龙骨的形式、材料及屋顶承重结构的形式等有关。吊杆可采用钢筋、型钢、方木、镀锌铜丝等。钢筋吊杆用于木骨架和金属骨架顶棚，直径一般为6～8mm，如图3-2-2（a）所示。型钢吊杆用于重型顶棚或整体刚度要求特别高的顶棚，如图3-2-2（b）所示。方木吊杆一般用50mm×50mm截面的木条，用于木骨架支撑的顶棚，如图3-2-2（c）所示，有时可采用铁制连接件加固，如荷载很大则需要计算确定吊筋截面。镀锌铜丝、钢丝吊杆用于不上人的轻质吊顶，如图3-2-2（d）所示。

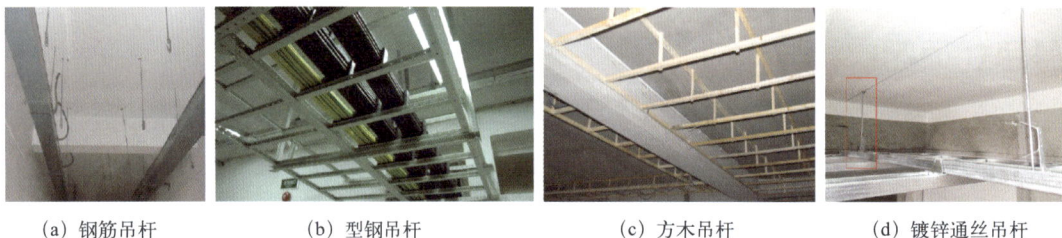

(a) 钢筋吊杆　　　(b) 型钢吊杆　　　(c) 方木吊杆　　　(d) 镀锌通丝吊杆

图3-2-2 不同种类的吊杆

吊杆与楼板或屋面结构的连接方式有预埋件连接和膨胀螺栓（射钉）连接两种，现代装修工程都采用二次装修做法，所以一般常采用膨胀螺栓或射钉的连接方式，如图3-2-3所示。

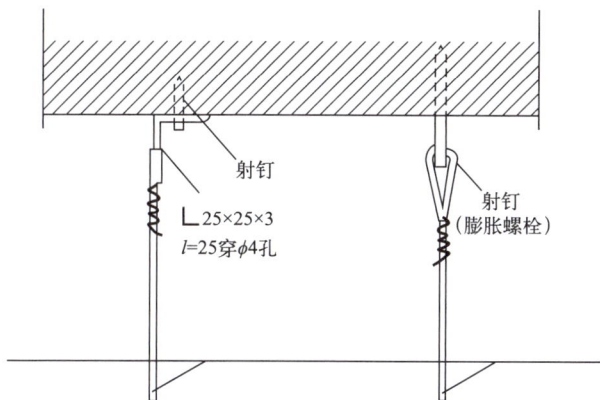

图3-2-3　吊筋射钉固定方式

## 二、骨架材料

骨架材料也叫龙骨，是室内装饰装修中用于支撑造型、固定结构的一种建筑材料，使用非常普遍，被广泛用于吊顶、隔墙、实木地板、家具的骨架以及门窗套制作等施工中。用于吊顶的龙骨骨架，主要是承受吊顶面层的荷载，并将荷载通过吊杆传给屋顶的承重结构。

吊顶龙骨分类很多，按承载能力的不同，可以分为承重龙骨和不承重龙骨；按龙骨的用途不同可以分为主龙骨（承载龙骨）、次龙骨（覆面龙骨）、横撑龙骨、边龙骨等；根据制作材料的不同，可以分为木龙骨、轻钢龙骨和铝合金龙骨。下面按照龙骨的制作材料分类加以介绍。

### （一）木龙骨

#### 1.木龙骨概述

木龙骨俗称木方，是家庭装修中常用的一种骨架材料，主要由松木、杉木、椴木等软木材，经过砍伐、烘干、刨光等工序加工而成，用于撑起外面的装饰板。

#### 2.木龙骨种类及规格

目前市场上的木龙骨多为松木龙骨，选择时要注意其含水率，北方地区含水率不得大于12%，南方地区含水率不得大于18%。

木龙骨的长度一般为4m，规格有25mm×30mm、30mm×40mm、30mm×50mm、50mm×50mm、40mm×60mm、40mm×70mm、50mm×70mm等，而且可以根据需要刨出想要的尺寸。

#### 3.木龙骨性能及应用

以木龙骨作为吊顶骨架已有悠久的历史，木龙骨重量轻、握钉力强、绝缘、易于加工、有较好的弹性和韧性，可以做出灯槽和曲线等复杂造型，且与木制品衔接变形系数小，因此较多用于家庭装修中；但其不防潮、不防火、易变形、易虫蛀、易腐朽，不适合用在潮湿或靠近火源的环境里，即使在干燥环境下使用也必须进行防火、防腐等处理，因此在公共空间装修中较少使用。

### 4.木龙骨架构造

吊顶木龙骨架通常采用射钉或木钉固定成纵横交错、间距相等的网格状支架，然后在其上安装石膏板、木夹板等板材。骨架构造中，主龙骨截面尺寸一般为50mm×（60~80）mm，钉接或栓接在吊杆上，间距为1.2~1.5m；次龙骨截面一般为30mm×（40~50）mm，间距依据次龙骨截面尺寸和饰面板材规格而定，一般为300~600mm；根据实际需要可以安装横撑龙骨。木龙骨组成的骨架多为单层构造，如图3-2-4所示；当建筑空间较大时，也可以采用双层骨架构造，如图3-2-5所示。

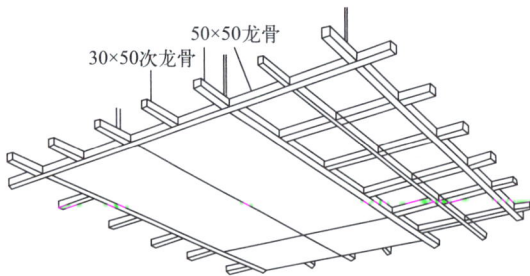

图3-2-4　单层木龙骨架构造示意　　　　图3-2-5　双层木龙骨架构造示意

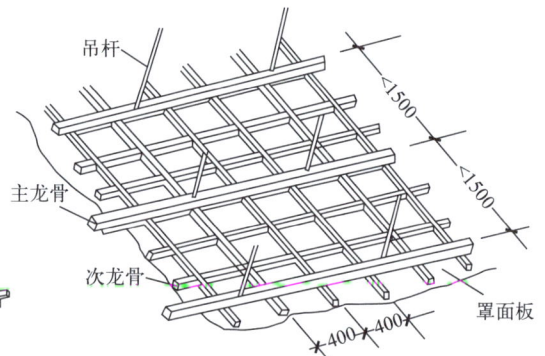

## （二）轻钢龙骨

### 1.轻钢龙骨概述

轻钢龙骨是以镀锌钢带、薄壁冷轧退火黑铁皮卷带等为原料，经冷弯、滚轧、冲压等工艺制作而成的骨架支承材料，主要用于装配各种类型的石膏板、钙塑板、吸声板等，用作室内吊顶的龙骨支架。

### 2.轻钢龙骨种类及规格

轻钢龙骨按照断面形状分为V型龙骨（卡式龙骨）、U型龙骨、C型龙骨、T型龙骨、L型龙骨。轻钢龙骨种类如图3-2-6所示。轻钢龙骨的长度一般为3m，厚度从0.4~2.0mm不等。按照龙骨的纵截面宽度规格分为D60系列、D50系列、D45系列、D38系列。其中D50系列用于吊点间距为900~1200mm的上人吊顶，D60系列用于吊点间距为1500mm的上人加重吊顶，D38系列用于吊点间距为900~1200mm的不上人吊顶。

### 3.轻钢龙骨性能及应用

轻钢龙骨具有自重轻、强度高，防火、防水，耐腐蚀，施工速度快，不易变形等特点，是替代木龙骨的最佳骨架材料。轻钢龙骨与石膏板配合使用其防火等级为A级不燃材料，因

(a) 轻钢龙骨[主龙系列（D38 系列、D50系列、D60系列）]　(b) 轻钢龙骨[中龙系列（D25 系列、D50系列、D60系列）]　(c) 三角龙骨/收边龙骨　(d) 卡式龙骨（32、38型）

图3-2-6　轻钢龙骨种类

此被广泛应用于公共空间和家居空间的装修中。但存在不能打造特殊造型的问题。

### 4.轻钢龙骨骨架构造

吊顶轻钢龙骨骨架一般是由主龙骨、次龙骨、横撑龙骨和边龙骨以及各种连接件构成的单层或双层网状体系。如图3-2-7和图3-2-8所示，骨架中的主龙骨也称为承载龙骨，一般为V型龙骨（图3-2-7）或U型龙骨（图3-2-8），是龙骨体系中主要的受力构件，用于承载全部吊顶的重量；次龙骨也称为覆面龙骨，一般为C型龙骨或T型龙骨等，用于悬挂或固定饰面板，必要时也可作为横撑龙骨；边龙骨一般为L型龙骨，用于吊顶四周的固定及水平定位；各种连接件是连接主、次龙骨，组成一个骨架的重要部件，一

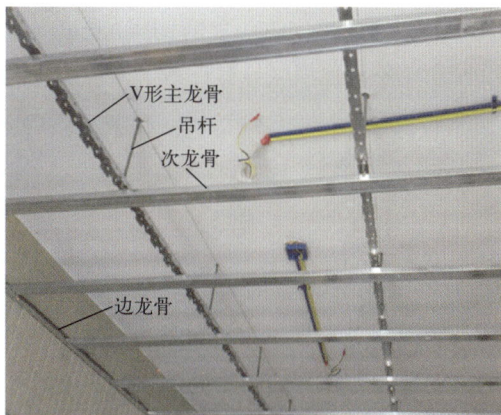

图3-2-7　V型主龙骨构成的卡式龙骨骨架

般配套使用，主要有吊挂件、主次龙骨的连接件、主次龙骨的接插件等，样式如图3-2-9所示。骨架体系中，主龙骨间距一般为0.9～1.5m。次龙骨间距依据饰面板材规格而定，一般为400～600mm。当顶棚面安装设施设备时需要增加横撑龙骨。

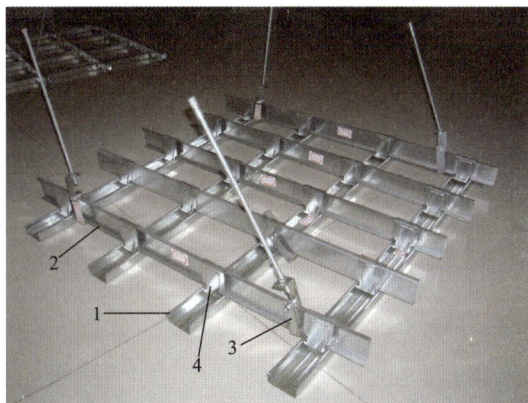

图3-2-8　U型主龙骨构成的装配式骨架

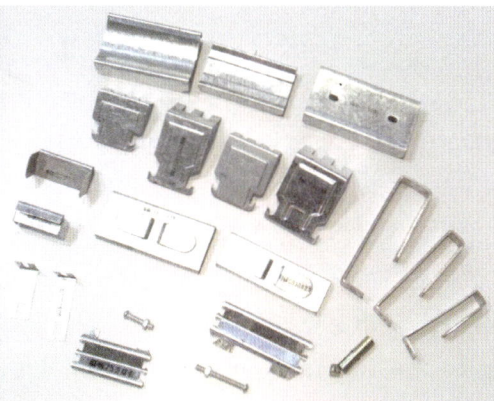

图3-2-9　龙骨骨架连接件

1—次龙骨；2—U型主龙骨；3—吊挂件；4—主次龙骨连接件

### （三）铝合金龙骨

#### 1.铝合金龙骨概述

铝合金龙骨是铝材通过挤（或冲）压技术成形，然后表面施以烤漆、喷塑、阳极氧化等工艺处理而制成的。多用于拼装式吊顶的龙骨骨架，一般与硅钙板、矿棉板、装饰石膏板等搭配使用。

#### 2.铝合金龙骨种类及规格

用于装配式吊顶的铝合金龙骨根据断面形状分为T形、LT型龙骨，均为不上人龙骨。LT型龙骨主要包括大龙骨、小龙骨、边龙骨。大龙骨（大T），截面为倒T形，侧面有方形孔和圆形孔，方形孔用于与次龙骨穿插连接，圆形孔与吊杆悬吊固定。大龙骨长度一般有1200mm、3000mm。小龙骨（小T）截面为倒T形，两端加工成"凸头"形状，长度一般为610mm；边龙骨，截面为倒L形，长度为3000mm。铝合金龙骨从表面装饰来区别，有平面和凹槽；从颜色来区分有白线、黑线及其他颜色，样式如图3-2-10所示。

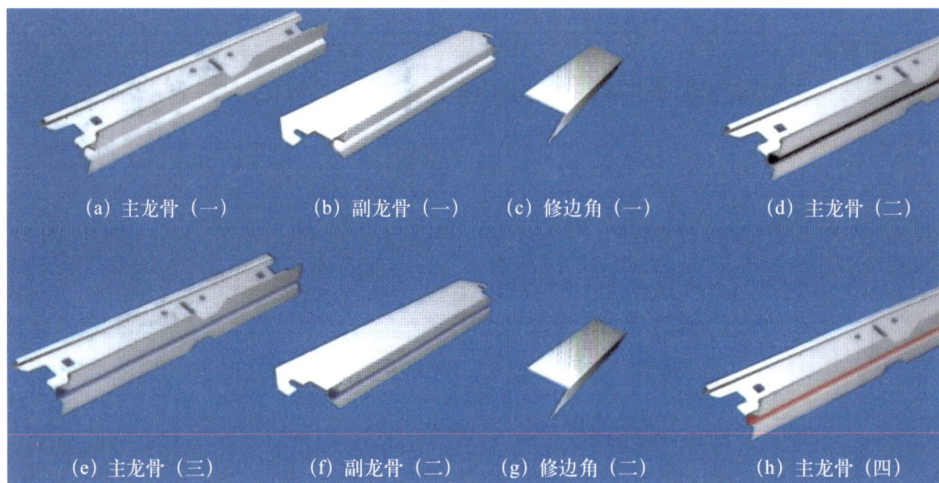

| (a) 主龙骨（一） | (b) 副龙骨（一） | (c) 修边角（一） | (d) 主龙骨（二） |
| (e) 主龙骨（三） | (f) 副龙骨（二） | (g) 修边角（二） | (h) 主龙骨（四） |

图3-2-10 铝合金龙骨

#### 3.铝合金龙骨的性能及应用

铝合金龙骨质轻，有较强的抗腐蚀和耐酸碱能力，防火性好，加工方便，安装简单、装饰性好，被广泛用于公共空间的活动式装配吊顶中。

#### 4.铝合金龙骨的构造

铝合金龙骨顶棚骨架分为有主龙骨和无主龙骨两种形式。有主龙骨骨架是在结构层下面安装吊筋，吊筋连接主龙骨吊挂件，轻钢主龙骨插入吊挂件内，大龙骨用钩挂架与主龙骨钩挂在一起，小龙骨与大龙骨插接在一起，靠墙部分采用L形边龙骨固定在墙上，如图3-2-11所示。无主龙骨骨架是吊筋下面连接吊挂件，吊挂件直接将大龙骨卡挂吊起，再将小龙骨插入大龙骨上，其他做法与有主龙骨吊顶做法相同，如图3-2-12所示。

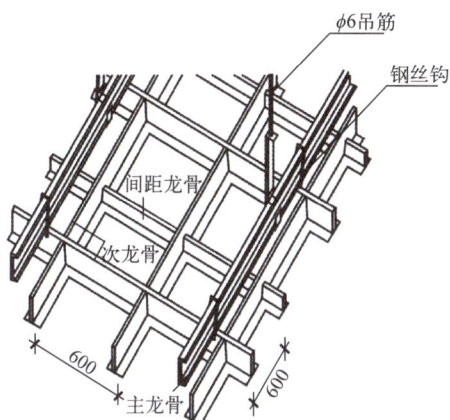

图 3-2-11　有主龙骨骨架示意

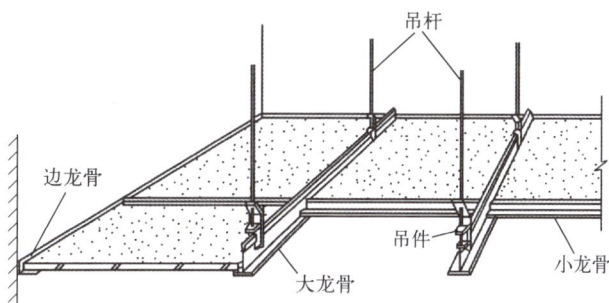

图 3-2-12　无主龙骨骨架示意

# 三、面层材料

面层材料通常安装在龙骨材料之上，其作用是装饰室内空间，并具有吸声、反射、保温、隔热等功能。面层材料可分为抹灰罩面和板材罩面，目前室内装饰装修中应用最广泛的是板材罩面，以下主要介绍板材罩面。常用的罩面板材有石膏板、埃特板、铝合金装饰板、金属格栅、铝合金挂片、胶合板、装饰玻璃等。

## （一）石膏板

石膏板是目前被用于室内制作吊顶和隔墙的主流材料。石膏板的主要品种有纸面石膏板、装饰石膏板等。

### 1.纸面石膏板

**（1）纸面石膏板概述**

纸面石膏板是以建筑石膏为主要原料，掺入适量的特殊功能纤维和外加剂构成板芯，以特制的板纸为护面，经加工制成的板材。

**（2）纸面石膏板种类及规格**

按板材性能分有普通纸面石膏板、防火纸面石膏板、防潮纸面石膏板三类，如图 3-2-13 所示。普通纸面石膏板是以重磅纸为护面纸；防火纸面石膏板的芯材是在建筑石膏料浆中增加了耐火材料和大量玻璃纤维后制成的；防潮纸面石膏板采用耐水的护面纸，并在建筑石膏料浆中掺入适量耐水外加剂制成耐水芯材。

图 3-2-13　纸面石膏板

纸面石膏板的长度有1800mm、2100mm、2400mm、2500mm、3000mm等规格，宽度有900mm、1200mm等规格，厚度有9mm、9.5mm、12mm、15mm等规格。

**（3）纸面石膏板的性能及应用**

纸面石膏板具有重量轻、表面平整、不易变形，防火、防潮、隔声、隔热等特点，而且其加工性能优良，可锯、可刨、可粘贴，施工方便。普通纸面石膏板主要用于装饰墙面、室内吊顶、内隔墙板等。耐水石膏板可以用于湿度较大的卫生间和厨房等空间，但不建议用在淋浴间，因为耐水的石膏板经过长时间的潮湿和浸泡，使用寿命和稳固性也会大大降低。

### 2.装饰石膏板

**（1）装饰石膏板概述**

装饰石膏板是以天然高纯度石膏为主要原料，掺加少量纤维增强材料和外加剂等制成的有多种图案、花饰和纹理的不带护面纸的板材，较纸面石膏板有更强的装饰性。

**（2）装饰石膏板种类及规格**

装饰石膏板的形状为正方形，其品种类型较多，有压制浮雕板、穿孔吸声板、涂层装饰板、聚乙烯复合贴模板等不同系列，样式如图3-2-14所示。常见规格为600mm×600mm×（9.5～12）mm。

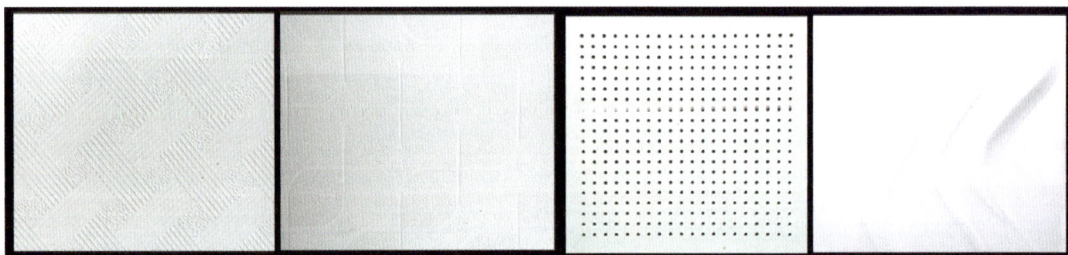

图3-2-14 装饰石膏板

**（3）装饰石膏板的性能及应用**

装饰石膏板具有重量轻、强度高、绝热、吸声、防火阻燃、耐老化、变形小、能调节室内温度等优点，同时加工性能好，施工方便，功效高。常与铝合金T型龙骨结合，广泛用于宾馆、礼堂、会议室等公共空间的顶棚装饰、墙面及装饰墙裙等，应用效果如图3-2-15所示。

（a）　　　　　　　　　　　　（b）

图3-2-15 装饰石膏板吊顶应用效果

### 3.纸面石膏板吊顶构造

轻钢龙骨纸面石膏板吊顶是当今普遍流行的一种吊顶形式，适用于多种场所顶棚的装饰装修，具有施工快捷、安装牢固、防火性能优良等特点。下面以最为常见的U形轻钢龙骨纸面石膏板吊顶为例，介绍其构造要点。

① 根据吊顶面的几何形状及尺寸大小，确定吊杆材质及主龙骨的布局方向，并计算出吊点数量。一般来讲，上人吊杆通常采用与轻钢龙骨配套的标准配件，吊点间距通常为1200～1500mm；不上人吊杆常采用$\phi$4mm吊筋，吊点间距为850～1200mm，其构造如图3-2-16所示。

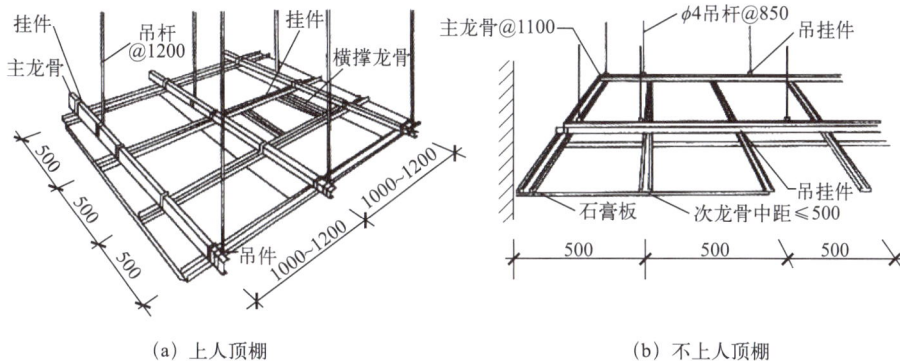

(a) 上人顶棚  　　　　　　　(b) 不上人顶棚

图3-2-16　轻钢龙骨纸面石膏板吊顶构造

② 主龙骨安装方向应与房间长边方向平行，两根相邻的主龙骨接头不能处于同一吊杆档内。每段主龙骨上不能少于两个吊挂点。上人主龙骨间距应不大于1500mm，不上人主龙骨间距应不大于1200mm，主龙骨端部与吊点的距离不大于300mm。次龙骨安装方向与主龙骨垂直，次龙骨间距不得大于600mm。横撑龙骨位于饰面板拼接处，并平行于主龙骨，以便将饰面板的四周都能固定在龙骨上，如图3-2-17所示。

③ 应控制好吊杆长度，确保吊顶平整度，同时考虑顶棚起拱高度不小于房间最小跨度的1/200。

④ 纸面石膏板的长边与主龙骨平行，与次龙骨垂直交叉，从吊顶的一端错缝安装，板与板之间应留3～5mm的伸缩缝。纸面石膏板用平头自攻螺钉固定在次龙骨上，螺钉孔距为150～200mm，钉头略沉入板面。

⑤ 纸面石膏板板面应进行钉眼和板缝处理，螺钉孔位做防锈处理，并用腻子膏抹平；板缝首先用腻子膏嵌平，然后贴玻璃纤维网格带，再刮腻子，最后打磨平整，喷涂面漆或者裱糊壁纸，如图3-2-18所示。

## （二）埃特板

### 1.埃特板概述

埃特板为注册商标"ETERPAN"的音译，是一种纤维增强硅酸盐平板，即水泥纤维板。

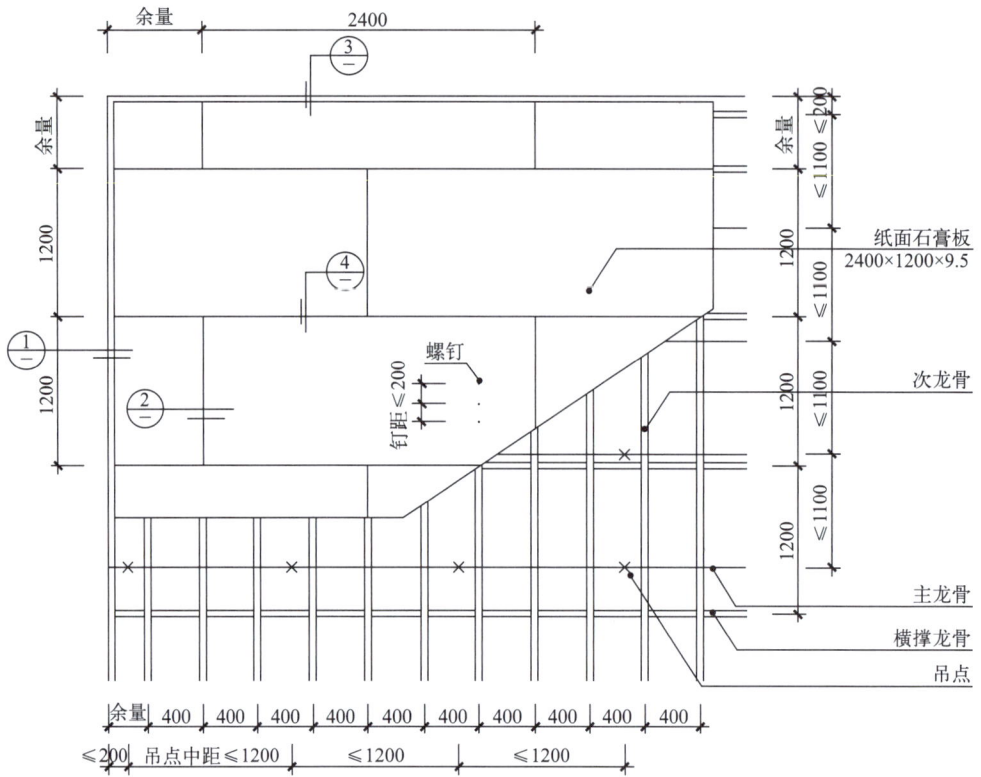

图3-2-17　纸面石膏板安装平面图

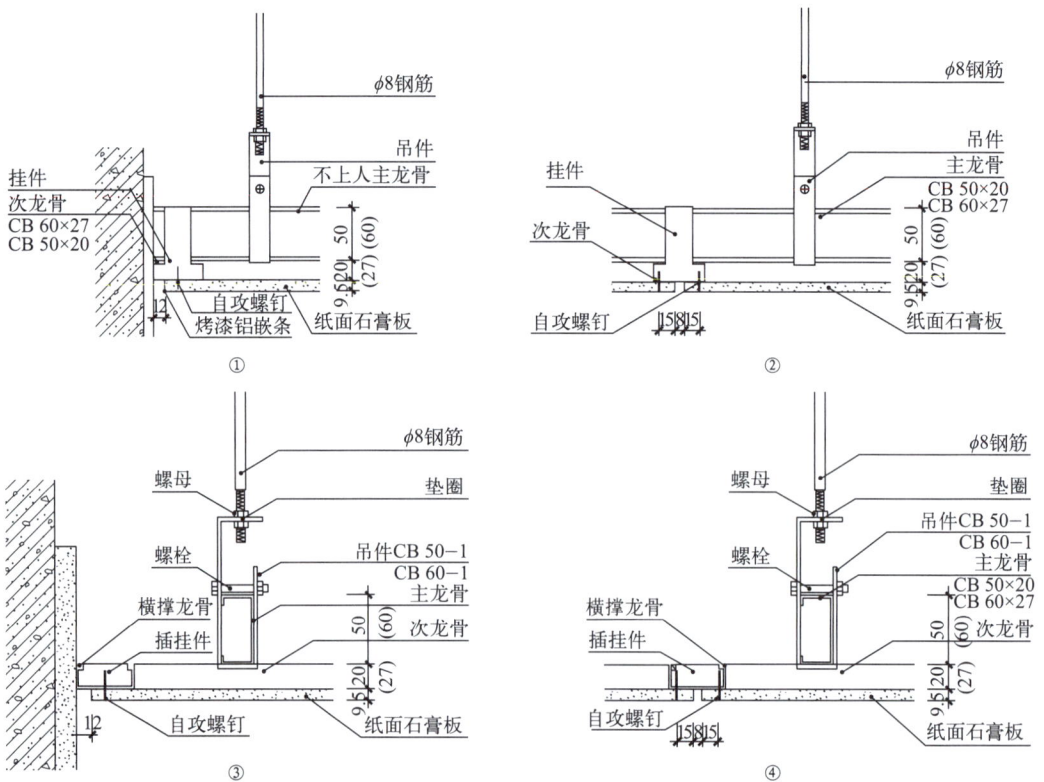

图3-2-18　纸面石膏板吊顶安装节点

其主要由水泥、植物纤维为主要材料,加上石英粉及其他天然矿物质组合而成,经制浆、成坯、高温、高压蒸压处理而制成的一种绿色环保、节能的新型板材。

### 2.埃特板的种类及规格

埃特板种类很多,有吊顶板、隔墙板、隔声板、贴瓷砖板、弯曲板、外墙板等。埃特板的规格主要有2440mm×1220mm×12mm、2440mm×1220mm×8mm、2440mm×1220mm×6mm等。

### 3.埃特板的性能及应用

埃特板具有质轻而强度高,保温、隔热、隔声性能俱佳,使用寿命长,防火、防潮、防水,环保、阻燃,以及安装快捷,可锯、可刨、可用螺钉固定等优点。埃特板在建筑内外应用非常广泛,常用作外墙板材、卫生间隔墙、室外屋面板、外墙保温板、室内天花装饰等,也可以替代石膏板在装修中用做基材。

### 4.埃特板吊顶构造

埃特板常用于室内吊顶装饰的面层材料,其构造做法与纸面石膏板吊顶相同。

## (三)矿棉板与硅钙板

矿棉板与硅钙板多应用于公共空间的吊顶装饰中,这两种吊顶的结构及性能特点等具有很多相似之处,所以将它们一起介绍。

### 1.矿棉板与硅钙板概述

矿棉板又称矿棉装饰吸声板,是以矿渣棉、珍珠岩等为主要原料,加入适量的胶黏剂、防尘剂等,经加压成型、烘干、固化、切割、饰面等工序而制成,不含石棉且防火、吸声性能好。其表面有滚花和浮雕等效果,图案有满天星、毛毛虫等多种,如图3-2-19所示。

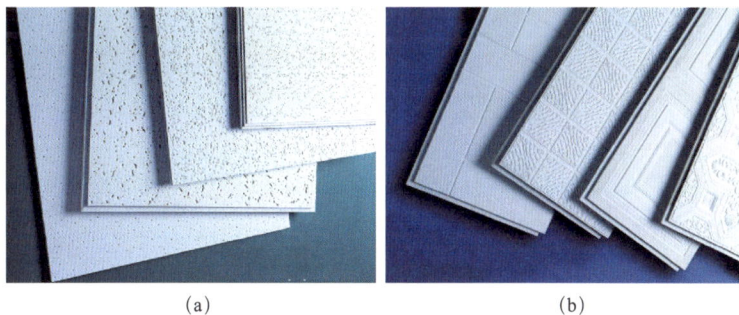

(a)      (b)

图3-2-19 矿棉吸声板

硅钙板是由硅质材料(硅藻土、膨润土、石英粉等)、钙质材料、增强纤维等为主要原料,经过制浆、成坯、蒸养、表面砂光等工序而制成。图案样式多样,如图3-2-20所示。

### 2.矿棉板与硅钙板的规格

矿棉板和硅钙板常见的长宽尺寸有600mm×600mm、300mm×600mm、1200mm×600mm等;常见厚度有9mm、12mm、14mm、15mm等。

### 3.矿棉板与硅钙板的性能及用途

矿棉板与硅钙板均具有质轻、防火、隔声、隔热、施工方便等特点,而且表面均可制成各种色彩的图案与立体形状，装饰效果优异，被广泛用于会议室、演播厅、音乐厅、教室等室内空间吊顶及墙面装饰，其装饰效果如图3-2-21所示。矿棉板较硅钙板具有优良的吸声性能，但硅钙板较矿棉板具有优良的防水性能，能用在卫生间、浴室等高湿度的地方。

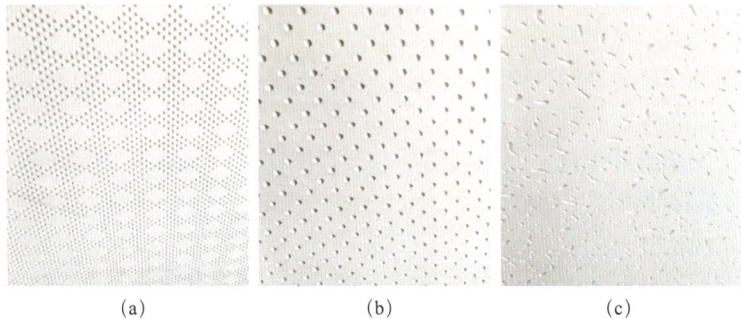

| (a) | (b) | (c) |

图3-2-20　硅钙板

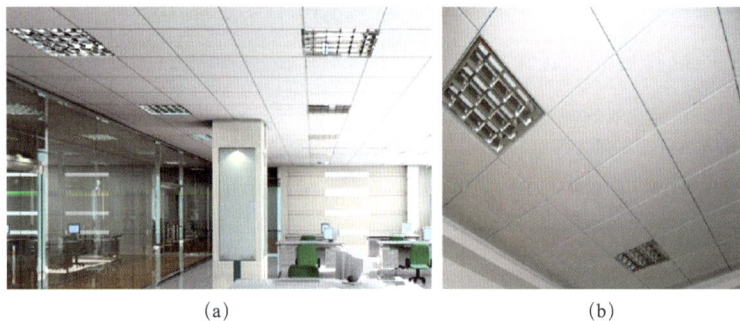

| (a) | (b) |

图3-2-21　矿棉板吊顶装饰效果

### 4.矿棉板吊顶构造

T型龙骨矿棉板吊顶和T型龙骨硅钙板吊顶是公共空间顶棚装饰应用最为广泛的一种装配式吊顶，具有重量轻、尺寸精度高、装饰性能好、构造形式灵活多样、安装简单等优点。下面以矿棉板吊顶为例介绍其吊顶构造。

矿棉板常与T型和LT型龙骨配套使用，均为不上人龙骨吊顶。T型龙骨矿棉板吊顶的构造要点如下。

① 根据矿棉板的尺寸，计算出吊点数及主龙骨、次龙骨的间距。吊杆一般选用$\phi4\sim8mm$的钢筋或镀锌铁丝，吊点间距一般为900～1200mm，主次龙骨的间距根据饰面板尺寸确定。

② 一般沿墙面四周水平标高线安装L形的边龙骨，起支撑面板和边缘封口的作用，如图3-2-22所示。

③ 主龙骨与次龙骨、次龙骨与小龙骨相互交叉固定，并保证龙骨架的平整度，按设计要求留出灯孔、排风口、冷暖风口的位置，根据实际情况在其四周增加横支撑与吊杆。

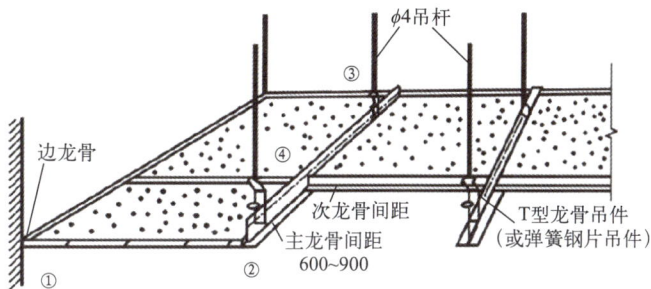

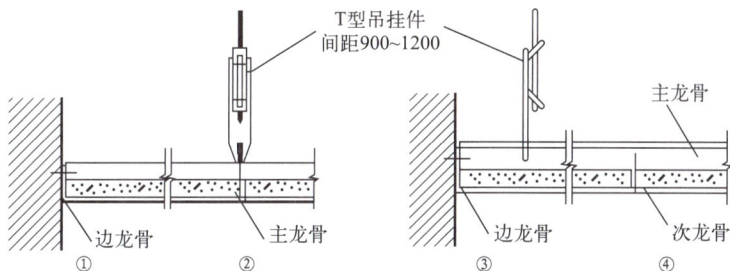

图3-2-22　T型龙骨矿棉板吊顶构造

④ 矿棉板四周形状不同，其安装方式也不同，一般分为搁置式和企口嵌装式两种，在安装构造上分别形成了明龙骨吊顶和暗龙骨吊顶。搁置式是指直接将矿棉板搁置在骨架网格的倒T型龙骨的翼缘上，T型龙骨既是吊顶的承重件，又是吊顶的装饰条，即形成了明龙骨吊顶。因矿棉板的外形不同而又形成了直接平放搁置式和下沉板搁置式两种效果。如图3-2-23和图3-2-24所示为直接平放搁置式的示意及实景；如图3-2-25和图3-2-26所示为下沉板搁置式的示意及实景。这类吊顶中，矿棉板可托起，便于检修。企口嵌装式为暗龙骨吊顶，是将矿棉板四边的企口逐一插入龙骨架中，板与板之间用插片连接，将龙骨挡住而形成隐蔽龙骨吊顶。此类吊顶是不可开启的暗架方式，如图3-2-27所示。

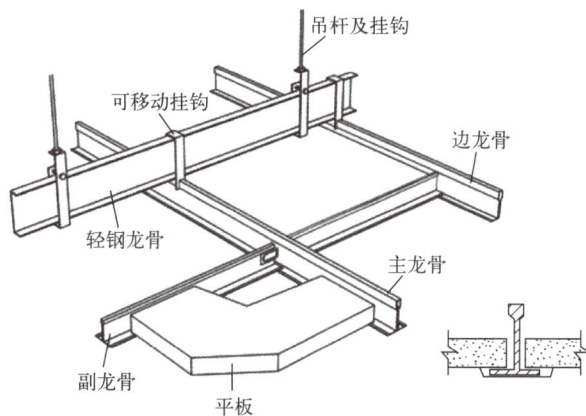

图3-2-23　直接平放搁置式明龙骨吊顶示意

(a)                                    (b)

图3-2-24 直接平放搁置式吊顶实景

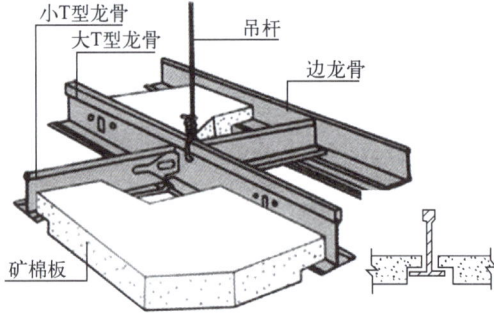

小T型龙骨
大T型龙骨          吊杆
                                边龙骨

矿棉板

图3-2-25 下沉板搁置式明龙骨吊顶示意

(a)                                    (b)

图3-2-26 下沉板搁置式明龙骨实景

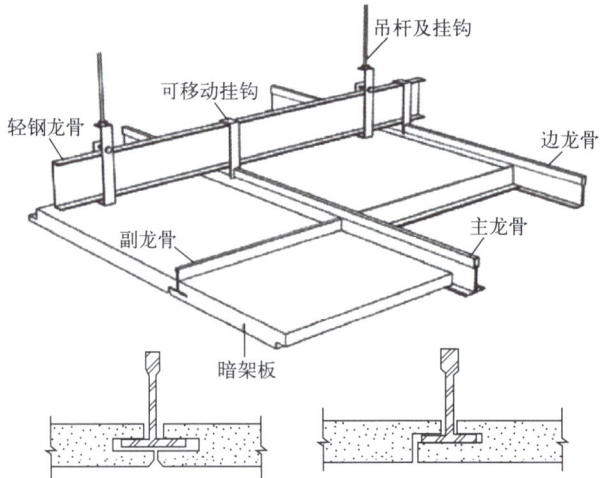

吊杆及挂钩
                        可移动挂钩
轻钢龙骨                                边龙骨

副龙骨                          主龙骨

暗架板

图3-2-27 企口嵌装式暗龙骨吊顶示意

## （四）铝合金装饰板

### 1.铝合金装饰板概述

铝合金装饰板是由铝镁合金、铝锰合金等铝合金材料，通过冲压加工成形，外层再用特种工艺喷涂漆料制成的，因为是一种铝制品，同时在安装时都是扣在龙骨上，所以常称其为铝扣板。由于铝扣板使用全金属打造，因此在使用寿命和环保方面更优越于PVC材料和塑钢材料。目前，铝扣板已经成为室内装修工程中必不可少的材料之一。

### 2.铝合金装饰板的种类及规格

铝合金装饰板按其形状分为铝合金条板和铝合金方板两种；按其表面样式有冲孔铝合金装饰板和平面铝合金装饰板两种，如图3-2-28所示；按照表面处理工艺主要可分为喷涂铝扣板、滚涂铝扣板和覆膜铝扣板等。其中覆膜铝扣板质量最好，使用寿命最长，外观花色更多、更美观，滚涂铝扣板次之。

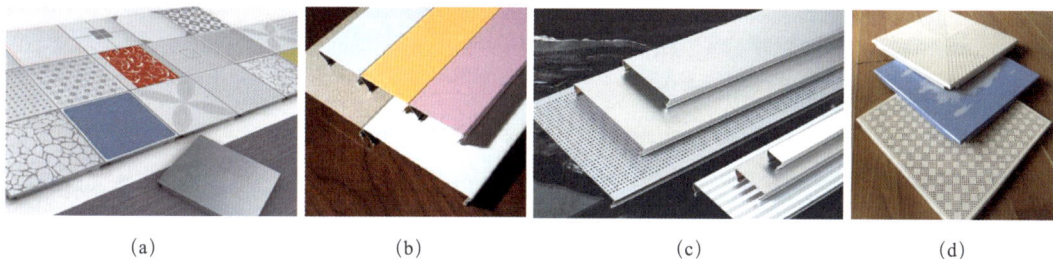

| (a) | (b) | (c) | (d) |

图3-2-28　铝合金装饰板

铝合金方板的长宽尺寸：300mm×300mm、300mm×450mm、300mm×600mm，常用于家庭装饰中；600mm×600mm、800mm×800mm、300mm×1200mm、600mm×1200mm，常用于公共空间中。铝合金方板的厚度一般为0.5mm、0.6mm、0.8mm，并且可以根据需要定制各种尺寸。

铝合金条板的规格：长度为3m、4m，宽度为75mm、100mm、150mm、200mm，厚度为0.6～1.0mm，并且可以根据需要定做多种规格。

### 3.铝扣板的性能及应用

铝扣板具有轻质高强、防火、防潮、防水、易擦洗等特点，同时价格便宜，花色多样，安装方便，更换随意，再加上其本身所独具的金属质感，兼具美观性和实用性，是室内吊顶的主流产品，特别是在家居中的厨房、卫生间，更是被普遍采用，处于一种统治性的地位；在公共空间如候车大厅、地铁站、图书馆、展览厅、会议厅、办公室等也被大量应用，而且可根据环境的需要，在冲孔板背面覆加一层吸声棉纸或黑色阻燃棉布，能够达到一定的吸声效果。

### 4.铝扣板吊顶的构造

铝扣板吊顶结构紧密牢固，构造技术简单，组装灵活方便，整体平面效果好。铝扣板一般配有专用龙骨，龙骨为镀锌钢板和烤漆钢板，龙骨与饰面板的连接可采用嵌、卡、挂三种形式。这类龙骨可称为嵌入式龙骨或卡式龙骨，如图3-2-29所示。

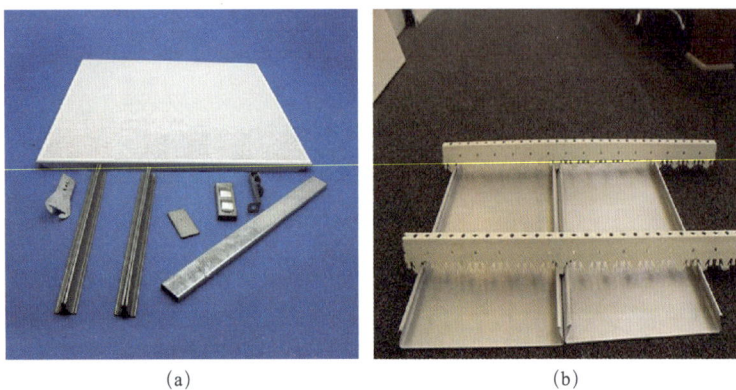

(a)　　　　　　　　　　　　　(b)

图 3-2-29　铝扣板配套龙骨

铝合金装饰板吊顶骨架的装配形式,一般根据吊顶荷载和吊顶装饰板的种类来确定。有单层龙骨骨架和双层龙骨骨架形式。铝扣板的规格、型号、尺寸多样,但龙骨的样式和安装方法都大同小异,下面分别介绍方形铝扣板和条形铝扣板吊顶的构造做法。

**（1）铝合金条形装饰板吊顶构造**

铝合金条形装饰板又叫铝合金条扣板,根据其尺寸、类型的多样化和龙骨的布置方法不同,可以得到各式各样的吊顶效果,如图 3-2-30 所示。

(a)　　　　　　　　　　　　　(b)

(c)　　　　　　　　　　　　　(d)

图 3-2-30　铝合金条形装饰板装饰效果

铝合金条形装饰板吊顶构造要点如下。

① 根据吊顶面积选择双层龙骨架形式（图 3-2-31）或单层龙骨架形式（图 3-2-32）。双

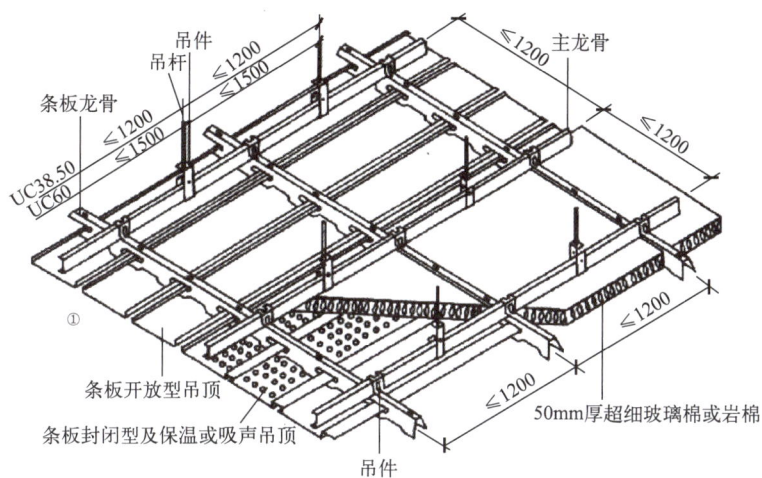

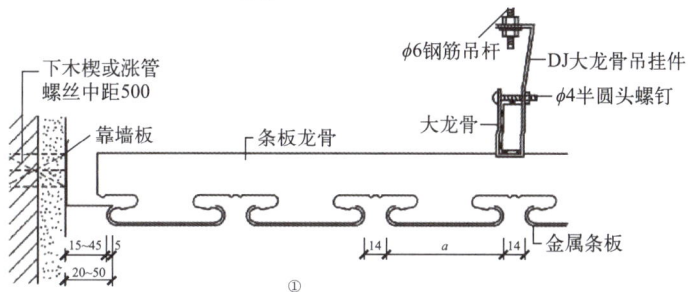

图3-2-31 铝合金条扣板双层龙骨吊顶示意图及基本构造

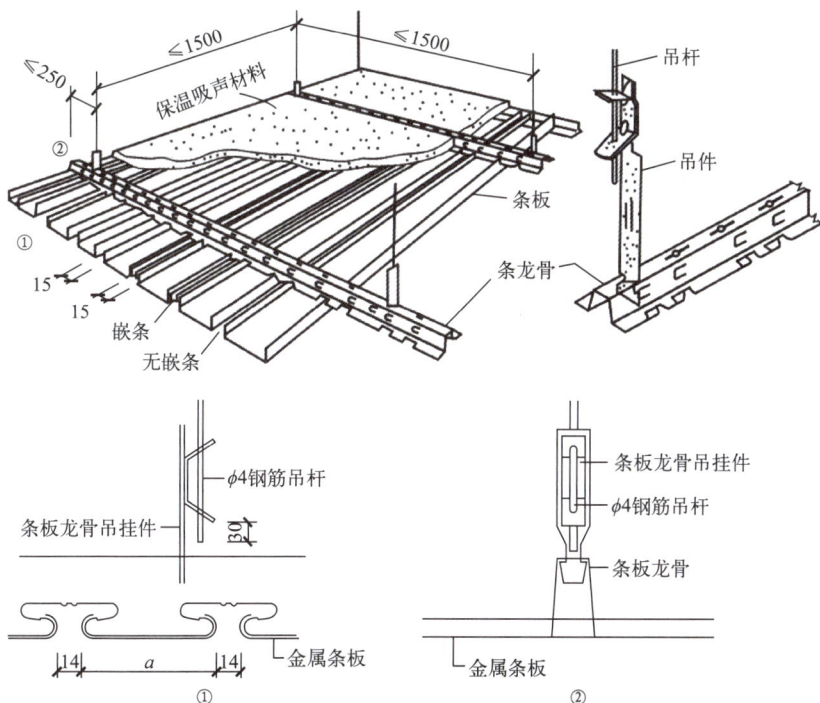

图3-2-32 铝合金条扣板单层龙骨吊顶示意图及基本构造

层龙骨吊顶的主龙骨一般选用UC50、UC38等轻钢龙骨，吊杆常用$\phi$6mm或$\phi$8mm钢筋，吊点间距小于1200mm；单层龙骨吊顶的吊杆常用$\phi$4mm钢筋，吊点间距小于1500mm。吊杆距主龙骨端部距离不得超过300mm，否则应增加吊杆。吊顶灯具、风口及检修口等处应设附加吊杆。

② 主龙骨吊挂在吊杆上，应平行房间长向安装，同时应起拱，起拱高度为房间跨度的1/200～1/300。主龙骨的接长应采取对接，相邻龙骨的对接接头要相互错开。

③ 铝合金条形装饰板的安装基本上无须各种连接件，只需直接将条形板卡扣在特制的条龙骨内，即可完成安装。铝合金条形装饰板按其板缝处理形式不同，分为封闭型和开放型吊顶。开放型吊顶离缝间无填充物，便于通风。封闭型吊顶在离缝间另加嵌缝条达到封闭缝隙的效果，如果有保温和吸声要求，可在上部加矿棉或玻璃棉垫。条板则采用冲孔板，以达到吸声效果。

**(2) 铝合金方形装饰板吊顶构造**

铝合金方形装饰板吊顶可以采用同一种造型、花色的方形板装饰，也可以全部顶棚采用两种或多种不同造型、不同花色的板材组合，均能形成良好的艺术效果，如图3-2-33所示。

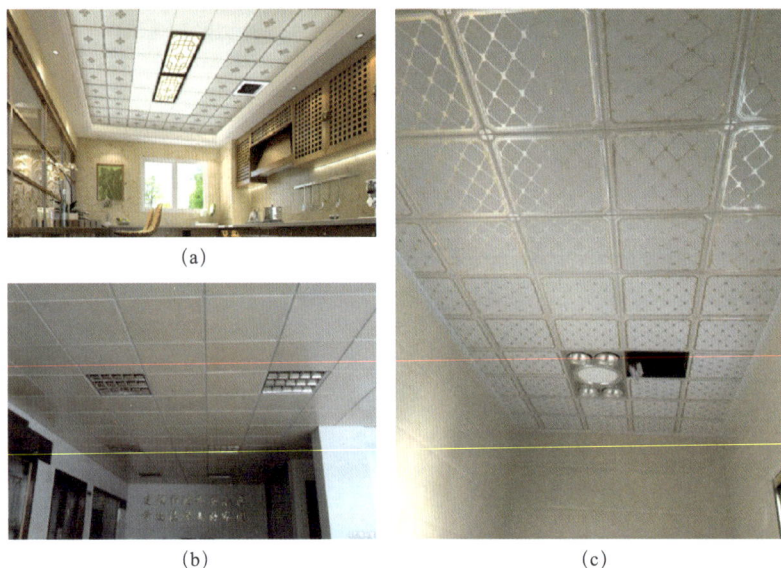

(a)

(b)　　　　(c)

图3-2-33　铝合金方形装饰板装饰效果

铝合金方形装饰板吊顶构造要点如下。

① 根据吊顶面积选择单层龙骨架或双层龙骨架，骨架安装构造与条形铝扣板吊顶相同。

② 铝合金方形装饰板吊顶，根据方板的样式不同，有两种安装方式：一种是搁置式安装，采用T型龙骨做吊顶覆面龙骨，方形板的四边带翼[图3-2-34（a）]，将其搁置于T型龙骨之上即可，与明龙骨矿棉板吊顶构造相同；另一种是卡入式安装，只需将方形板向上的褶边[图3-2-34（b）]卡入三角龙骨的缝隙中，调平调直即可。其安装示意及构造如图3-2-35和图3-2-36所示。

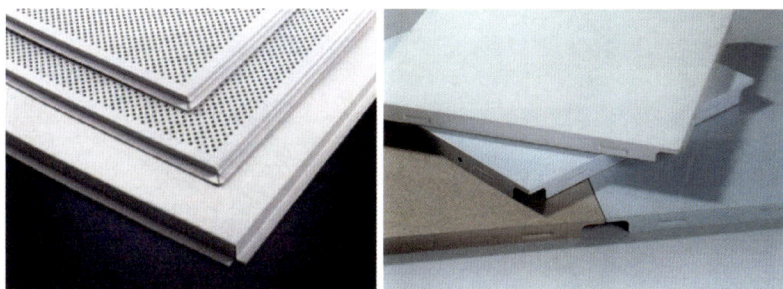

(a) 带翼的铝方板　　　　　　　(b) 卷边的铝方板

图3-2-34　铝方板样式

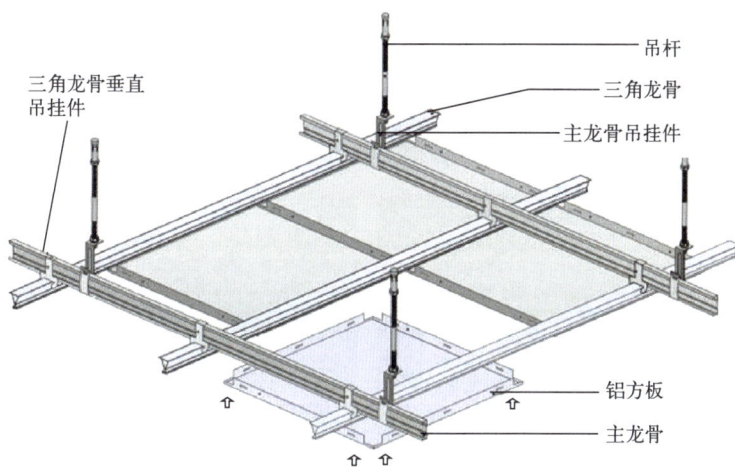

图3-2-35　铝方板双层龙骨吊顶安装示意

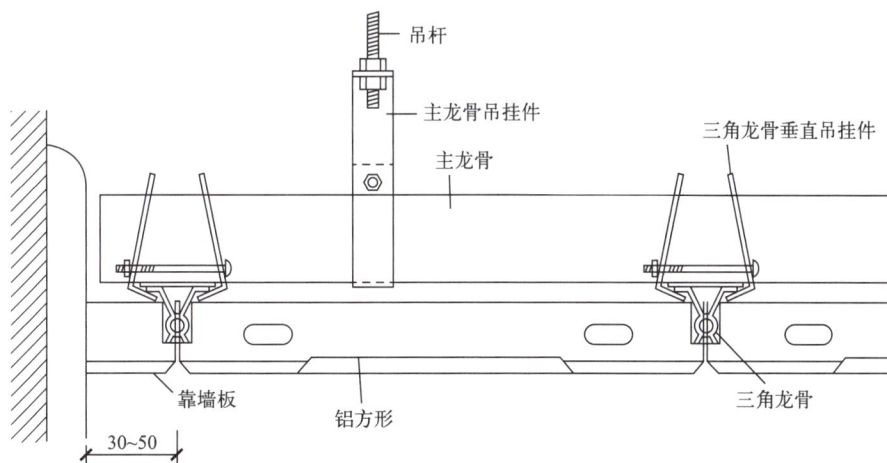

图3-2-36　铝方板双层龙骨吊顶基本构造

## （五）金属格栅

### 1.金属格栅概述

金属格栅是采用铝质或其他金属材质加工成形，并经表面处理后，制成多个格子单元体，通过特定形状的单元体及单元体组合形成的天花。这种天花使室内顶棚既遮又透，格栅纵、横及斜向成行，并与照明灯具统一布置，增加了饰面的总体艺术效果。金属格栅吊顶中应用最多的是铝格栅，其造型多种多样，效果别具一格，如图3-2-37所示。

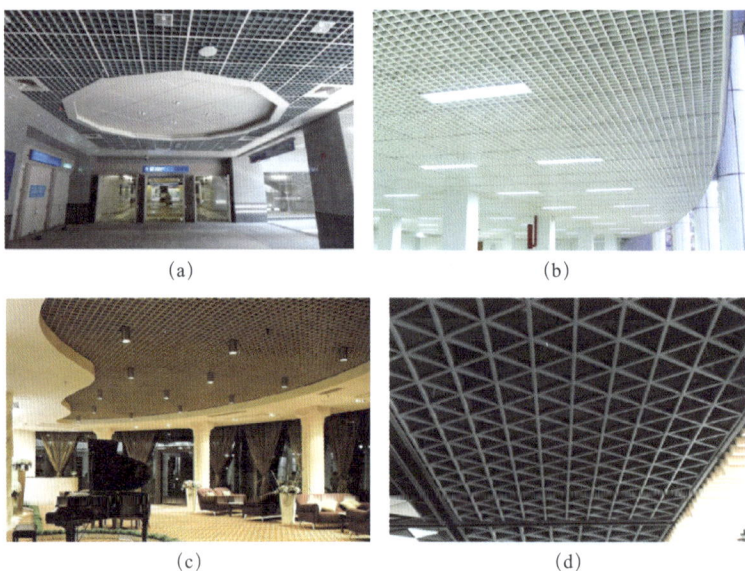

|  |  |
|---|---|
| （a） | （b） |
| （c） | （d） |

图3-2-37　铝格栅吊顶装饰效果

### 2.金属格栅的种类及规格

铝格栅是用双层0.5mm厚的薄铝板加工而成的，其表面色彩多种多样，单元体组合尺寸一般为610mm×610mm左右，有多种不同格片形状，如直线形、曲线形、多边形、方块形及其他不规则形状等，如图3-2-38所示，而且各种格栅可以单独组装，也可以用不同造型组合安装，还可以根据用户的喜好进行定制。

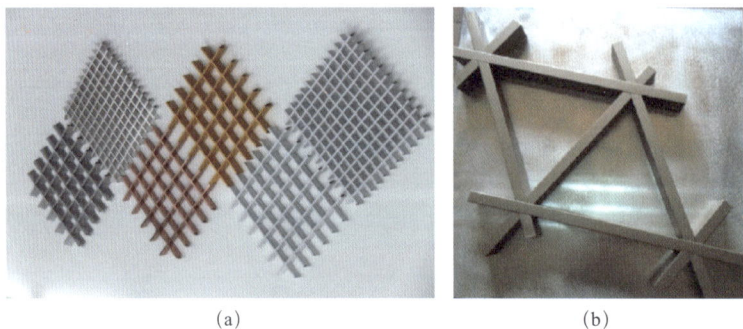

|  |  |
|---|---|
| （a） | （b） |

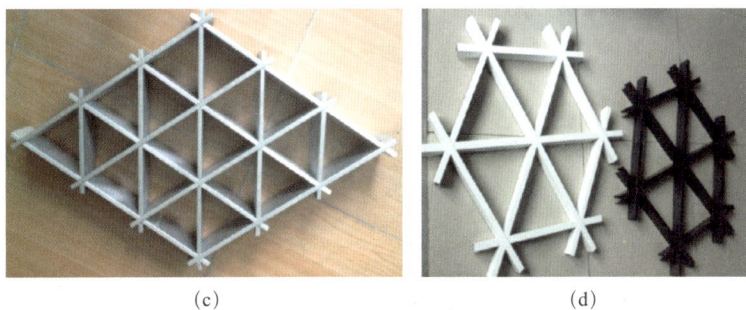

(c)　　　　　　　　　　　(d)

图3-2-38　铝格栅样式

铝格栅吊顶的规格：常规格栅（仰视见光面）标准宽度为10mm或15mm，高度有40mm、60mm和80mm；铝合金格栅的格子常见尺寸为50mm×50mm、75mm×75mm、100mm×100mm、125mm×125mm、150mm×150mm、200mm×200mm；片状格栅常见尺寸为10mm×10mm、15mm×15mm、25mm×25mm、30mm×30mm、40mm×40mm、50mm×50mm、60mm×60mm等。

### 3.铝格栅的性能及应用

铝格栅吊顶具有材料轻便、线条明快整齐、层次分明、立体感强、视野开阔、防火防水、加工简便、通风好等优点，而且铝格栅的灯具、空调、消防系统等能自由组合置于吊顶内部，可装可卸，简洁、大方、美观，体现了简约明了的现代风格。铝格栅天花属于开放式吊顶，能一定程度缓解因空间狭小造成的压抑感，因此被广泛应用于大型商场、餐厅、酒吧、候车室、机场、地铁等公共场所。

### 4.铝格栅吊顶的构造

铝格栅吊顶的构造要点如下。

① 铝格栅由自身的主骨和副骨拼装而成，如图3-2-39所示。拼装时主骨在下，副骨从上往下卡入主骨中，保证卡口与卡口卡接密实。

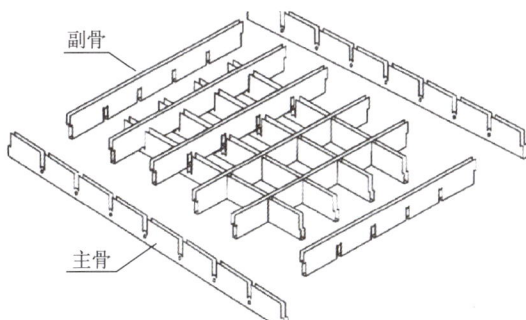

图3-2-39　铝格栅拼装方法

② 铝格栅的安装构造大体可分为两种类型：一种是将拼装好的单体构件用挂钩吊挂于承载龙骨上，承载龙骨再用吊杆与结构层连接，吊杆与骨架的固定与前面介绍的方法相同，安装示意如图3-2-40所示；另一种方法是对于轻质高强的单体构件不用骨架支持，而直接用吊

杆与结构相连接，如图3-2-41所示。

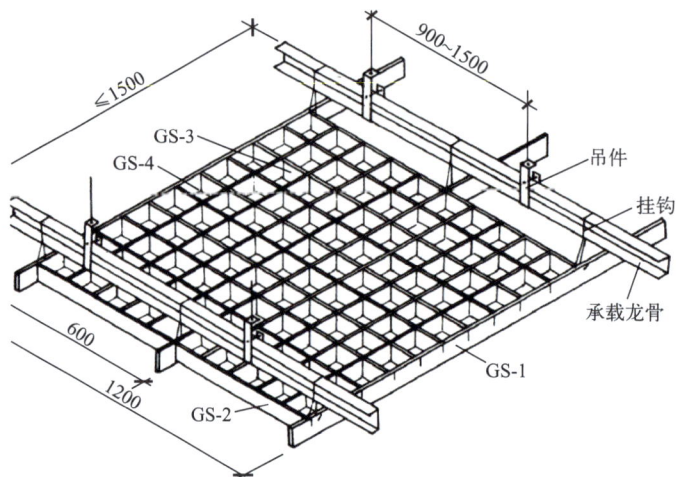

图3-2-40　龙骨骨架固定铝格栅示意

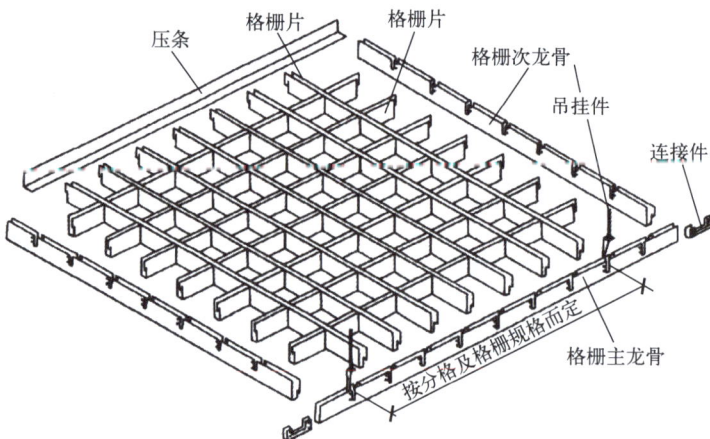

图3-2-41　吊杆直接固定铝格栅示意

## （六）铝合金挂片

### 1.铝合金挂片的基本知识

铝合金挂片吊顶是开放式吊顶的一个系列，又叫垂帘天花，是由多条长条挂片等距离排列形成的一种装饰性较强的天幕型吊顶，线条明快飘逸，整体通透，色泽丰富，可调节室内空间视觉角度，产生幕布的效果，可使长形的空间显得更为宽敞，并可隐藏楼底的所有管道和其他设施，有利于空间的灯光以及消防、喷淋、空调系列等设施的安装，如图3-2-42所示。充足的光感与层次感更使空间充满时尚气息。

### 2.铝合金挂片的种类及规格

铝合金挂片天花有多种不同系列形状，常见的有J型挂片、S型挂片、U型挂片（铝方通）、滴水型挂片、鹰嘴型挂片、圆管型挂片等。表面可进行喷涂、辊涂、覆膜等工艺处理，形成颜色丰富的挂片，如图3-2-43所示。

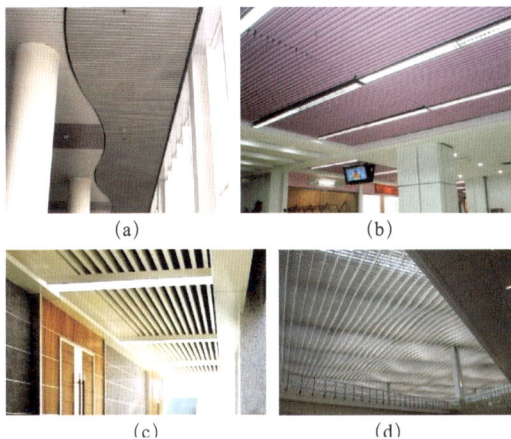

图3-2-42 铝合金挂片吊顶效果

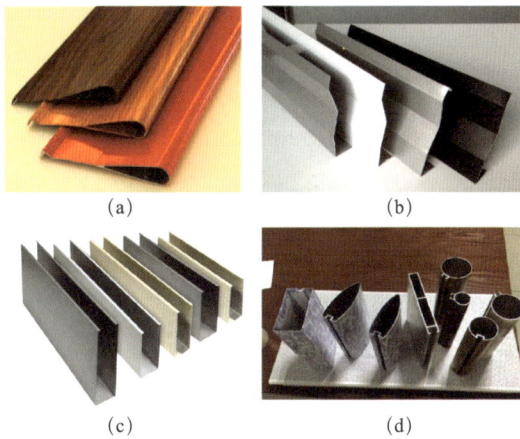

图3-2-43 样式各异的铝合金挂片

铝合金挂片规格：常用长度为100mm ～6000mm，厚度为0.4～1.2mm，宽为75mm、100mm、150mm、200mm等。不同形状的规格有所不同，也可按图加工定制。

### 3.铝合金挂片的性能及应用

铝合金挂片防火防水，环保吸声，反光隔热，线条简洁，经久耐用，通风效果好，拆装灵活，可根据用户要求调整视觉高度，有利于空间的灯光效果，以及消防、喷淋、空调系列等设施安装。主要适合人流密集的公共场合，便于空气流通，广泛适用于体育场馆、车站、商场、图书馆、机场、医院、地铁、展览厅等场所。

### 4.铝合金挂片吊顶的构造

铝合金挂片吊顶采用直插式安装，即挂片之间不需要拼装，只需将挂片与特制的龙骨以卡的方式连接即可，双面可见光，具有任意装卸功能，可以双面同一种颜色，也可以设计定做不同颜色，配合灯光的设计，可拼装出更加优美的装饰效果。

铝合金挂片吊顶结构要点：铝合金挂片吊顶安装在专用龙骨上，并悬挂于楼板结构层底面。挂片自由下垂，吊顶四周不需要固定，只需在吊顶内部做好支撑固定即可，其安装及构造如图3-2-44和图3-2-45所示。

## （七）胶合板

胶合板又叫木夹板，作为吊顶的胶合板一般厚度为5mm。相比石膏板而言，胶合板的最大优点在于能轻易地创造出各种各样的造型吊顶，包括曲形、圆形、方形等，如图3-2-46所示。

胶合板容易变形开裂，且防火性能差，容易生白蚁。因此胶合板吊顶现已经被石膏板吊顶所取代，只在装饰制作复杂的造型吊顶时小面积采用，其构造做法与轻钢龙骨纸面石膏板做法相同。

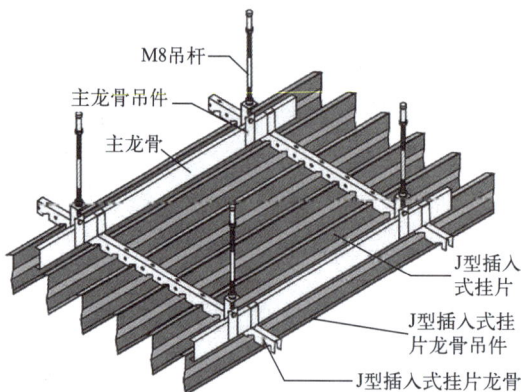

图3-2-44 铝合金挂片吊顶安装示意

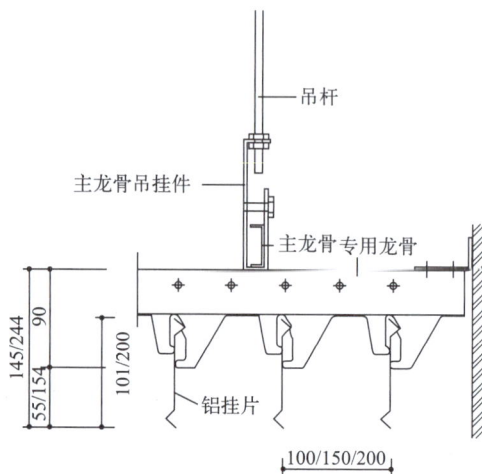

图3-2-45 铝合金挂片吊顶构造

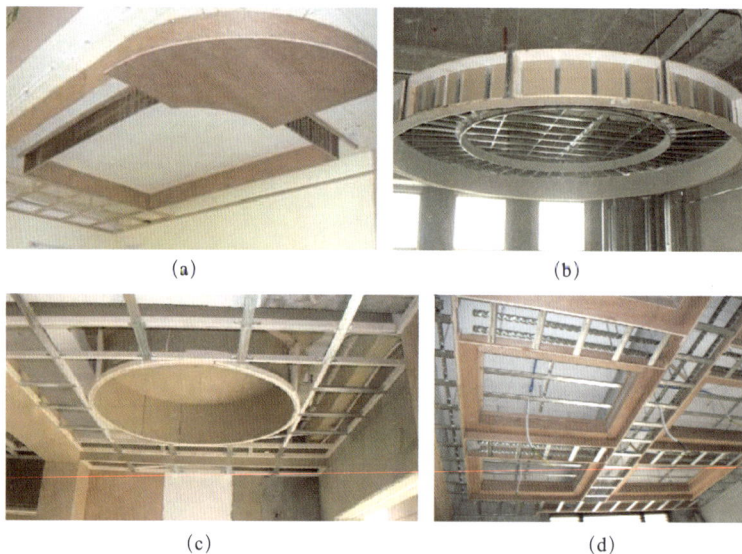

(a)

(b)

(c)

(d)

图3-2-46 胶合板吊顶

## （八）装饰玻璃

### 1.装饰玻璃概述

装饰玻璃的种类很多，用于吊顶的装饰玻璃主要有彩色玻璃、镜面玻璃、磨砂玻璃等。玻璃面层利用灯光折射出漂亮的光影效果，同时玻璃透亮，可减少室内空间的压抑感，深受人们的喜欢。玻璃吊顶效果如图3-2-47所示。

### 2.玻璃吊顶的构造

玻璃吊顶目前有三种安装方法：第一种是搁置式，如图3-2-48（a）所示，就是采用T型龙骨，把玻璃直接安放在T型龙骨上，构造图可参照T型龙骨矿棉板吊顶构造图；第二种是龙骨架上安装基层板，然后将玻璃粘或钉在基层板上，再用不锈钢螺钉连接到龙骨上，如图3-2-48（b）所示；第三种是龙骨架上安装基层板，然后将玻璃粘或钉在基层板上，再利用铝条或木线压边固定，如图3-2-48（c）所示。

(a)　　　　　　　　　　　　(b)

(c)　　　　　　　　　　　　(d)

图3-2-47　玻璃吊顶效果

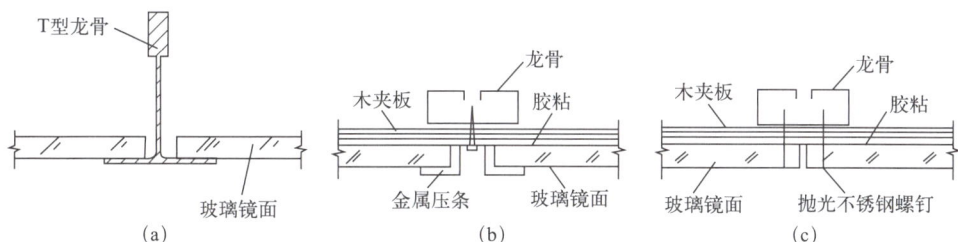

T型龙骨

玻璃镜面

(a)

木夹板　　龙骨　　胶粘

金属压条　　玻璃镜面

(b)

木夹板　　龙骨　　胶粘

玻璃镜面　　抛光不锈钢螺钉

(c)

图3-2-48　玻璃吊顶构造示意

## （九）软膜天花

### 1. 软膜天花概述

软膜天花又称为柔性天花，是近年来新兴的一种高档绿色环保装饰吊顶材料。软膜是用特殊的聚氯乙烯材料制成的，厚度为0.18～0.2mm，其防火级别为B1级，需要在实地测量出天花尺寸后，在工厂里制作完成。透光膜天花可配合各种灯光系统（如霓虹灯、荧光灯、LED灯）营造梦幻般、无影的室内灯光效果。

### 2. 软膜种类及规格

根据材质和特性不同，软膜可分为基本膜、光面膜、透光膜、缎光面膜、鲸皮面膜、金属面膜、镜面膜、彩绘膜、激光膜等类型，可以营造出完美、独特、温馨的室内效果，具有强烈的视觉冲击力，满足人们的个性化需求。软膜天花装饰效果如图3-2-49所示。

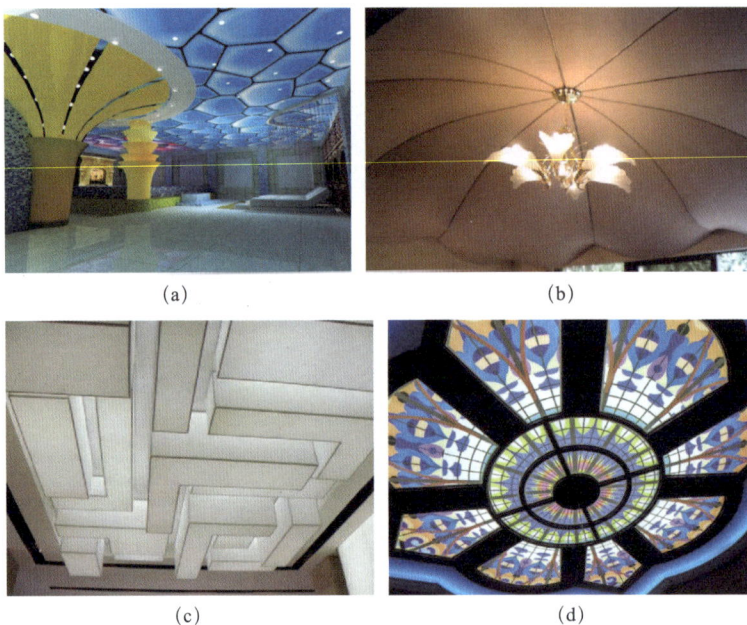

(a) (b)

(c) (d)

图3-2-49 软膜天花装饰效果

### 3.软膜天花的特点及应用

软膜天花具有质地轻、弹性大、防火、防菌、防水、节能、环保、抗老化、造型多样、安装快捷、更换容易等特点，而且突破了传统吊顶在造型、色彩、小块拼装等方面的局限性，可以随意张拉造型，色彩丰富，有上百种颜色可供选择，近年来广泛应用于商场、体育场馆、宾馆酒店、会议室等场所，适用于任何类型的灯光、空调及声音、安全系统。

### 4.软膜天花的构造

软膜天花由软膜、扣边条、龙骨三部分组成，其中龙骨有两种材料，一种是采用聚氯乙烯材料制成的，另一种是采用合金铝材料挤压成形的。龙骨有各种各样的形状，如直的、弯的，还可被切割成合适的角度后再装配在一起，并被固定在室内天花的四周上，以用来扣住膜材。常见的龙骨有F码、H码和双扣码三种类型，如图3-2-50（a）所示。扣边条是用聚氧乙烯挤压成型的，为半硬质材料，其防火等级为B1级，扣边条焊接在软膜的四周边缘，便于软膜天花扣在特制龙骨上，如图3-2-50（b）所示。

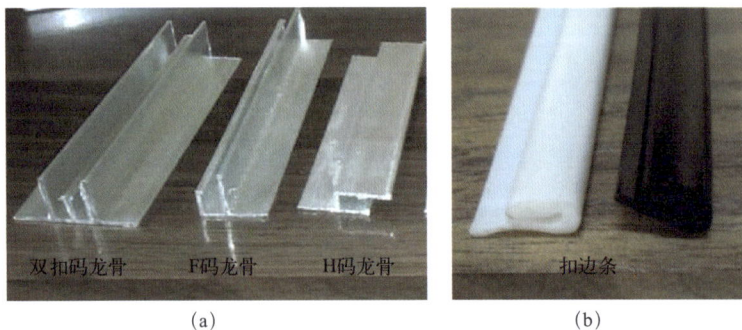

双扣码龙骨　F码龙骨　H码龙骨　　扣边条

(a) (b)

图3-2-50 软膜天花专用龙骨及扣边条

构造要点：软膜天花的功能和形式随设计师和用户的实际需要而各不相同。几乎每一个工程都有其独特的形式和结构，但基本构造如图3-2-51所示。

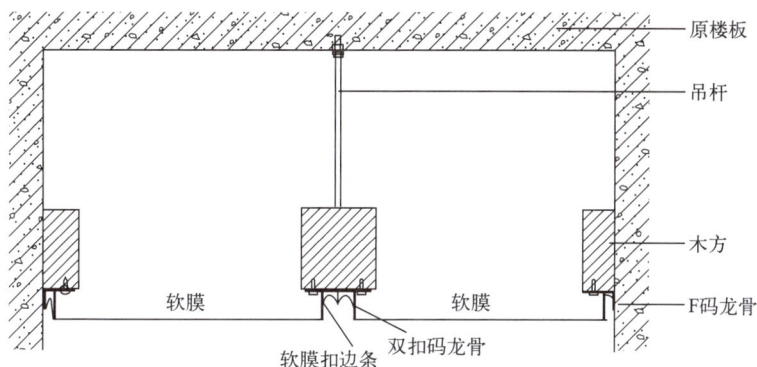

图3-2-51　软膜天花基本构造

① F码、H码龙骨采用镀锌自攻螺钉沿天花造型的周边布设；双扣码龙骨与木龙骨（轻钢龙骨）固定牢固。龙骨安装固定要注意角位顺直，平整光滑，并且要牢固平稳，并注意水平高度，不能凸显底架的痕迹。

② 软膜是按照实地测量出的天花形状及尺寸，在工厂里生产制作而成的，要一一对号安装。安装天花时要从中间往两边固定，多人操作互相配合，焊接缝要直，角位处要平整光滑，四周做好后把多余的天花修剪去除，达到完美的收边效果。

③ 软膜天花安装完毕后要仔细检查安装是否牢固，边角处理是否严密，合格后用干净的毛巾清洁软膜天花表面，最后进行验收。

## （十）桑拿板

### 1.桑拿板概述

桑拿板是经过高温脱脂处理的一种专用于桑拿房中的原木板材。制作桑拿板的板材主要有云杉、樟子松、白松、红雪松、铁杉、香柏木等。其主要特点就是耐高温，不容易发生变形。

### 2.桑拿板的种类及规格

桑拿板的种类比较多，按照不同材质，常见的有樟子松桑拿板、红雪松桑拿板和芬兰木云杉桑拿板等；按照外观分为结疤桑拿板和无结疤桑拿板；按照产地不同分为国产的桑拿板和进口的桑拿板。桑拿板样式如图3-2-52所示。

桑拿板常见规格有2100mm×95mm×12mm、1860mm×100mm×10mm等。目前市面上装修常用的3m板宽度有130mm、150mm，厚度有8mm、12mm、15mm。

红雪松桑拿板常用尺寸为10mm×100mm×2750mm，分为免漆和不免漆的，可以根据客户要求定做。

樟子松桑拿板常用尺寸为10mm×100mm×4000mm和12mm×100mm×4000mm，宽度85～100mm的也较为常见。

护墙桑拿板尺寸：室外厚度一般在15～16mm，宽度120～150mm，室内用的比室外用的尺寸要小些，一般标准规格厚度9mm，宽度92mm。

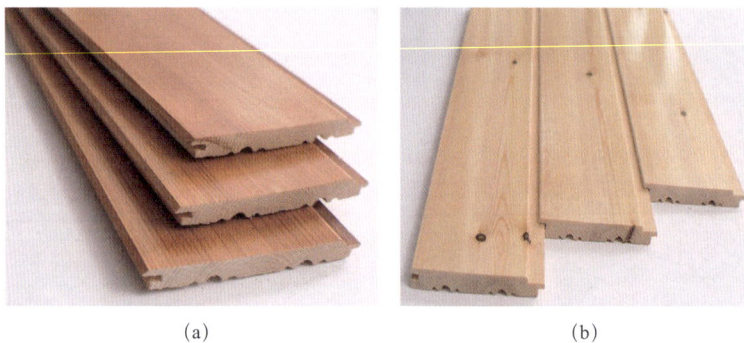

(a)　　　　　　　　　　　　　　　　　(b)

图3-2-52　桑拿板样式

### 3.桑拿板的性能及应用

桑拿板为原木板材，拥有天然木材的优良特性，以及纹理清晰、环保性好、不变形等优点。优质的进口桑拿板材经过防腐、防水处理后具有耐高温以及良好的防水、防潮、防腐性能，但其显著缺陷为抗污性差。

桑拿板的用途非常广泛，最常见的是用于桑拿房，但用在桑拿房的桑拿板一般选用白松和红雪松，不宜选用樟子松，原因是它的油性比较大；桑拿板还可以局部用于家居空间中，如卫生间及阳台的吊顶、飘窗及局部墙面等地方，如果用于卫生间吊顶，建议在桑拿板表面刷两遍亚光清漆，加强防潮作用；桑拿板也可以作为护墙板来使用，而且可以大面积使用。桑拿板装饰效果如图3-2-53所示。

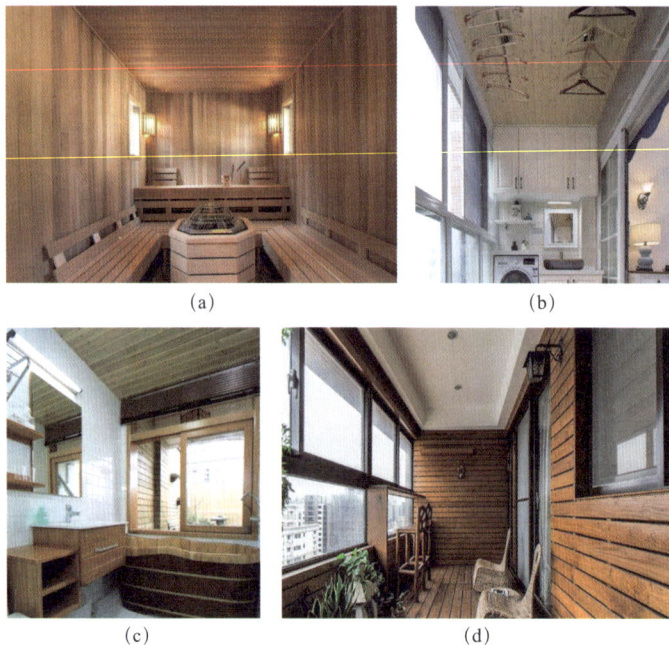

(a)　　　　　　　　　　　　　　　　　(b)

(c)　　　　　　　　　　　　　　　　　(d)

图3-2-53　桑拿板装饰效果

#### 4.桑拿板吊顶的构造

对于桑拿板吊顶，需要将桑拿板固定于木龙骨架上，板与板之间通过插接方式进行连接，施工方便快捷，如图3-2-54所示。

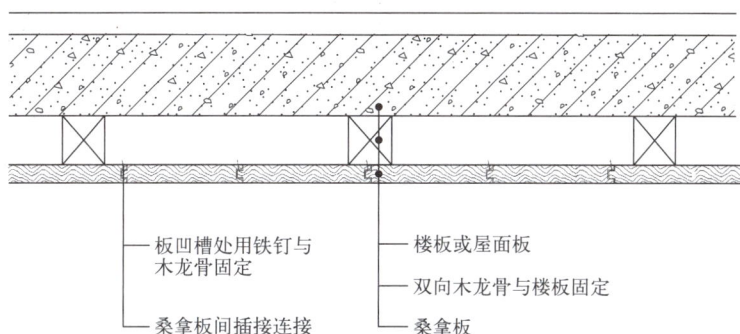

板凹槽处用铁钉与木龙骨固定　　　　楼板或屋面板

桑拿板间插接连接　　　　双向木龙骨与楼板固定

桑拿板

图3-2-54　桑拿板吊顶构造

## （十一）生态木

### 1.生态木概述

生态木，有些地区又称为绿可木，是木塑复合材料的一种，是将树脂和木质纤维材料及高分子材料按一定比例混合，经高温、挤压、成型等工艺制成一定形状的板材或型材。因生态木中含有塑料，所以具有较好的弹性模量；由于内含纤维并与塑料充分混合，因而具有与硬木相当的抗压、抗弯曲性能，并且其耐用性优于普通木材，是目前市场上较流行的新型绿色环保材料，可以循环利用。

### 2.生态木的种类及规格

用生态木可制作各种颜色和木纹的产品，而且生产工艺灵活，可以根据需要生产不同厚薄、不同造型及不同柔韧程度的板材、型材，用于室内外装饰。根据用途不同，生态木产品有墙板系列、天花吊顶系列、方木系列、地板系列、遮阳百叶系列、吸声板系列等。每个系列都有不同造型和规格的产品，种类非常丰富。如图3-2-55所示为各种生态木产品。

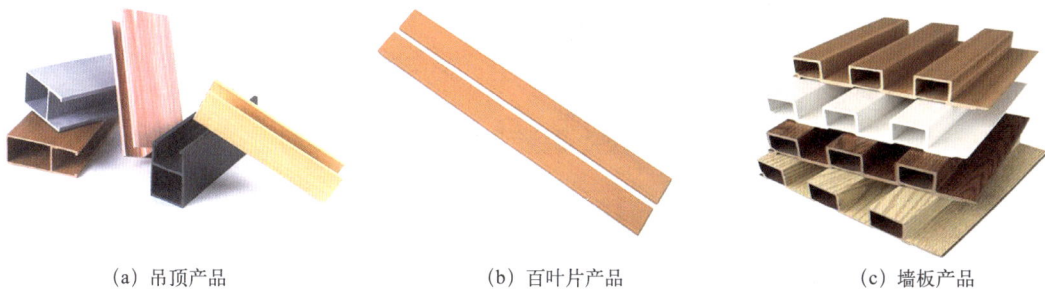

（a）吊顶产品　　　　（b）百叶片产品　　　　（c）墙板产品

图3-2-55

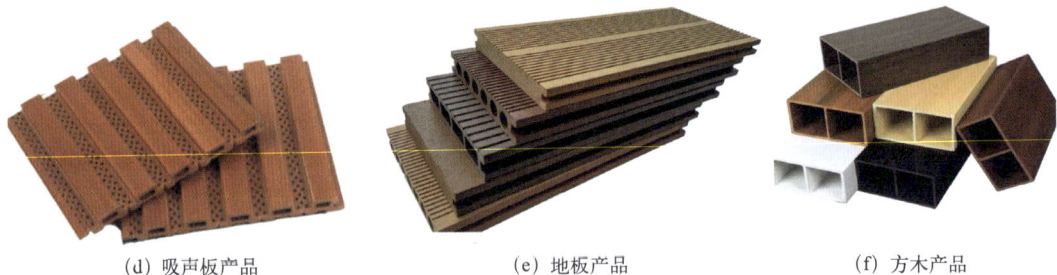

(d) 吸声板产品    (e) 地板产品    (f) 方木产品

图3-2-55 各种生态木产品

生态木天花的型号规格主要有：生态木组合天花系列，规格有42mm×20mm、40mm×45mm、50mm×90mm、100mm×20mm、40mm×100mm、60mm×70mm、60mm×30mm、40mm×60mm等；生态木格栅天花系列，规格有38mm×12mm，51mm×16mm等；生态木卡扣天花系列，规格有150mm×60mm、100mm×14mm等。

### 3. 生态木的性能及应用

生态木是一种人造木，既具有实木的特性，又具有防水、防潮、防蛀、防腐、阻燃、保温隔热、耐候性强等性能；加工性能好，可裁、可锯、可刨、可钉、可漆、可粘接，而且产品大多采用插口、卡口和榫接的方式进行安装，操作简便。

随着人们对生态环境的重视，生态木在室内外装饰中的应用越来越普遍，广泛应用于家装和工装的吊顶、墙面及地面、隔断等处，并且户外地面、建筑外墙面、公园广场等处也可见生态木的身影，其装饰效果如图3-2-56所示。

(a)    (b)

(c)  (d)  (e)

图3-2-56 生态木装饰效果

### 4. 生态木吊顶的构造

生态木天花属于装配式吊顶，安装简单方便，每种规格的天花均有专门的配套龙骨。装上龙骨，然后按照设计要求安装不同的生态木天花即可。

组合式天花和卡扣天花均配有专用龙骨，如图3-2-57所示。根据设计要求进行龙骨安装，然后将天花直接卡入龙骨中即可完工。根据设计可形成镂空效果和密封效果，如图3-2-58所示。生态木吊顶的构造如图3-2-59所示。

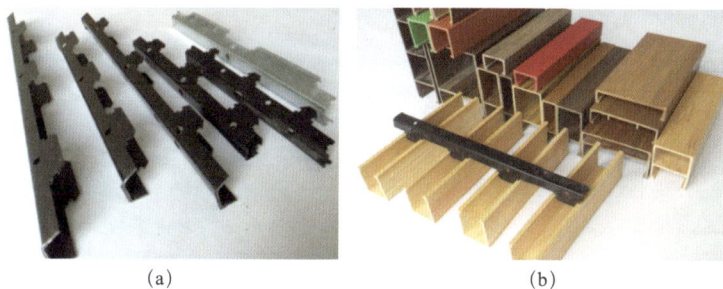

(a)　　　　　　　　　　　　　　(b)

图3-2-57　龙骨及生态木天花

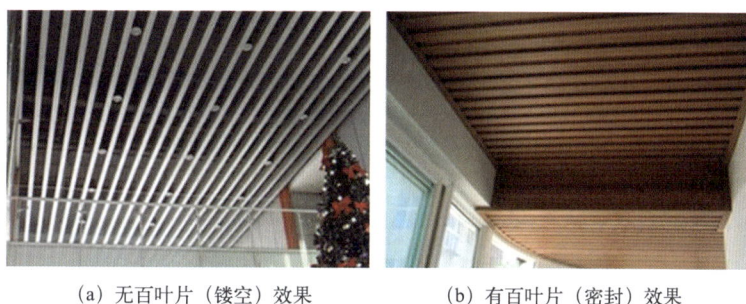

(a) 无百叶片（镂空）效果　　　　　(b) 有百叶片（密封）效果

图3-2-58　生态木吊顶效果

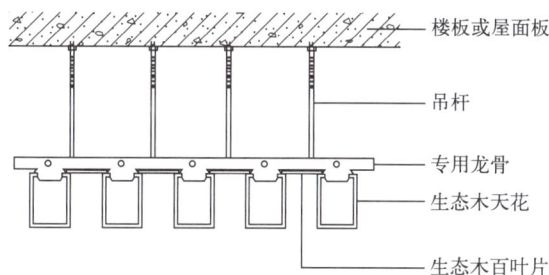

楼板或屋面板

吊杆

专用龙骨

生态木天花

生态木百叶片

图3-2-59　生态木吊顶的构造

生态木格栅天花（图3-2-60）的安装与金属格栅基本相同，构造图可参照图3-2-41。

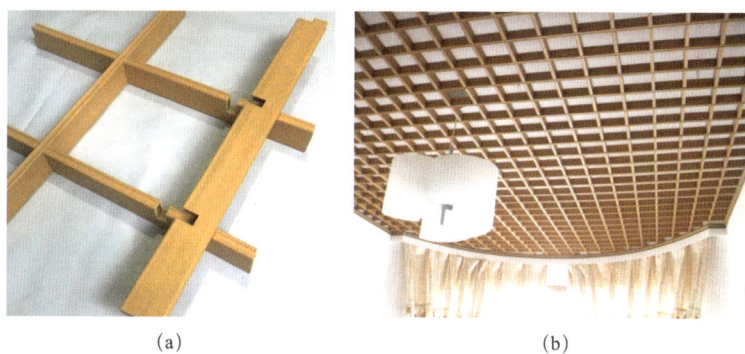

(a)　　　　　　　　　　　　　　(b)

图3-2-60　生态木格栅天花

## 一、灯具

室内照明多数是通过顶棚的灯具布置来完成的。灯具布置对室内气氛和装饰效果起着相当重要的作用。顶棚上安装的灯具常见有以下几种类型：一种是与顶棚不直接结合的灯具，如吊灯；另一种是与顶棚直接结合的灯具，如筒灯、射灯、吸顶灯等；此外还有通过吊顶构造变化形成的各种灯槽。

### （一）吊灯

#### 1.吊灯概述

吊灯是通过吊杆、吊件、吊索、吊灯线等悬挂在顶棚下面的灯具，具有很强的装饰性，主要用于空间的基本照明，适合布置较高空间。吊灯种类繁多，造型也多样，常见的有欧式烛台吊灯、水晶吊灯、中式吊灯和时尚吊灯等。根据制作材料不同有金属、玻璃、水晶、亚克力、竹编、木制等，如图3-3-1所示。吊灯适用于宾馆、餐厅、会议室、展厅等公共空间以及家居空间的卧室、客厅等场所。目前市场上还有伸缩式吊灯，如图3-3-2所示。在使用时，可将灯的高度调节到适当位置，当不用时就可以将灯移到贴近天花板，拉长整个房间的高度，对于层高较低的空间，可以选用伸缩式吊灯。吊灯光源有白炽灯、卤钨灯、荧光灯、节能灯、LED灯。不同类型的光源有各自不同的特点，能适应不同需求的吊灯。

#### 2.吊灯与顶棚的构造

大型吊灯（质量大于3kg），应在楼板或梁下设置独立的吊杆预埋件，承担灯具的全部重

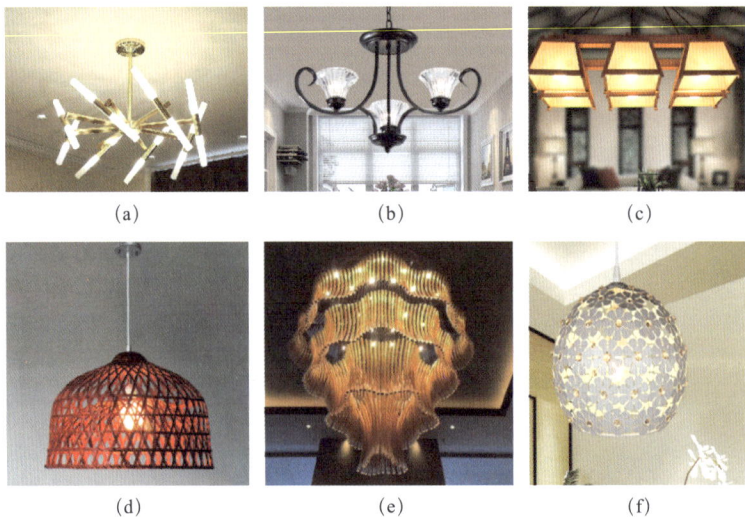

(a)　　　　　　　　　　(b)　　　　　　　　　　(c)

(d)　　　　　　　　　　(e)　　　　　　　　　　(f)

图3-3-1　各式各样的吊灯

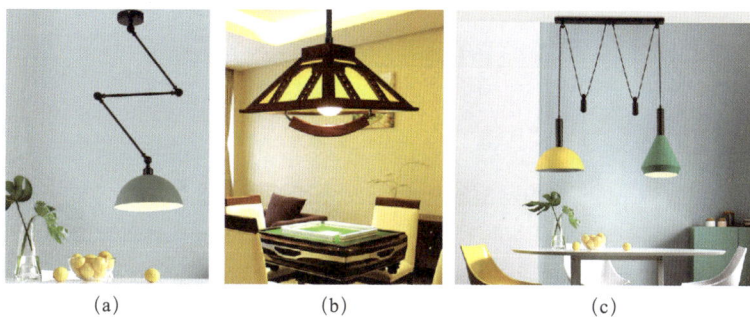

(a)　　　　　　　　(b)　　　　　　　　(c)

图3-3-2　伸缩式吊灯

量，不应使吊顶龙骨承受灯具荷载，安装示意如图3-3-3所示；轻型吊灯（质量大于0.5kg），需要在安装吊灯的部位预装400mm×400mm的双层18mm的阻燃胶合板，并将其用专用吊筋与原楼板或梁固定，安装示意如图3-3-4所示；小型吊灯（质量小于0.5kg），一般可以安装在次龙骨上或罩面层上。

## （二）吸顶灯

### 1.吸顶灯概述

吸顶灯又称天花灯，是直接固定在顶棚平面上或嵌入天花板上的固定灯具，主要用于低高度空间。常见的吸顶灯有方罩吸顶灯、圆球吸顶灯、尖扁圆吸顶灯、半圆球吸顶灯、半扁球吸顶灯、小长方罩吸顶灯等种类，如图3-3-5所示。吸顶灯光源有普通白灯泡、荧光灯、高强度气体放电灯、卤钨灯、LED灯等。目前市场上最流行的吸顶灯就是LED吸顶灯。和吊灯一样，吸顶灯也是室内的主体照明设备，是家庭、办公室、文娱等各种场所经常选用的灯具。

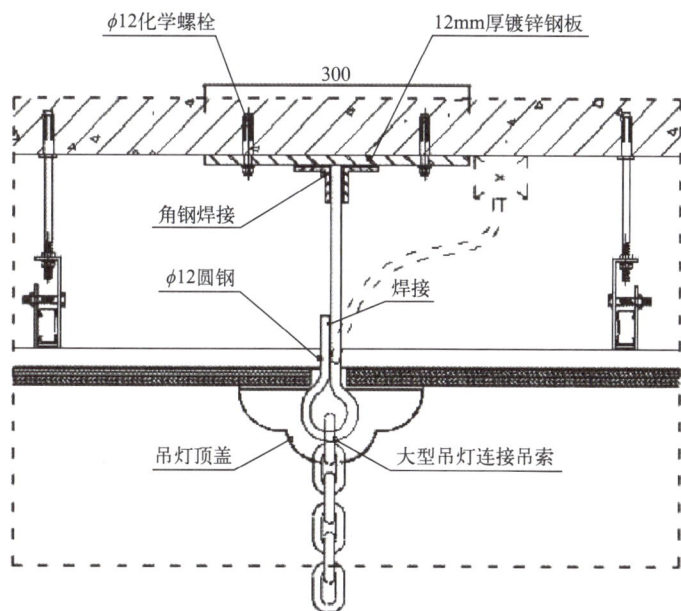

图3-3-3　大型吊灯安装示意

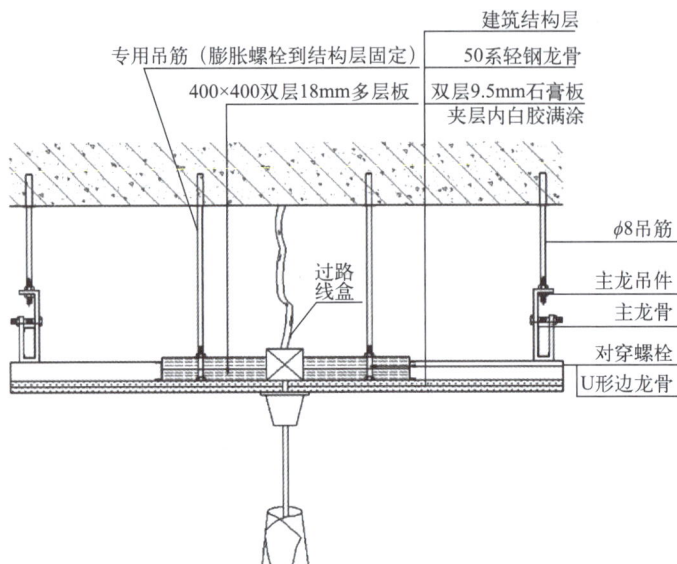

图3-3-4 轻型吊灯安装示意

(a)    (b)    (c)    (d)

图3-3-5 吸顶灯

### 2.吸顶灯与顶棚构造

吸顶灯的安装方式分为明装和暗装两种,明装式吸顶灯又叫浮凸式吸顶灯,多见于直接式顶棚装修中,是将灯座、灯罩、灯泡全部外露在顶棚表面,如图3-3-6所示。暗装式吸顶灯又叫嵌入式吸顶灯,常见于悬吊式顶棚装修中,是将灯具的全部或部分嵌入吊顶基层,灯具与吊顶面层相平或部分凸出于顶棚的饰面层,如图3-3-7所示。暗装式吸顶灯根据灯具的大小不同,其构造也不相同。如图3-3-8 (a) 所示,小型的吸顶灯可直接在需要安装灯具的

(a)    (b)

图3-3-6 明装式吸顶灯

(a)　　　　　　　　　　(b)

图3-3-7　暗装式吸顶灯

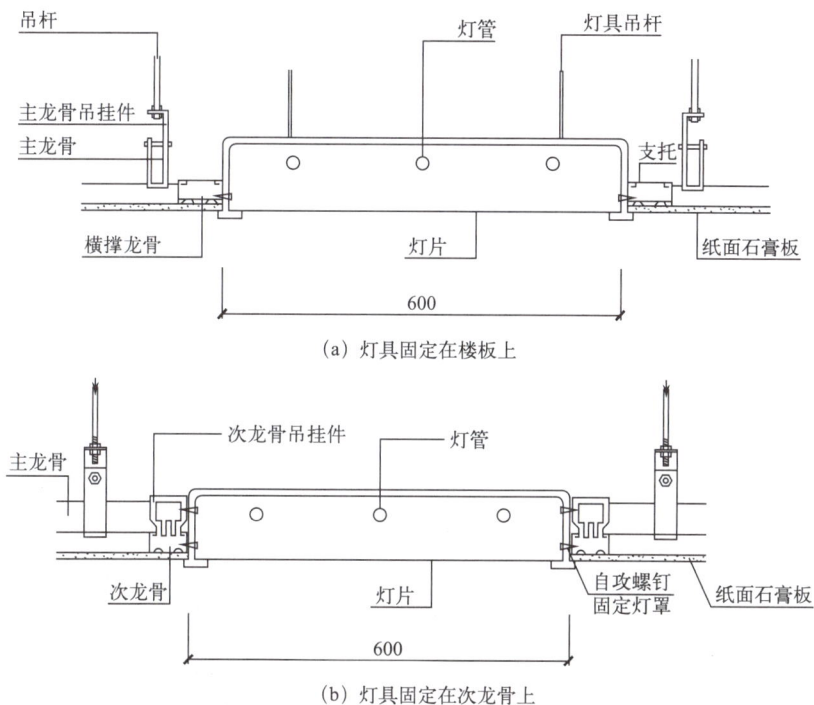

（a）灯具固定在楼板上

（b）灯具固定在次龙骨上

图3-3-8　安装吸顶灯安装示意

位置，用龙骨按灯具的外形尺寸围合成孔洞边框，此边框既作为灯具安装的连接点，也作为灯具安装部位局部补强龙骨，用螺钉与龙骨连接固定即可。如图3-3-8（b）所示，对于大型吸顶灯，则需要在楼板上安装灯具吊杆，吊挂灯具，要注意开灯洞时尽量避开吊顶主龙骨。

## （三）筒灯

### 1.筒灯概述

筒灯是指有一个螺口灯头，可以直接装上白炽灯或节能灯的灯具，一般多嵌装于天花板内部，所有光线都向下投射，属于直接配光。可以用不同的反射器、镜片、百叶窗、灯泡等来取得不同的光线效果。筒灯规格一般有大[5in（1in=2.54cm，下同）]、中（4in）、小（2.5in）三种，一般家庭用筒灯为2.5in、放5W节能；按灯管安装方式分有螺旋灯头与插拔灯头、竖式筒灯与横式筒灯；按光源种类分有普通筒灯和LED筒灯。筒灯的外形样式多种多样，如图

3-3-9所示。用筒灯来做灯具，安装方便，耐用，而且不占据空间，在家居空间中一般用于辅助照明，增加空间的柔和气氛，如图3-3-10（a）所示。在大型办公室、会议室、百货商场及专卖店、实验室、机场等大空间中也可以安装多个筒灯作为主照明，如图3-3-10（b）所示。现在比较流行的是多头筒灯装饰，即将几个筒灯拼装在一个框架内，如图3-3-11所示。

图3-3-9　筒灯样式

（a）　　　　　　　　　　　（b）

图3-3-10　筒灯装饰效果

（a）　　　　　　　　　　　（b）

图3-3-11　多头筒灯装饰效果

## 2.筒灯与顶棚构造

筒灯本身重量轻，而且是卡口形式固定，因此安装非常简单，只需按照设计位置和筒灯的尺寸在饰面板开孔，然后调整筒灯的高度达到设计要求，最后将筒灯两边的弹簧卡扣展开，卡在吊顶面板背面即可。其安装示意如图3-3-12所示。

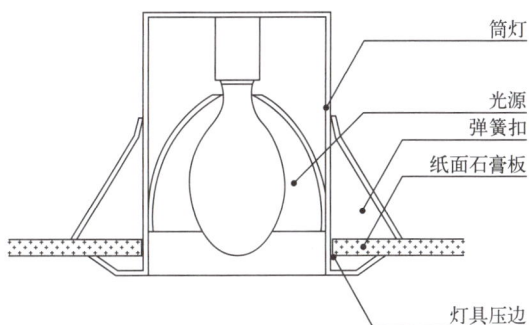

筒灯
光源
弹簧扣
纸面石膏板
灯具压边

图3-3-12　筒灯安装示意

## （四）射灯

### 1.射灯概述

射灯是一种高度聚光的灯具，它的光线照射是具有可指定特定目标的，若将一排小射灯组合起来，光线能变幻奇妙的图案。射灯的种类分为下照射灯、路轨射灯和冷光射灯三种，每一类射灯均有很多的规格和样式，所营造出的灯光效果是不同的。射灯具有寿命长、安全性好、色彩丰富、光效高、体积小、重量轻等优点，主要应用于家居照明、商业店铺装饰照明、娱乐场所照明等，既可以安装在吊顶四周，也可以安装在家具上部，还可以安装在墙内、墙裙或踢脚线里，光线一般会照射在需要的物体上，使得被灯照射的物品艳丽好看，达到重点突出、环境独特、层次丰富、气氛浓郁、缤纷多彩的艺术效果（图3-3-13和图3-3-14）。

### 2.射灯与顶棚构造

射灯有很多种，安装于顶棚的射灯主要分为暗装射灯和明装射灯两种，暗装射灯是指射灯全藏或半藏于吊顶内，其安装方法及构造与暗装筒灯相同，如图3-3-12所示。明装射灯底座分为

(a)

(b)

(c)

(d)

图3-3-13　家居空间射灯装饰效果

(a)　　　　　　　　　　　　　　(b)

(c)　　　　　　　　　　　　　　(d)

图3-3-14　商业空间射灯装饰效果

坐式和轨道式两种。对于坐式，按照设计好的位置直接固定于吊顶或者用膨胀螺栓固定于墙面上即可；对于轨道式，需要在顶棚先按照设计位置安装轨道。如有吊顶，需将轨道与龙骨固定，保证牢固，这样灯体可以在轨道上面滑动，能够更好地对重点照明方位进行调整。

### （五）反射灯槽

反射灯槽是将光源安装在顶棚内的一种灯光装置。灯光借槽内的反光面将灯光反射至顶棚表面，从而使室内得到柔和的光线。这种照明方式通风散热好，维修方便。一般在双层或多层吊顶的各层周边或顶棚与墙面相交处做暗藏反射灯槽，营造个性化的环境气氛。反射灯槽装饰效果如图3-3-15所示，暗藏式反射灯槽基本构造如图3-3-16所示。

图3-3-15　反射灯槽装饰效果

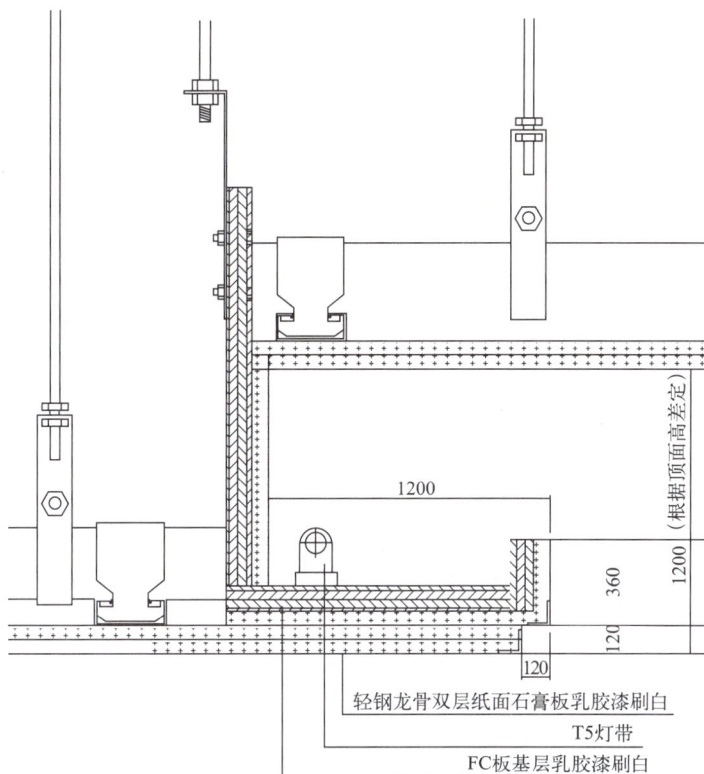

图中文字标注：

1200

1200（根据顶面高差定）

360

120

120

轻钢龙骨双层纸面石膏板乳胶漆刷白

T5灯带

FC板基层乳胶漆刷白

图3-3-16　暗藏式反射灯槽基本构造

## 二、中央空调

### 1.中央空调概述

中央空调是大型的空调系统，由主机和末端组成。主机分为水冷机组和风冷机组，末端设备主要由空调机组和风机盘管组成。随着人们生活水平的不断提高，对生活品质的不懈追求，中央空调已经逐渐被人们所喜爱。目前流行的家用中央空调是一个小型化的独立空调系统，是由一个室外机产生冷（热）源进而向各个房间供冷（热）的空调，它属于（小型）商用空调的一种，适用于别墅、大空间的家庭住宅以及办公楼等场所。其结构与中央空调相同。空调的主机一般都安置于建筑外的隐蔽处，室内机一般会利用吊顶将其安置于天花板内，可选择侧送风或下送风的方式。中央空调相比分体式壁挂空调，冷媒连接管不会暴露于室内，从而不会影响居室内的装饰风格。

### 2.中央空调风口与顶棚的节点构造

中央空调有别于其他传统电器，要在进行室内装修施工前就安装好。设计吊顶时要先考虑好室内机安装的位置，还要设计好强电线路。中央空调的安装一般会在水电工进场后开展，首先根据设计好的位置吊装中央空调室内机，并安装排管；24h之后吊装中央空调室外机并充填冷媒，然后对中央空调系统进行测试，测量风口尺寸和位置；最后安装风口，设备运行测试。吊顶空调风口常见有侧送风和下送风两种方式。如图3-3-17所示为吊顶空调侧面出风口装饰效果，其构造如图3-3-18所示，出风口一般采用成品风口，风口四周用龙骨加强固定，用专用吊件承载重量。如图3-3-19所示为吊顶空调下面出风口效果，其构造如图3-3-20所示，出风口采用成品风口，风口四周用次龙骨加强固定，用吊件承载重量，吊件间距一般为400～500mm。

图3-3-17　吊顶空调侧面出风口效果

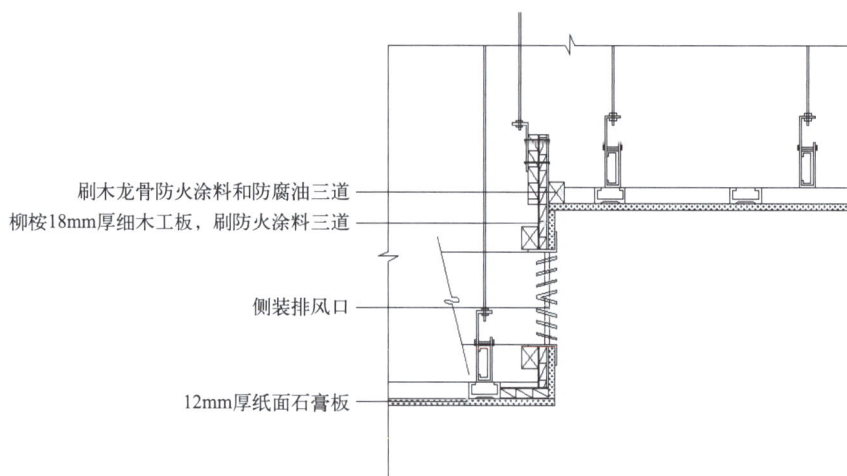

刷木龙骨防火涂料和防腐油三道

柳桉18mm厚细木工板，刷防火涂料三道

侧装排风口

12mm厚纸面石膏板

图3-3-18　吊顶空调侧面出风口构造

图3-3-19　吊顶空调下面出风口效果

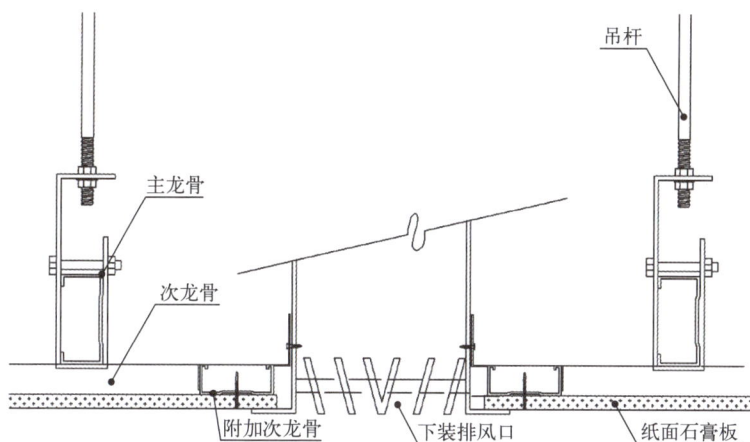

图3-3-20 吊顶空调下面出风口构造

## 三、通风口和检修口

为了满足室内空气卫生的要求，需要在吊顶饰面层上设置通风口，如图3-3-21所示。通风口由各种材质制作而成，如塑料板、铝合金板、木质板等，外形多见方形、长方形、圆形等。多为固定或活动格栅状，如图3-3-22所示。其构造方法与暗装式吸顶灯基本相同，如图3-3-23所示。

为了便于对吊顶内部各种设备、设施的检修、维护，需要在顶棚表面设置检修口。一般检修口设置在顶棚不明显部位，尺寸不宜过大，常见规格为400mm×400mm、600mm×600mm，满足能上人要求即可。洞口内壁四周应用龙骨支撑，增加其面板的强度，构造与通风口类似。

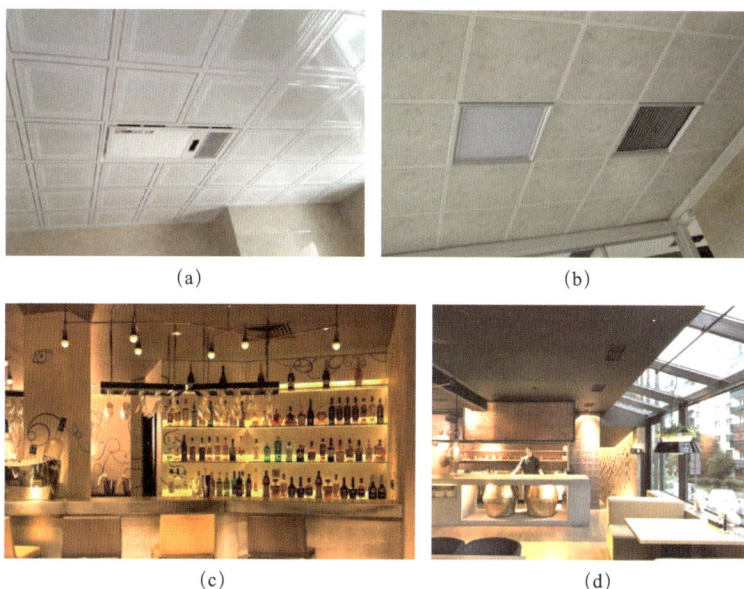

(a)

(b)

(c)

(d)

图3-3-21 通风口安装效果

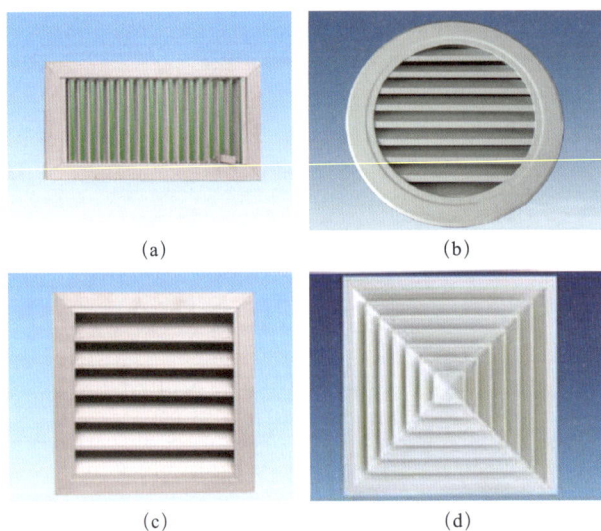

图3-3-22 通风口样式

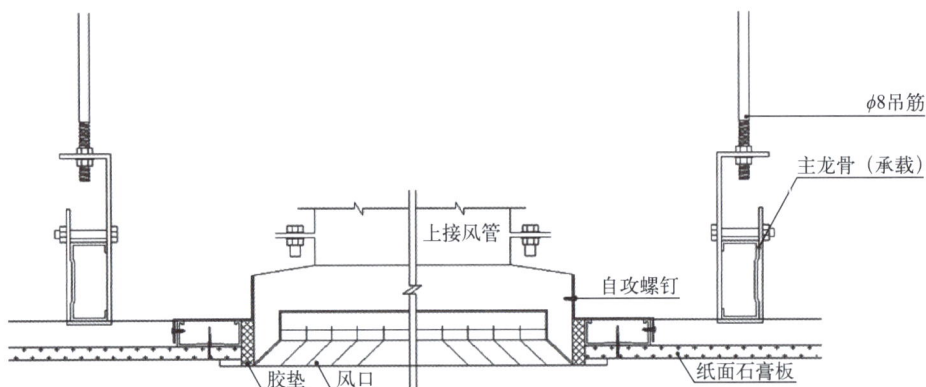

图3-3-23 通风口构造

## 四、窗帘盒

### 1.窗帘盒的基本知识

窗帘盒是家庭装修中的重要部位，是为了遮挡窗帘轨、装饰窗户而设置的。在进行吊顶和包窗套设计时，就应进行配套的窗帘盒设计，才能起到提高整体装饰效果的作用。根据顶部的处理方式不同，窗帘盒有两种形式：一种是房间有吊顶的，窗帘盒应隐蔽在吊顶内，在做顶部吊顶时就一同完成，即人们说的暗窗帘盒；另一种是房间无吊顶，窗帘盒与顶棚及墙面固定，可以与窗框套成为一个整体，即人们说的明窗帘盒，其效果如图3-3-24所示。窗帘盒的基本造型多为长条形，也有弧形、不规则形，有整面墙通体造型，也有仅在窗口上面的局部造型。窗帘盒制作材料有木板材、金属、石膏板、石材等，也有根据中国传统建筑门廊、窗格形式，以及借鉴欧洲古典建筑样式结合现代设计意识而设计的艺术窗帘盒。

图3-3-24 窗帘盒效果

## 2.窗帘盒与顶棚构造

窗帘盒的宽度尺寸应根据随窗帘轨及窗帘的厚度、层数来决定。一般所装的窗帘轨为单轨时，尺寸为100~150mm；所装窗帘轨为双轨时，尺寸为200~300mm。窗帘盒的高度尺寸应根据室内空间大小及高差而定，一般为120~200mm。一般情况下，窗帘盒盖板的厚度不宜小于15mm，小于15mm的盖板应选用机螺栓固定窗帘轨，否则会造成窗帘轨道的脱落。

窗帘盒的造型多种多样，就其构造可分为明窗帘盒构造和暗窗帘盒构造。明窗帘盒的挡板，长度以窗口的宽度为准，最短应超过窗口宽度300mm，即窗口两侧各超出150mm，最长可与墙体通长。明窗帘盒构造如图3-3-25所示。明窗帘盒一般采用木质板材制作，多为18mm厚木工板外贴饰面板材，将其与木龙骨固定于顶棚下，然后用阴角线与顶棚平面结合进行装饰，也可直接刮腻子，刷混水漆或者乳胶漆。另外还可用细木工板做结构，外贴防火板、塑铝板饰面。

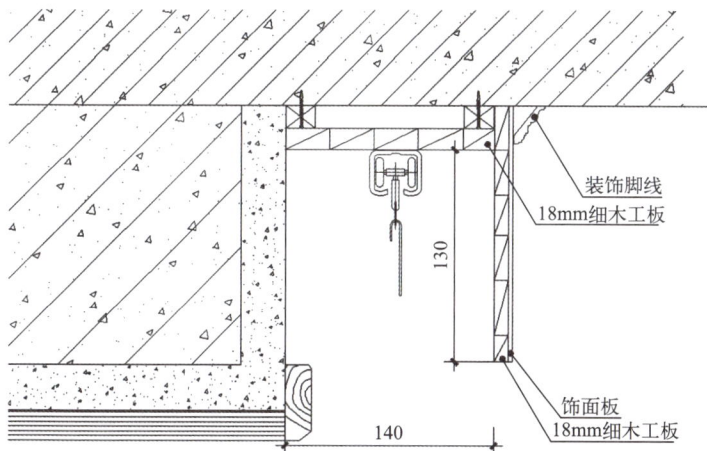

装饰脚线
18mm细木工板

130

饰面板
18mm细木工板

140

图3-3-25 明窗帘盒构造

暗窗帘盒是利用吊顶时自然形成的暗槽，槽口下端就是顶棚的装饰面层。暗窗帘盒的造型做法根据不同的设计会有所不同，形式多样，做法各异，其构造如图3-3-26所示。

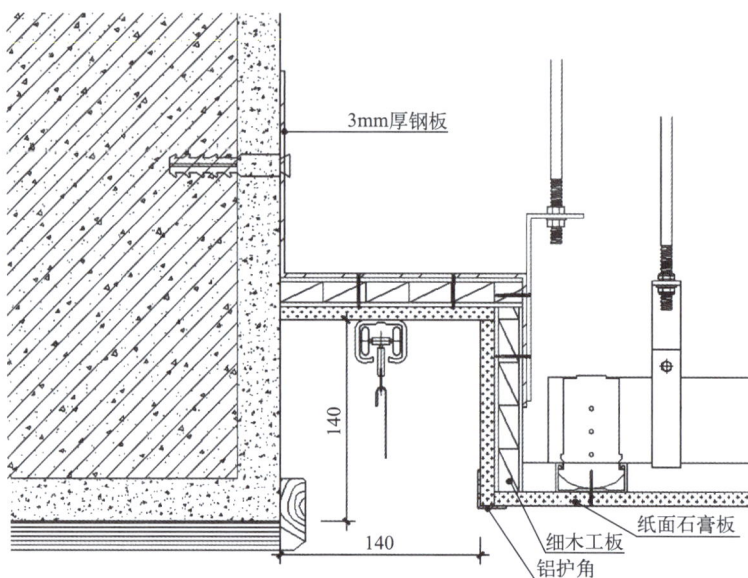

图3-3-26 暗窗帘盒构造

另外，现在也有用罗马杆来安装窗帘的，杆上有凹槽作滑轨，杆上套圆坏，坏上有滑轮在滑轨运动，带动窗帘开合。利用罗马杆自身的纹理、颜色达到装饰、美化的效果，如图3-3-27所示。

(a)　　　　　　　　　　　(b)

图3-3-27 罗马杆装饰效果

【课后练习】

一、填空题

1.悬吊式顶棚是由（　　）、（　　）和（　　）组成的空间顶棚构造体系。

2.金属龙骨包括（　　）和（　　），其中（　　）是最常用的。它具有

（　　　）、（　　　）、（　　　）、（　　　）、（　　　）、（　　　）等特点。

3.木龙骨在吊装前，必须进行（　　　）、（　　　）等处理。

4.轻钢龙骨纸面石膏板不上人吊杆常采用直径为（　　　）mm的吊筋，吊点间距为（　　　）mm。

5.轻钢龙骨骨架中主龙骨一般用（　　　）型龙骨。

二、选择题

1.客厅天棚吊顶轻钢龙骨下方对接的饰面材料是（　　　）。

A.石膏板　　　　　B.纸板　　　　　C.矿棉板　　　　　D.铝扣板

2.报告厅天棚吊顶铝合金龙骨下方对接的饰面材料是（　　　）。

A.石膏板　　　　　B.纸板　　　　　C.矿棉板　　　　　D.铝扣板

3.吊顶的基本构造体系中不包括（　　　）。

A.吊筋　　　　　B.龙骨　　　　　C.面层　　　　　D.结合层

4.下列不属于金属饰面板中龙骨与饰面板连接方式的是（　　　）。

A.嵌　　　　　B.龙骨　　　　　C.挂　　　　　D.粘

5.T型龙骨的安装构造分为有主龙骨和（　　　）两种形式。

A.横撑龙骨　　　　　B.无主龙骨　　　　　C.次龙骨　　　　　D.小龙骨

三、简答题

1.在悬吊式顶棚（吊顶）体系中，吊杆、主龙骨、次龙骨分别承担什么作用？

2.T型龙骨矿棉板吊顶的饰面板安装方式与轻钢龙骨纸面石膏板饰面板安装方式的区别是什么？

3.简述纸面石膏板和硅钙板的性能及应用。

## 项目四 墙柱面工程装饰材料与构造

【学习目标】——

1.知识目标

① 了解并掌握墙柱面装饰工程项目的分类和基本材料的性质特点。

② 了解并掌握墙柱面装饰工程各项目的材料构造做法、施工流程及质量标准。

③ 了解墙柱面装饰工程各项目材料的选购及价格区间。

2.能力目标

① 培养查阅相关规范及图集等资料的能力。

② 培养进行室内墙柱面装饰工程设计任务时选择经济和艺术效果好、可持续建筑材料的能力。

③ 能够理解墙柱面装饰工程不同材料构造的设计原理，能进行墙柱面细节构造设计。

3.素质目标

① 培养质量意识、环保意识、安全意识、信息素养，以及创新思维的能力。

② 培养健全的人格、阳光的心态、扎实的专业技能、精益求精的工匠精神、远大的理想信念以及良好的职业素养。

【教学重点】——

① 了解并掌握墙柱面各类装饰材料的性能及构造做法。

② 了解并掌握墙柱面各类装饰材料的施工流程及质量标准。

【教学难点】——

① 在深入学习的基础上，于方案设计阶段，能够有效分析空间的具体需求以及各类材料的独特属性，从而精准地选取最适合的材料应用于墙柱面的装饰工程中。

② 通过持续地学习，在方案进入施工环节时，能够依据材料的构造特性和施工方法，科学地确定施工流程，并严格实施质量监督，以确保工程的高质量完成。

【项目提要】——

本项目旨在详尽阐述墙柱面装饰工程所涉及的材料及其构造的相关知识，内容包括墙柱面装饰工程所用材料的基础理论、分类、花色品种、规格参数、性能特点、应用范围以及装饰构造等各个方面。

本书中墙柱面装饰工程主要指的是内墙墙体和柱体部分的装饰工程，其主要作用是保护内墙墙体，在保证室内保温、隔热、采光、隔声、吸声等物理环境的同时，通过应用不同材料及构造形式起到一定的装饰效果，美化室内环境，满足空间审美需求。

# 模块一
## 墙柱面抹灰材料与构造

墙柱面抹灰，是指将水泥砂浆、石灰砂浆、水泥混合砂浆、石膏砂浆等各种灰浆涂抹在墙柱面做成各种装饰抹灰层，又称"水泥灰浆类饰面"或"砂浆类饰面"，起到找平、保护以及装饰的效果。这种饰面造价低廉、施工简便，效果良好，是建筑装饰工程中墙柱面最为常用的装饰手法。抹灰工程按使用要求和装饰效果常分为一般抹灰和装饰抹灰两种。

### 一、一般抹灰

一般抹灰墙柱面，是指采用水泥砂浆、石灰砂浆、水泥混合砂浆、聚合物水泥砂浆和石膏灰等材料进行墙面柱面装饰施工。在建筑物表面形成涂膜，增加建筑物的耐久性，防止风化和潮解。一般抹灰墙面构造见图4-1-1。

#### 1. 一般抹灰等级及技术要求

一般抹灰按质量要求不同主要分为普通抹灰、中级抹灰和高级抹灰三个等级，各具体要求见表4-1-1。

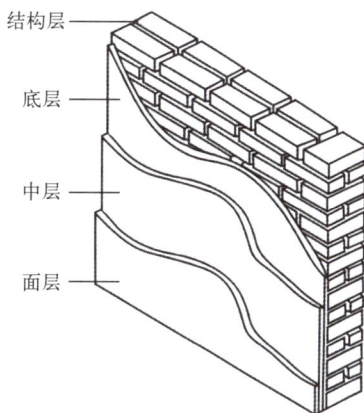

图4-1-1　一般抹灰墙面构造

表4-1-1　一般抹灰等级及要求

| 等级 | 结构层 | 厚度/mm | 作用 | 主要材料 |
|---|---|---|---|---|
| 普通抹灰 | 一遍底层 | 12～23 | 10～15mm厚度，黏结层 | 石灰砂浆、混合砂浆、水泥砂浆 |
| | 一遍面层 | | 2～8mm厚度，装饰和保护的作用 | 可选用纸筋灰、水泥砂浆、聚合砂浆、吸声抹灰（木屑骨料）、保温抹灰（蛭石粉或珍珠岩粉）等 |
| 中级抹灰 | 一遍底层 | 17～35 | 10～15mm厚度，黏结层 | 石灰砂浆、混合砂浆、水泥砂浆 |
| | 一遍中层 | | 5～12mm厚度，找平和结合的作用 | 石灰砂浆、混合砂浆、水泥砂浆 |
| | 一遍面层 | | 2～8mm厚度，装饰和保护的作用 | 可选用纸筋灰、水泥砂浆、聚合砂浆、吸声抹灰（木屑骨料）、保温抹灰（蛭石粉或珍珠岩粉）等 |
| 高级抹灰 | 一遍底层 | 17～35 | 10～15mm厚度，黏结层 | 石灰砂浆、混合砂浆、水泥砂浆 |
| | 数遍中层 | | 5～12mm厚度，找平和结合的作用 | 石灰砂浆、混合砂浆、水泥砂浆 |
| | 一遍面层 | | 2～8mm厚度，装饰和保护的作用 | 可选用纸筋灰、水泥砂浆、聚合砂浆、吸声抹灰（木屑骨料）、保温抹灰（蛭石粉或珍珠岩粉）等 |

### 2.一般抹灰主要材料

一般抹灰主要材料分为凝胶材料、细骨料、加强材料和聚合物，根据抹灰要求不同配以不同的材料，具体内容参见表4-1-2。

表4-1-2　一般抹灰主要材料

| 材料类别 | 材料名称 | 材料介绍 | 要求 | 图片 |
|---|---|---|---|---|
| 胶凝材料 | 水泥 | 可采用普通硅酸盐水泥、火山灰质硅酸盐水泥、矿渣硅酸盐水泥 | 强度等级宜采用32.5级以上，颜色一致、同一批号、同一品种、同一强度等级、同一厂家生产的产品 | |
| | 石灰 | 细磨石灰粉或石灰膏 | 充分熟化，不得有未熟化颗粒和杂质 |  |
| 细骨料 | 砂 | 平均粒径0.35～0.5mm的中砂 | 砂颗粒要求洁净坚硬，使用前根据使用要求过筛 | |
| 加强材料 | 纸筋 | 白纸筋或草纸筋 | 使用前需浸泡、捣烂、搓绒 |  |
| | 麻刀 | 一种纤维材料（细麻丝，碎麻） | 长度为2～3mm，干燥、均匀、有韧性，用前敲打松散 |  |
| | 玻璃纤维 | 一种性能优异的无机非金属材料 | 将玻璃丝切成10mm左右长短，与石膏灰混合成为玻璃丝灰 | 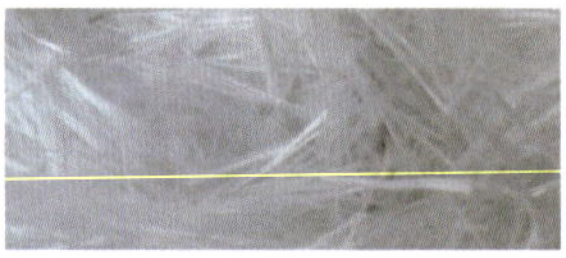 |
| 聚合物 | 108胶 | 新型高分子合成建筑胶黏剂 | 增强黏结作用，加强墙面附着力。一般情况108胶：水泥＝1：1.5（质量比） | |
| | 聚醋酸乙烯乳液 | 一种常用白乳胶 | — |  |

### 3.一般抹灰墙面施工流程

一般抹灰墙面根据建筑基层的不同会有一定的区别，但主要步骤一致。接下来用图示的方式简单进行说明，见图4-1-2。

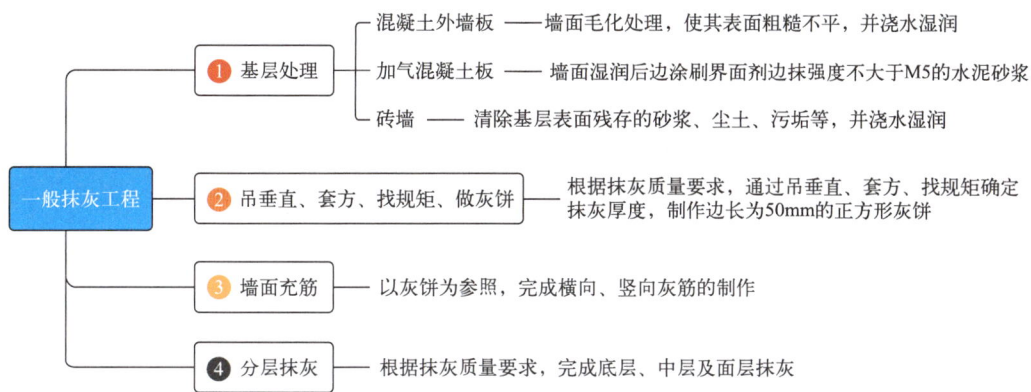

图4-1-2　一般抹灰工程流程

毛坯房各不同空间的抹灰效果如图4-1-3所示。

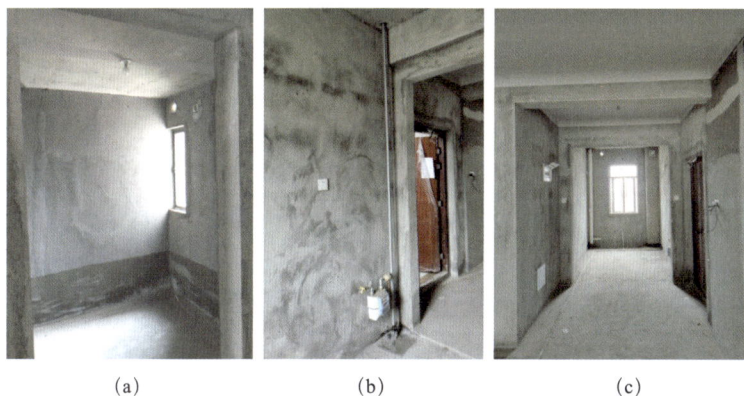

（a）　　　　　　　　（b）　　　　　　　　（c）

图4-1-3　毛坯房各不同空间抹灰效果

### 4.一般抹灰墙柱面质量完成标准

抹灰质量的好坏决定墙面后续工程质量的好坏，对其墙柱面抹灰的主控项目及一般项目都有一定的质量要求，具体内容见表4-1-3；一般抹灰允许偏差及检查方法见表4-1-4。

表4-1-3　一般抹灰主控项目及一般项目具体要求及检验方法

| 项目类型 | 项目具体要求 | 检验方法 |
| --- | --- | --- |
| 主控项目 | 基层表面处理应到位，并进行洒水湿润 | 检查施工记录 |
| | 抹灰材料的品种及性能应符合设计要求，并均为合格产品，水泥的凝结时间和安定性复验应合格。砂浆的配比应符合设计要求 | 检验产品合格证、进场验收记录、复检报告及施工记录 |
| | 必须分层抹灰：底层抹灰应采用13mm厚的1∶3水泥砂浆，每遍厚度5～7mm为宜，应2遍成活；面层抹灰采用5mm厚的1∶2.5水泥砂浆，应2遍成活。抹灰总厚度大于或等于35mm时应采取加强措施 | 检查施工记录 |
| | 抹灰层与基层之间，以及抹灰层与抹灰层之间应黏结牢固，抹灰层无脱层、空鼓，面层应无爆灰和裂缝 | 观察、响鼓锤轻击，检查施工记录 |

| 项目类型 | 项目具体要求 | 检验方法 |
|---|---|---|
| 一般项目 | 普通抹灰表面应光滑、洁净、平整，隔缝和灰线应清晰；高级抹灰表面应光滑、洁净、颜色均匀、无抹纹，分隔缝和灰线应清晰美观 | 观察、手摸检查 |
| | 护角、孔洞、槽、盒周围的抹灰表面应整齐、光滑；管道后面的抹灰表面应平整 | 观察 |
| | 室内墙面、柱面和门洞口的阳角做法应符合设计要求。设计无要求时，应采用1：2的水泥砂浆做暗护角，其高度不应低于2m，每侧宽度不应小于50mm | 观察、检查施工记录 |
| | 抹灰分隔缝的设置应符合设计要求，宽度和深度应均匀，表面应光滑，棱角应整齐 | 观察、检查施工记录 |

表4-1-4　一般抹灰允许偏差及检查方法

| 序号 | 项目 | 允许偏差/mm | | 检验方法 |
|---|---|---|---|---|
| | | 普通 | 高级 | |
| 1 | 立面垂直度 | 4 | 3 | 用2m垂直检测尺检查 |
| 2 | 表面平整度 | 4 | 3 | 用2m靠尺和塞尺检查 |
| 3 | 阴阳角方正 | 4 | 3 | 用直角检测尺检查 |
| 4 | 分格条（缝）直线度 | 4 | 3 | 拉5m线，不足5m拉通线，用钢直尺检查 |
| 5 | 墙裙勒脚上口直线度 | 4 | 3 | 拉5m线，不足5m拉通线，用钢直尺检查 |

## 二、装饰抹灰

### （一）装饰抹灰简介

装饰抹灰是指在建筑物墙面涂抹水刷石、水磨石、斩假石、干粘石、假面砖等；砂浆装饰抹灰根据使用材料、施工方法和装饰效果不同，分为拉毛灰、甩毛灰、搓毛灰、扫毛灰、拉条抹灰、装饰线条毛灰、喷砂、喷涂、滚涂、弹涂、仿石和彩色抹灰等。装饰抹灰分类及主要材料见表4-1-5。

表4-1-5　装饰抹灰分类及主要材料

| 装饰抹灰分类 | 主要材料 |
|---|---|
| 水泥、石灰类装饰抹灰 | 拉毛灰、撒毛灰、拉条灰、仿石抹灰、假面砖和聚合物水泥砂浆外保温装饰抹灰 |
| 石粒类装饰抹灰 | 主要用于外墙，通过石粒的本色和质感达到装饰效果，色泽亮、质感丰富、耐久性好。常见的有水刷石、干粘石、水磨石、机喷石、机喷石屑、机喷砂等 |
| 聚合物水泥砂浆装饰抹灰 | 在普通砂浆中掺入适量的有机聚合物，以改善原材料的性质。常见的有聚乙烯缩甲醛胶（107胶）、聚甲基硅醇钠、木质素磺酸钙、801胶、108胶、901胶等 |

## （二）常见装饰抹灰面层装饰工艺

装饰抹灰在结构层上与一般抹灰中的高级抹灰一样，主要在面层所用材质及对应材质的施工工艺上有区别，重点是通过面层材质的丰富色彩及质感来起到装饰效果。常见装饰抹灰的施工工艺见表4-1-6。

表4-1-6　常见装饰抹灰的施工工艺

| 类型 | 施工要点 | 图片 |
|---|---|---|
| 拉毛灰 | 拉毛灰的底层与中层抹灰，要根据基层的不同和拉毛皮的不同而采用不同的底层、中层砂浆。中层砂浆涂抹后，先刮平再用木抹子搓毛，待中层六至七成干时，根据其干湿程度，浇水湿润墙面，然后涂抹面层（罩面）并进行拉毛。在水泥混合砂浆的抹灰中层上，抹上纸筋石灰浆、水泥石灰浆或者水泥混合砂浆，然后用拉毛工具（棕刷子、铁抹子或麻刷子等）将砂浆拉成波纹斑点装饰面层 | |
| 拉条灰 | 拉条抹灰是用专用模具把面层砂浆做出竖线条的装饰抹灰做法。利用条形模具上下拉动，使墙面抹灰成规则的细条、粗条、半圆形、波形条、梯形条和长方形条等。它可代替拉毛等传统的吸声墙面，具有美观大方、不易积尘及成本较低等优点 | |
| 假面砖 | 假面砖是用彩色砂浆抹成相当于外墙面砖分块形式与质感的装饰抹灰面。在水泥砂浆中掺入氧化铁黄或氧化铁红等颜料，通过手工操作达到模仿面砖装饰效果的一种做法。假面砖表面应平整、沟纹清晰，留缝整齐、色泽一致，应无掉角、脱皮、起砂等缺陷 | |
| 仿石抹灰 | 仿石抹灰，又称"仿假石"，是在基层上涂抹面层砂浆，分出大小不等的假石状格块，施工方法与假面砖相同 | |
| 聚合物水泥砂浆外保温装饰抹灰 | 聚合物水泥砂浆外保温装饰抹灰，由水泥粘接层、防火酚醛泡沫保温板（岩棉板厚度30～200mm）、抹面砂浆、纤维网格布（或镀锌钢丝网）、柔性腻子（砂浆）加饰面砂浆喷涂构成 | |
| 水刷石 | 水刷石饰面是一项传统的施工工艺，制作过程是用水泥、石屑、小石子或颜料等加水拌和，抹在建筑物的表面，半凝固后，用硬毛刷蘸水刷去表面的水泥浆而使石屑或小石子半露。它能使墙面具有天然质感，而且色泽庄重美观，饰面坚固耐久，不褪色，也比较耐污染 | |
| 斩假石 | 一种人造石料，制作过程是用石粉、石屑、水泥等加水拌和，抹在建筑物的表面，待凝固后，用斧子剁出像经过细凿的石头那样的纹理，也叫剁假石 | |
| 干粘石 | 干粘石是墙面抹灰做法的一种，是由水刷石演变而来的一种装饰工艺。是墙面水刷石的替代产品，在墙面刮糙的基层上抹上纯水泥浆，撒彩色小石子并用工具将石子压入水泥浆里，做出的装饰面 | |

【课后练习】

一、填空题

1.抹灰工程按使用要求和装饰效果常分为（ 　　　 ）抹灰和（ 　　　 ）抹灰两种。

2.一般抹灰按质量要求不同主要分为（ 　　　 ）抹灰、（ 　　　 ）抹灰和（ 　　　 ）抹灰三个等级。

3.在一般抹灰工程中，第一遍底层的抹灰厚度一般是（ 　　　 ）mm，目的是起到黏结作用。

二、选择题

1.一般抹灰材料主要分为哪些材料？（ 　　　 ）

A.凝胶材料　　　　　B.细骨料　　　　　C.加强材料　　　　　D.聚合物

2.装饰抹灰分为哪几类？（ 　　　 ）

A.水泥类装饰抹灰　　　　　　　　B.石灰类装饰抹灰

C.石粒类装饰抹灰　　　　　　　　D.聚合物水泥砂浆装饰抹灰

三、简答题

1.请用思维导图表述一般抹灰施工流程。

2.一般抹灰与装饰抹灰的主要区别是什么？

# 模块二
# 墙柱面镶贴块料与构造

墙柱面镶贴块料工程属于装饰装修工程湿作业范畴。湿作业类包括一般抹灰、装饰抹灰、镶贴块料面层等，模块一中针对其中的一般抹灰和装饰抹灰进行了简单的介绍，此模块重点是镶贴块料的材料介绍及构造。

墙柱面镶贴块料面层种类主要有大理石、花岗岩、文化石、釉面砖、瓷质锦砖、玻璃马赛克等。按块料尺寸大小，一般分为小规格块料和大规格板料，见图4-2-1。

图4-2-1　镶贴块料

## 一、石材墙柱面

石材墙柱面的主要材料是天然石材和人造石材，用于室内外住宅建筑设计、公共建筑室内设计及城市公共设施建设。其中天然石材是从天然岩体中开采出来的，后期加工为块材或板材。常用的天然石材多为花岗石、大理石、文化石等。人造石材是一种人工合成的装饰材料，按照所用黏结剂不同，可分为有机类人造石材和无机类人造石材两类。按其生产工艺过程的不同，又可分为聚酯型人造石材、复合型人造石材、硅酸盐型人造石材、烧结型人造石材四种类型，各种石材类型见表4-2-1。

表4-2-1 各种石材类型

| 石材类型 | 石材名称 | | 性能特点 |
| --- | --- | --- | --- |
| 天然石材 | 火成岩 | 花岗岩 | 非常坚硬的火成岩岩石，密度高、硬度高、耐候性强，纹理相对大理石略显单调 |
| | 沉积岩 | 砂岩 | 主要由松散的石英砂颗粒组成，耐寒、耐火、不风化，表面粗糙，肌理感强 |
| | 变质岩 | 大理石 | 沉积的或变质的碳酸盐岩类的岩石。硬度高，耐磨，色彩纹样丰富，装饰效果强 |
| | | 板岩 | 一种变质岩，原岩为泥质、粉质或中性凝灰岩，沿板理方向可以剥成薄片 |
| | | 石英岩 | 一种主要由石英组成的变质岩（石英含量大于85%），由石英砂岩及硅质岩经变质作用形成 |
| | | 玉石 | 一种矿物质，是矿石中比较名贵的一种 |
| 人造石材 | 聚酯型人造石材 | | 以不饱和聚酯、树脂为黏结剂，将天然大理石、花岗岩、方解石及其他无机填料按一定的比例配比而成，光泽度好，色彩丰富，可加工性强，装饰效果好 |
| | 复合型人造石材 | | 胶黏剂中包括无机胶凝材料（如水泥）和有机高分子材料（树脂）。造价低、装饰效果好 |
| | 硅酸盐型人造石材 | | 也叫水泥型人造石材，是以各类水泥为胶结材料，天然大理石、花岗岩碎料等为粗骨料，砂为细骨料。价格低廉，装饰性一般，水磨石和各类花阶砖均属于此类石材 |
| | 烧结型人造石材 | | 以长石、石英石、方解石和赤铁粉及部分高岭土混合，用泥浆法制坯，半压干法成型后，再高温焙烧而成。此石材装饰性好，性能稳定，造价较高 |

## （一）天然大理石

天然大理石属于变质岩，主要化学成分为氧化钙、氧化镁及微量的氧化硅和氧化铝等。其成分复杂，所以大理石的颜色和纹理丰富、变化多端、深浅不一，具有自然美感，是一种高级的装饰材料。

### 1.大理石主要品种

我国大理石矿产资源非常丰富，储量大，品种约400多种，目前开采利用的主要有三类，即云灰、白色和彩花大理石。天然大理石的分类见表4-2-2。

表4-2-2　天然大理石的分类

| 类型 | 说明 | 照片 |
|---|---|---|
| 云灰大理石 | 云灰大理石的花纹以灰白相间的丰富图案而极富装饰性，有的像水的波纹，常见的天然图案有"水波荡漾""水天相连""烟波浩淼""惊涛骇浪"等 |  |
| 白色大理石 | 白色大理石洁白如玉，晶莹纯净，故又称汉白玉、苍山白玉或白玉，它是大理石中的名贵品种 |  |
| 彩花大理石 | 彩花大理石呈薄层状，是大理石中的精品，经过研磨、抛光，呈现色彩斑斓、千姿百态的天然图画，如呈现山水林木、花草虫鱼、云雾雨雪、珍禽异兽、奇岩怪石等。若在其上点出图的主题，即写上画名或题以诗文，则越发引人入胜 |  |

　　大理石板的品种以磨光后所呈现的花纹、色泽、特性及产地来命名。国内较为名贵的有北京房山汉白玉，安徽怀宁和贵池白大理石，河北曲阳和涞源白大理石，四川宝兴蜀白玉，江苏赣榆白大理石，云南大理的苍山白，山东平度和莱州市的雪花白，陕西的大花绿，安徽怀宁的碧波，山东栖霞的海浪玉，浙江杭州的杭灰，四川南江的南江红，河北阜平的阜平红，辽宁铁岭的东北红，河南淅川的松香黄、松香玉和米黄等。进口的多为意大利的新米黄、木纹石，西班牙的象牙白和西班牙红，希腊的希腊黑和挪威的挪威红。各种大理石资料如图4-2-2所示，大理石常见的品种及特点见表4-2-3。

石材名称：土耳其灰
石材用途：室内地面，室内墙面

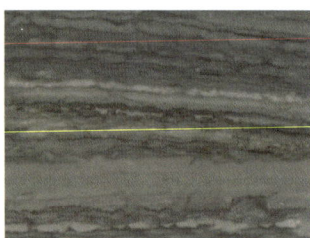

石材名称：麒麟木纹(直纹)
石材用途：室内地面，室内墙面

石材名称：卡曼米黄
石材用途：室内地面，室内墙面

石材名称：埃及米黄
石材用途：室内地面，室内墙面

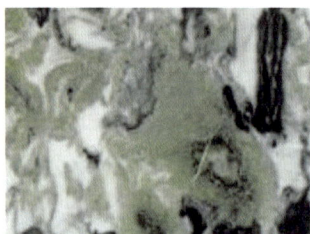

石材名称：冷翡翠
石材用途：室内地面，室内墙面

石材名称：翡翠木纹
石材用途：室内地面，室内墙面

石材名称：大花绿
石材用途：室内地面，室内墙面

石材名称：奥巴马木纹
石材用途：室内地面，室内墙面

石材名称：静雅棕
石材用途：室内地面，室内墙面

石材名称：威尼斯棕
石材用途：室内地面，室内墙面

石材名称：深啡网
石材用途：室内地面，室内墙面

石材名称：浅啡网
石材用途：室内地面，室内墙面

石材名称：金碧辉煌
石材用途：室内地面，室内墙面

石材名称：鹅毛金
石材用途：室内地面，室内墙面

石材名称：金玫瑰
石材用途：室内地面，室内墙面

石材名称：金世纪
石材用途：室内地面，室内墙面

石材名称：帝皇金
石材用途：室内地面，室内墙面

石材名称：印象拉菲
石材用途：室内地面，室内墙面

图4-2-2　各种大理石的资料

表4-2-3　大理石的常见品种及特点

| 名称 | 产地 | 特点 |
|---|---|---|
| 汉白玉 | 北京房山 | 玉白色，微有杂光和脉纹 |
| | 湖北黄石 | |
| 雪花 | 山东莱州 | 白色间淡灰色，有规则中晶，有较多的黄翳杂点 |
| 碧玉 | 辽宁连山关 | 深绿色或嫩绿色和白色絮状相渗 |

| 名称 | 产地 | 特点 |
|------|------|------|
| 风雪 | 云南大理 | 灰白间有深灰色晕带 |
| 彩云 | 河北获鹿 | 浅翠绿色底，深浅绿絮状相渗，有紫斑或脉纹 |
| 艾叶青 | 北京房山 | 青底深灰间白色叶状，斑云间有片状纹缕 |
| 云灰 | 北京房山 | 浅灰底有烟状或云状黑灰色纹带 |
| 驼灰 | 江苏苏州 | 土灰色底有深黄赭色浅色疏松脉纹 |
| 裂玉 | 湖北大冶 | 浅灰带微红色脉纹和青灰色斑点 |
| 蟹青 | 河北 | 黄灰底遍布深灰，或黄色砾斑间有白夹层 |
| 虎纹 | 江苏宜兴 | 赭色底布有流纹状石黄色经络 |
| 灰黄玉 | 湖北大冶 | 浅黑灰底，有淡红色、黄色和浅灰色脉络 |
| 桃红 | 河北曲阳 | 桃红色粗晶，有黑色缕纹或斑点 |
| 岭红 | 辽宁铁岭 | 紫红碎螺脉纹杂有白斑 |
| 红花玉 | 湖北大冶 | 肝红底夹有大小浅红碎石块 |
| 电花 | 浙江杭州 | 黑灰底布满红色间白色脉络 |
| 墨玉 | 云南大理、湖北通山 | 黑色杂有少量土黄纹理 |
| 墨叶 | 江苏苏州 | 黑色中有少量白绺或白斑 |

### 2.天然大理石的性能及应用

天然大理石质地致密、吸水率小、硬度不大、易加工。天然大理石抛光后光洁细腻，纹理自然流畅，装饰效果强。与其他装饰材质相搭配，可用于住宅、公共建筑空间的墙地面、家具台面等。天然大理石用于工程实例中的效果如图4-2-3所示。

(a)　　　　　　　　　　(b)

图4-2-3　天然大理石用于工程实例中的效果（住宅空间电视背景墙）

### 3.天然大理石施工工艺及装饰构造

墙柱面大理石的铺贴主要有干挂法、湿挂法、湿贴法、胶贴法，根据设计的要求及材料的设计情况选择合适工艺进行铺贴。天然大理石面层施工方法见表4-2-4。

表4-2-4 天然大理石面层施工方法

| 施工方法 | 基层 | 基层完成情况 | 主要材料 |
|---|---|---|---|
| 干挂法 | 砖墙、混凝土墙面、钢筋混凝土墙柱面 | 墙柱面无要求，重点是角铁的平整度 | 标准干挂件如角铁、膨胀螺栓等；可用云石胶或干挂胶辅助粘贴强度 |
| 湿挂法 | 砖墙、混凝土墙面、钢筋混凝土墙柱面 | 墙柱面无要求，重点是角铁的平整度 | 标准干挂件如角铁、膨胀螺栓等；水泥砂浆；同时用云石胶或干挂胶辅助粘贴强度 |
| 湿贴法 | 砖墙、混凝土墙面、钢筋混凝土墙柱面 | 墙柱面平整 | 水泥砂浆（大理石较薄，质量不重，高度不超过1500mm） |
| 胶贴法 | 砖墙、混凝土墙面、钢筋混凝土墙柱面 | 墙柱面平整且不能太滑 | 云石胶（瓷砖胶）、AB胶 |
| | 木制墙面或台面（9mm夹板打底） | 木制垫层平整 | |

注：以上四种方法同样适用于墙柱面花岗石铺贴，不管哪种方法施工，铺贴时都应对墙柱面石材进行挑选，并按设计进行预拼。在搬运天然大理石和花岗石时，应侧搬而不是平搬，平搬易断。

不同设计要求及采用的工艺不同，其大理石墙面装饰构造也不同，不同施工工艺条件下的天然大理石墙面装饰构造如图4-2-4和图4-2-5所示。

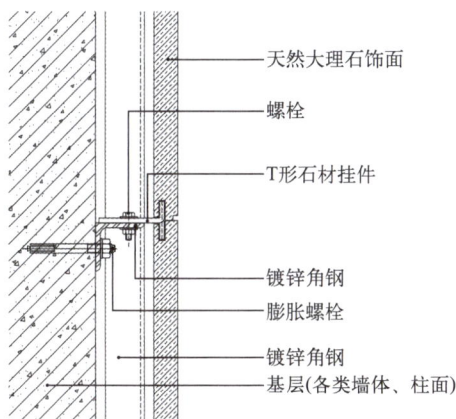

图2-2-4 天然大理石干挂法构造

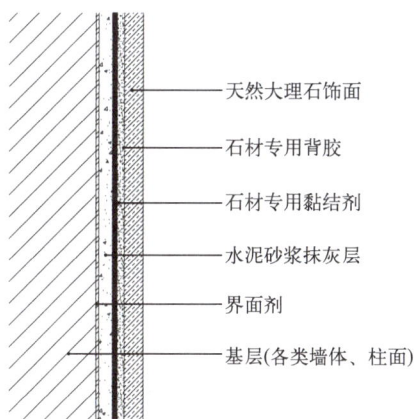

图2-2-5 天然大理石湿贴法构造

### 4.天然大理石的选购

天然大理石因材质质量的差异，也会体现出不同的装饰效果，一般情况下通过视觉观察与简单的检测手法即可挑选出质量较优的天然大理石，保证装饰效果的质量。

① 看色调：优质天然大理石板材色调基本一致、色差较小；花纹自然、清晰、美观。

② 看光泽度：优质天然大理石板材的抛光面光泽度很好，有镜面的效果。

③ 看吸水率：在石材背面滴水，看是否有渗透，如果吸收很快说明结构疏松。

④ 看硬度：用小锤轻敲天然大理石，如果声音较清脆，表示硬度高，内部密度也高，抗磨性较好；若是声音沉闷，则表示硬度低或内部有裂痕，品质较差。

## （二）天然花岗岩

天然花岗岩属于深成火成岩，其主要矿物组成为长石、石英和少量云母等。其质地坚硬、抗压性好，孔隙率及吸水率低，具有良好的耐酸、耐磨性。颜色纹理与天然大理石比较为单调，多为灰、白、黄、粉红、红、纯黑等色彩的方块结晶颗粒状。经加工后分为细啄面、光面或镜面板材，具有很好的装饰性。其装修造价高，施工要求相对难度大，在公共建筑中使用较多，一般多用于商业空间、餐饮空间、酒店空间、纪念性建筑物等室内空间和室外空间。

### 1.天然花岗岩的主要品种

我国自产的天然花岗岩有300余种，其中有四川的四川红，广西的岑溪红，山西的贵妃红、橘红，内蒙古的丰镇黑，河北的中国黑，山东的将军红，新疆的新疆红和河南的洛阳红等。进口天然花岗岩有印度红、蓝钻、绿晶、巴西蓝、西班牙米黄等。天然花岗岩的品种及特征见表4-2-5。部分花岗岩的资料如图4-2-6所示。

表4-2-5　天然花岗岩的品种及特征

| 品种 | 花色特征 | 主要产地 |
|---|---|---|
| 济南青 | 黑色，有小白点 | |
| 白虎涧 | 肉粉色带黑斑 | 北京、山东、湖北 |
| 将军红 | 黑色、棕红、浅灰间小斑块 | |
| 莱州白 | 白色黑点 | |
| 莱州青 | 黑底青白点 | |
| 莱州黑 | 黑底灰白点 | 山东 |
| 莱州红 | 粉红底深灰点 | |
| 莱州棕黑 | 黑底棕点 | |
| 红花岗岩 | 紫红色或红底起白花点 | 山东、湖北 |
| 芝麻青 | 白底、黑点 | |

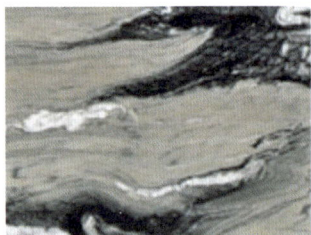

石材名称：山水绿
石材用途：室内地面，室内墙面

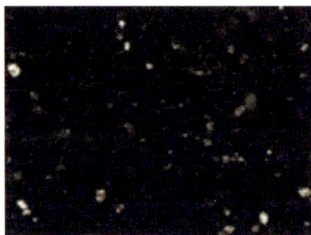

石材名称：黑金沙
石材用途：室外地面，室外墙面

石材名称：五莲红
石材用途：室外地面，室外墙面

石材名称：永定红
石材用途：室外地面，室外墙面

石材名称：荣经红
石材用途：室外地面，室外墙面

石材名称：新疆棕钻
石材用途：室外地面，室外墙面

石材名称：天岗白
石材用途：室外地面，室外墙面

石材名称：三堡红
石材用途：室外地面，室外墙面

石材名称：南非红
石材用途：室外地面，室外墙面

石材名称：漠玉黄
石材用途：室外地面，室外墙面

石材名称：蓝豹
石材用途：室外地面，室外墙面

石材名称：浪花白
石材用途：室外地面，室外墙面

石材名称：粉红麻
石材用途：室外地面，室外墙面

石材名称：承德绿
石材用途：室外地面，室外墙面

石村名称：芭拉白
石材用途：室内地面，室内墙面

石材名称：浪淘沙
石材用途：室外地面，室外墙面

石材名称：敦煌红
石材用途：室外地面，室外墙面

石材名称：豹皮花
石材用途：室外地面，室外墙面

图2-2-6 部分天然花岗的资料

## 2.天然花岗岩的优缺点

### （1）天然花岗岩的优点

天然花岗岩结构紧密，抗压性好；材质坚硬，耐磨性好；孔隙率低、吸水率低，耐冻融性好；化学稳定性好，抗风化、耐腐蚀；色彩丰富，纹理多样，装饰性好。

### （2）天然花岗岩的缺点

自重大，大面积使用增加了建筑物的荷载；硬度大，可加工性受到限制；质脆、耐火性较差；某些天然花岗岩含有放射性元素，应根据天然花岗岩石材的放射性强度水平确定应用范围。

## 3.天然花岗岩装饰板材的分类与技术要求

装饰用天然花岗岩一般均为板材。按板材的形状分为普型板材（正方形或长方形，代号N）和异型板材（其他形状的板材，代号S）。按板材厚度分为薄板（厚度≤15 mm）和厚板（厚度>15 mm）。按板材表面加工程度分为三种，见表4-2-6。

**表4-2-6　按板材表面加工程度分类**

| 类型 | 特点 |
| --- | --- |
| 粗面板材 | 表面平整、粗糙，具有较规则加工条纹的板材。主要有由机刨法加工而成的机刨板、由斧头加工而成的剁斧板、由花锤加工而成的锤击板、由火焰法加工而成的烧毛板等。表面粗犷、朴实、自然、浑厚、庄重 |
| 细面板材 | 经粗磨、细磨加工而成，表面平整、光滑的板材 |
| 镜面板材 | 经粗磨、细磨、抛光而成，表面平整，具有镜面光泽的板材。表面晶粒鲜明、色泽明亮、豪华气派、易清洗 |

## 4.天然花岗岩装饰板材施工工艺及装饰构造

墙柱面天然花岗岩的铺贴法与天然大理石是一样的，只是饰面材料有所不同。主要有干挂法、湿挂法、湿贴法、胶贴法，根据设计的要求及材料的设计情况选择合适的施工方法进行铺贴。天然花岗岩干挂法构造如图4-2-7所示。天然花岗石湿贴法构造如图4-2-8所示。

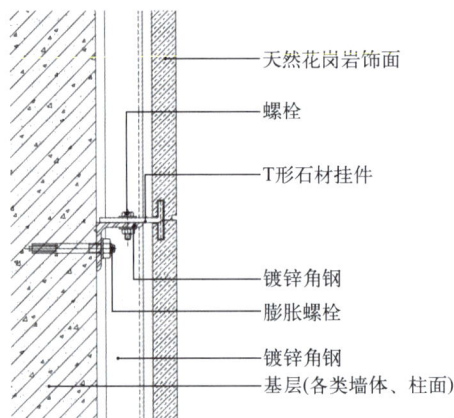

图4-2-7　花岗石干挂法构造

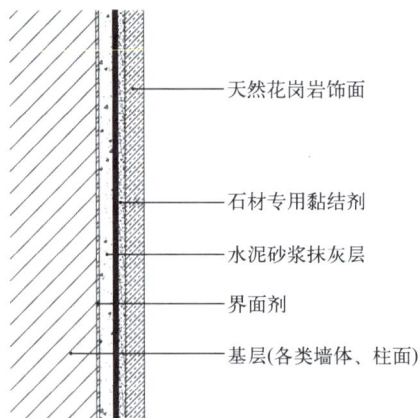

图4-2-8　花岗石湿贴法构造

## 5.天然花岗岩的选购

天然花岗岩因材质质量的差异，也会体现出不同的装饰效果，一般情况下通过视觉观察及简单的检测手法即可挑选出质量较优的天然花岗岩，保证装饰效果和质量。

① 看色调：优质天然花岗岩板材色调基本一致、色差较小；花纹清晰、美观。

② 看光泽度：表面光滑明亮，光泽度好。

③ 看外形：四角平整、切边整齐、厚度均匀；表面无裂纹、色斑、色线等。

④ 看硬度：用小锤轻敲石材，如果声音较清脆，表示硬度高，内部密度也高，抗磨性较好；或者用0号砂纸打磨石材边角，不产生粉末则说明密度高，硬度好。

## （三）人造石

"人造石"这个词是相对于天然石材而言的，从广义上理解就是非天然的，通过人工合成的石材都属于人造石范畴。

### 1.人造石的分类

① 人造石按照所用黏结剂不同，可分为有机类人造石材和无机类人造石材两类。

② 按其生产工艺过程的不同，又可分为聚酯型人造石材、复合型人造石材、硅酸盐型人造石材、烧结型人造石材四种类型。其中以聚酯型人造石材最为常用，其物理、化学性能最好。

③ 根据中华人民共和国建材行业标准《人造石》（JC/T 908—2013），人造石按其主要材料分为三类：实体面材类、石英石类、岗石类，如图4-2-9所示。

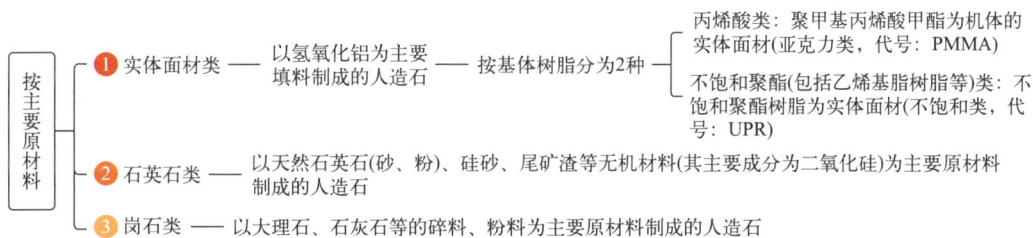

图4-2-9　人造石按主要材料分类

### 2.人造石的规格尺寸

实体面材类、石英石类、岗石类三种类型的人造石的规格尺寸如图4-2-10所示。

图4-2-10　人造石的规格尺寸

### 3.三类人造石生产工艺及应用范畴（表4-2-7）

表4-2-7 三类人造石生产工艺及应用范畴

| 项目分类 | 实体面材类 | 石英石类 | 岗石类 |
|---|---|---|---|
| 俗称 | 人造石 | 石英石 | 岗石、人造大理石 |
| 树脂含量/% | 30 | 7～9 | 5～15 |
| 主要填料 | 氢氧化铝粉、碳酸钙 | 石英砂（粉）、二氧化硅 | 大理石、石灰石 |
| 生产工艺 | 搅拌浇筑成片料 | 真空高温压制成片料 | 真空压制成放料后切片 |
| 应用范畴 | 家具台面 | 地面、墙面、家具台面 | 地面、墙面、家具台面 |
| 辨别方法 | 密度低于2.1g/cm³的为实体面材类 | 用食用醋滴在人造石上，有气泡则为岗石类，无气泡则为石英石类 | |

### 4.人造石装饰板材的施工工艺及装饰构造

人造石装饰板材的铺贴法与大理石和花岗岩是一样的，只是饰面材料有所不同。主要有干挂法、湿挂法、湿贴法、胶贴法，根据设计的要求及材料的设计情况选择合适的施工方法进行铺贴。人造石干挂法构造如图4-2-11所示。人造石湿贴法构造如图4-2-12所示。

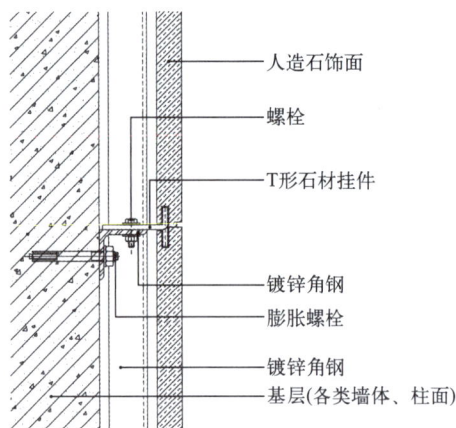

图4-2-11 人造石干挂法构造

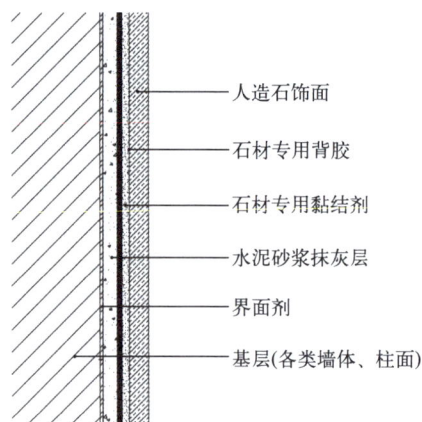

图4-2-12 人造石湿贴法构造

### 5.人造石的性能及应用

人造石色彩丰富，图案多样，装饰效果强；环保无毒，无放射性；结构紧密，不沾油，抗菌防霉，无污染；硬度强，耐磨损；可编辑性强，易加工，后期保养方便。在实际应用中人造石常用于各类空间的地面及各类家具台面（橱柜台面使用频率较高）。人造石橱柜台面如图4-2-13所示。

(a)                                    (b)

图4-2-13　人造石橱柜台面

## 二、块材墙柱面

块材墙柱面主要是指块材中的瓷砖类产品，一般用于室内外住宅建筑设计、公共建筑室内设计及城市公共设施建设中。其中材质属性有一定的差异，但品牌及工艺构造基本相同，其装饰构造如图4-2-14所示。

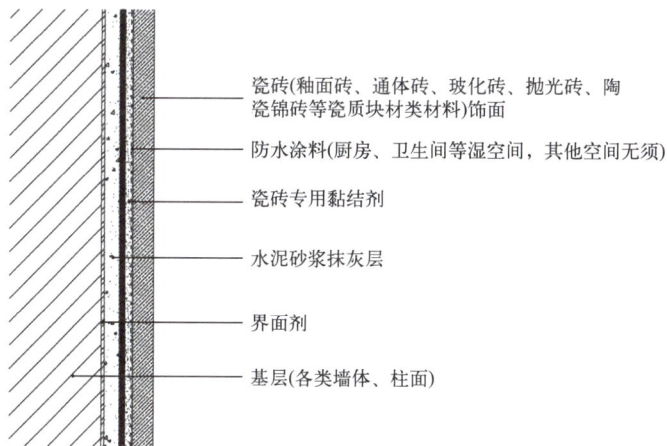

瓷砖(釉面砖、通体砖、玻化砖、抛光砖、陶瓷锦砖等瓷质块材类材料)饰面

防水涂料(厨房、卫生间等湿空间，其他空间无须)

瓷砖专用黏结剂

水泥砂浆抹灰层

界面剂

基层(各类墙体、柱面)

图4-2-14　瓷质块材类材料饰面构造

### （一）釉面砖

#### 1.釉面砖的类型及特点

釉面砖是指砖表面烧有釉层的砖，由底坯和表面釉层两个部分构成，按其底坯材料的不同可以分为陶质釉面砖和瓷质釉面砖，按其光泽度可分为亮光和亚光两大类。釉面砖表面可

以做各种图案和花纹，比抛光砖的色彩和图案丰富，因为表面是釉料，所以耐磨性不如抛光砖。釉面砖的类型及特点见表4-2-8。釉面砖（仿古砖）侧面和瓷质坯体背面如图4-2-15所示。釉面砖结构分层如图4-2-16所示。

表2-2-8　釉面砖的类型及特点

| 分类方法 | 类型 | 特点 |
| --- | --- | --- |
| 底坯材料的不同 | 陶质釉面砖 | 陶土烧制，背部坯体偏红色，空隙较大，强度较低，吸水率较高，价格便宜，在装饰工程中采用较少 |
| | 瓷质釉面砖 | 瓷土烧制，背部坯体偏灰白色，质地紧密，强度较高，吸水率低，在装饰工程中应用广泛 |
| 光泽度 | 亮光 | 适合于制造"干净"的效果 |
| | 亚光（仿古） | 适合于制造"时尚"的效果。市场流行的仿古砖即为亚光的釉面砖，其"仿古"是特意将釉面砖的表面打磨成不规则的纹理，制作成古旧、自然的感觉，表面凹凸不平，具有良好的防滑性 |

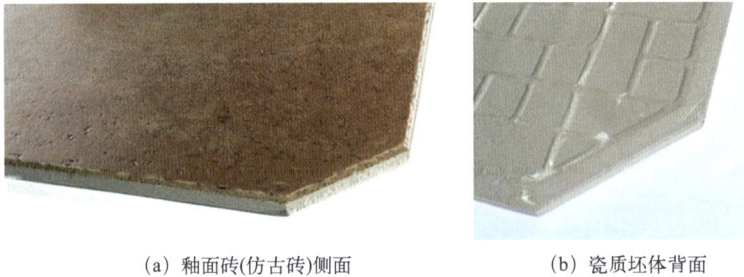

（a）釉面砖(仿古砖)侧面　　　　　（b）瓷质坯体背面

图4-2-15　釉面砖（仿古砖）侧面和瓷质坯体背面

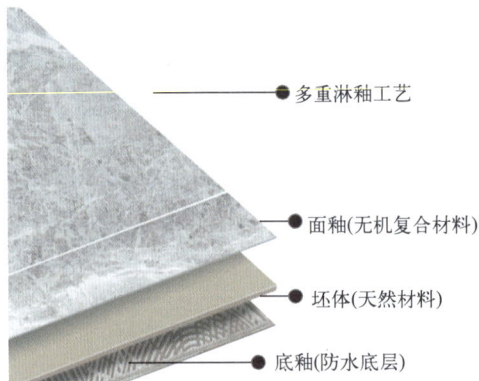

多重淋釉工艺

面釉(无机复合材料)

坯体(天然材料)

底釉(防水底层)

图4-2-16　釉面砖结构分层

### 2.釉面砖的常用规格

釉面砖的规格很多，可根据不同的功能空间及风格选择适合的尺寸。釉面砖尺寸见表4-2-9。

表4-2-9　釉面砖尺寸

| 形状 | 规格/mm | 厚度/mm |
|---|---|---|
| 正方形 | 100×100、152×152、200×200、300×300、600×600、800×800 | 8~10 |
| 长方形 | 152×200、200×300、250×330、300×450、600×300 | |

### 3.釉面砖的应用、工艺及装饰构造

在住宅类室内空间中，釉面砖主要用于厨房和卫生间的墙面、地面，可根据空间的整体风格选择合适的色彩、纹理、图案等。公共建筑空间中则根据内部装修风格选择与之匹配的釉面砖。

釉面砖墙面施工工艺属于瓷砖类块材施工，仅限于最外层的装饰材料不同而已。其装饰构造可见如图4-2-14所示的瓷质块材类材料饰面构造。

### 4.釉面砖的选购

釉面砖的品牌很多，每个品牌下又分为不同等级的产品。一般情况下，在选择釉面砖的时候一般用以下几个方法。

**（1）检查外包装**

产品包装箱上是否有厂名、厂址，以及产品名称、规格、等级、数量、商标、生产日期和执行的标准。

**（2）目测**

面层釉面平滑、细腻、无色差；亮光的釉面砖光泽亮丽、亚光的釉面砖光泽柔和舒适；有花纹的砖花色图案清晰；产品尺寸偏差较小，四边等长；釉面砖平面无翘曲，平整度好。

**（3）听声音**

轻敲釉面砖，声音清脆说明密度和硬度高，质量好。若是劣质产品，敲击时会发出闷闷的声音。

**（4）测吸水率**

在没有专业工具的情况下，将一杯水倒在釉面砖背面，如水渍扩散迅速，说明吸水率偏高，为劣质产品；如水不扩散，吸收速度越慢，则吸水率越小，品质为优。

## （二）通体砖

通体砖是指将岩石碎屑经过高压压制后烧制而成的一种砖，其表面不上釉，正面与反面的材质和色泽一致的瓷砖，因为通体一致，所以称为通体砖。通体砖表面抛光打磨后与天然石材硬度一致，因此又叫耐磨砖和无釉砖。虽然现在还有渗花通体砖等品种，但相对来说，其花色比不上釉面砖。

### 1.通体砖的特点及应用

通体砖耐磨性好，防滑性能好，市场上的防滑地砖一般都是通体砖。通体砖吸水率低、耐磨性好，装饰效果古香古色、纯朴自然，可用于室内外墙面及地面的装饰。因其表面较为粗糙，用于建筑外墙可以减少光污染。目前住宅空间及公共建筑空间室内装饰中所用的通体

砖为表面经过抛光处理形成的抛光砖和玻化砖。

## 2.通体砖的种类及规格

通体砖的种类有很多，后面提到的抛光砖及玻化砖其实也是属于通体砖的一种。根据原料配比的不同可以分为纯色通体砖、混色通体砖、颗粒布料通体砖；根据表面形状可分为平面、波纹面、劈开砖面、石纹面等；根据成型方式可分为挤出成型、干压成型等。常见的通体砖产品有耐磨砖、抛光砖、仿古砖、广场砖、超市砖、外墙砖等。

通体砖的规格很多，小规格的有外墙砖，中规格的有广场砖，大规格的有耐磨砖、抛光砖等。通体砖常见尺寸见表4-2-10。

表4-2-10 通体砖常见尺寸

| 长度/mm | 宽度/mm | 厚度/mm | 长度/mm | 宽度/mm | 厚度/mm |
|---|---|---|---|---|---|
| 45 | 45 | 5 | 400 | 400 | 6 |
| 45 | 95 | 5 | 500 | 500 | 6 |
| 108 | 108 | 13 | 600 | 600 | 8 |
| 200 | 200 | 13 | 800 | 800 | 10 |
| 300 | 300 | 5 | | | |

## 3.通体砖的选购

通体砖的品牌很多，每个品牌下又分为不同等级的产品。在选择通体砖的时候一般用以下几个方法。

**（1）检查外包装**

产品包装箱上是否有厂名、厂址，以及产品名称、规格、等级、数量、商标、生产日期和执行的标准。

**（2）目测**

砖体通体材质一致，无色差；表面色泽均匀，纹样清晰，光泽度及平整度较好；四周规整，无变形、缺棱少角等现象。

**（3）检查耐磨性**

通体砖耐磨性非常好，表面不易刮花。

## （三）抛光砖

抛光砖是指通体砖坯体的表面经过打磨而成的一种光亮的砖，严格地说抛光砖属通体砖的一种。但市面上更多的是将抛光砖作为单独的砖种推出，所以这里不将抛光砖纳入通体砖范畴进行讲解。

### 1.抛光砖的特点及应用

相对通体砖而言，抛光砖表面要光洁得多。抛光砖坚硬耐磨，再运用渗花技术，可以做出各种仿石、仿木的纹理效果，广泛应用于各类室内空间。同时抛光砖具有良好的再加工性能，可任意进行切割、打磨等处理，所以其使用范围很广，可在住宅建筑空间和公共建筑空间的墙面、地面使用。但其因其抛光后表面过于光滑，防滑性能较差，不建议用在厨房、卫生间等用水较多的空间地面，但可以用于其墙面。各种仿石纹效果抛光砖如图4-2-17所示，仿木纹效果抛光砖如图4-2-18所示。

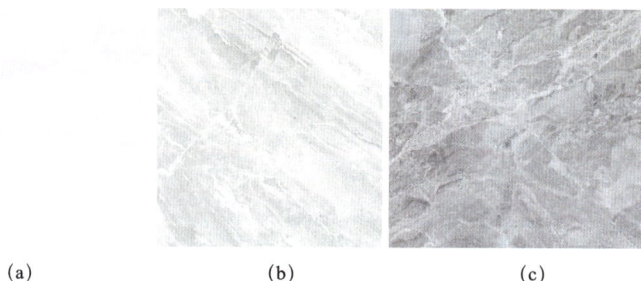

(a)　　　　　　　　(b)　　　　　　　　(c)

图4-2-17　各种仿石纹效果抛光砖

| K1223440MA | K1223441MA | K1223435MA | K1223436MA |
| 1200mm×200mm | 1200mm×200mm | 1200mm×200mm | 1200mm×200mm |

| K1223442MA | K1223443MA | K1223437MA | K1223438MA |
| 1200mm×200mm | 1200mm×200mm | 1200mm×200mm | 1200mm×200mm |

图4-2-18　仿木纹效果抛光砖

### 2.抛光砖的常用规格

抛光砖的规格很多，目前主要是大规格尺寸的抛光砖于墙面，整体装饰效果更好。抛光砖常见尺寸规格见表4-2-11。

表4-2-11　抛光砖常见尺寸规格

| 长度/mm | 宽度/mm | 厚度/mm | 备注 |
| --- | --- | --- | --- |
| 400 | 400 | 6 | 正方形常规砖，其中600mm×600mm、800mm×800mm为室内空间常用尺寸 |
| 500 | 500 | 6 | |
| 600 | 600 | 8 | |
| 800 | 800 | 10 | |
| 1000 | 1000 | 10 | 正方形大砖，住宅室内空间少用，适用于公共建筑空间 |
| 1200 | 600 | 12 | 长方形大砖，住宅室内空间少用，适用于公共建筑空间 |
| 1200 | 1200 | 12 | 特大号砖，一般情况下很少用。住宅室内空间可用于背景墙饰面，适用于公共建筑空间 |
| 1800 | 1200 | 12 | |

### 3.抛光砖的选购

抛光砖属于通体砖范畴，其选购要点与通体砖的内容相同。

## （四）玻化砖

玻化砖可以认为是抛光砖的一种升级产品，其全名是玻化抛光砖，市场上有时也称为全瓷砖。玻化砖是在通体砖的基础上加以玻璃纤维经过三次高温烧制而成的，砖面与砖体通体一色，质地比抛光砖更硬、更耐磨，是瓷砖中最硬的一个品种。全瓷通体大理石系列产品如图4-2-19所示。

图4-2-19　全瓷通体大理石系列产品

### 1.玻化砖的特点及应用

近几年，随着陶瓷技术的发展，大规模的瓷质花岗岩、大理石玻化砖已经成为建筑室内空间装饰的主流材质。其材质装饰性强，具有天然大理石及花岗岩的图案、纹理，更具有高光度、高硬度、高耐磨、吸水率低、色彩少等特点。玻化砖常用于公共建筑空间及住宅空间的墙面装饰中。

### 2.玻化砖的常用规格

玻化砖的规格很多，目前在墙面上主要使用的是大规格尺寸的抛光砖，整体装饰效果更好，其中1600mm×800mm、2400mm×1200mm大尺寸规格属于背景墙砖，主要用于背景墙面材质。玻化砖常见尺寸规格见表4-2-12。

表4-2-12　玻化砖常见尺寸规格

| 长度/mm | 宽度/mm | 厚度/mm |
|---|---|---|
| 400 | 400 | 6 |
| 500 | 500 | 6 |
| 600 | 600 | 8 |
| 800 | 800 | 10 |
| 1000 | 1000 | 10 |
| 1500 | 750 | 10 |
| 1600 | 800 | 10 |
| 2400 | 1200 | 10 |

### 3.玻化砖的选购

玻化砖属于通体砖范畴，其选购要点与通体砖的内容相同。

## （五）陶瓷锦砖

陶瓷锦砖俗称陶瓷马赛克或纸皮砖，起源于古希腊，由优质瓷土烧制而成，一般做成18.5mm×18.5mm×5mm、39mm×39mm×5mm的小方块，或边长为25mm的六角形等，然后贴于牛皮纸上，形成色彩丰富、图案繁多的陶瓷装饰砖。

### 1.陶瓷锦砖的特点

陶瓷锦砖因其材质属于瓷质砖的范畴，因此质地坚实，能耐酸、耐碱、耐火、耐磨，抗压力强，吸水率低，不渗水，易清洗、色彩丰富、图案多样、容易组合编辑，装饰效果强，常用于墙面重点装饰部位。

### 2.陶瓷锦砖的品种

陶瓷锦砖可按材质、表面质地、形状、色泽和用途进行分类，具体见图4-2-20和图4-2-21所示。

### 3.陶瓷锦砖的规格

陶瓷锦砖是由各种不同规格的数块瓷砖粘贴在牛皮纸或粘在专用的尼龙丝网上拼成联而构成的，其规格尺寸如图4-2-22所示。

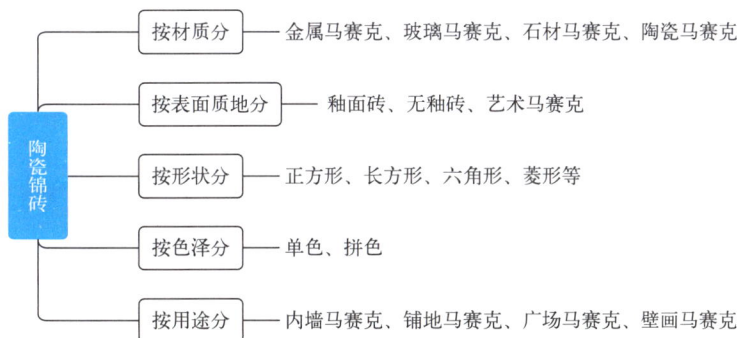

图4-2-20 陶瓷锦砖的分类

陶瓷锦砖 —— 按材质分 —— 金属马赛克、玻璃马赛克、石材马赛克、陶瓷马赛克
　　　　 —— 按表面质地分 —— 釉面砖、无釉砖、艺术马赛克
　　　　 —— 按形状分 —— 正方形、长方形、六角形、菱形等
　　　　 —— 按色泽分 —— 单色、拼色
　　　　 —— 按用途分 —— 内墙马赛克、铺地马赛克、广场马赛克、壁画马赛克

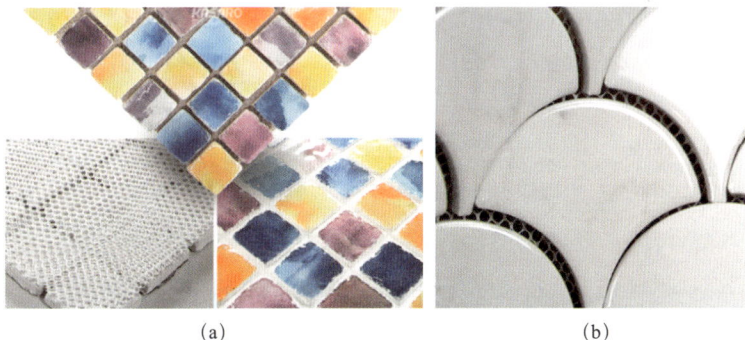

（a）　　　　　　　　　　　（b）

图4-2-21 正方形、鱼鳞形陶瓷锦砖

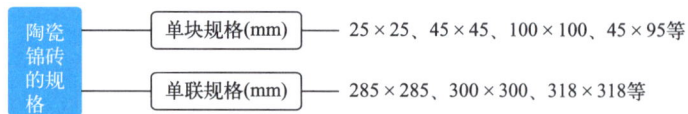

図4-2-22 陶瓷锦砖的规则尺寸

陶瓷锦砖的规格
- 单块规格(mm) —— 25×25、45×45、100×100、45×95等
- 单联规格(mm) —— 285×285、300×300、318×318等

### 4.陶瓷锦砖的应用

陶瓷锦砖的应用非常丰富，在住宅空间设计中常用于卫生间、厨房空间、休闲阳台等空间的墙地面；同时在公共建筑空间中也常用于喷泉、游泳池、酒吧空间、娱乐空间、体育馆等空间的墙地面装饰。陶瓷锦砖实景如图4-2-23所示。

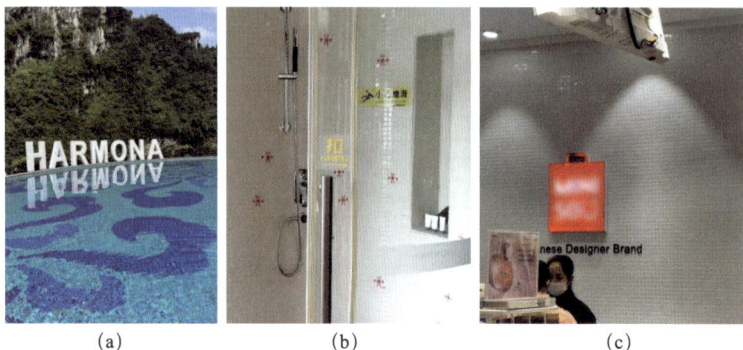

(a)　　　　　　(b)　　　　　　(c)

图4-2-23 陶瓷锦砖实景

## 【课后习题】

### 一、填空题

1.墙柱面大理石的铺贴主要有（　　　）法、（　　　）法、（　　　）法、（　　　）法，根据设计的要求及材料的设计情况选择合适工艺进行铺贴。

2.釉面砖是指砖表面烧有釉层的砖，由底坯和表面釉层两个部分构成，按其底坯材料的不同可以分为（　　　）釉面砖和（　　　）釉面砖。

3.玻化砖可以认为是抛光砖的一种升级产品，其全名是玻化抛光砖，市场上有时也称为（　　　）砖。

### 二、选择题

1.天然石材按其形成特点一般分为哪几种？（　　　）

A.火成岩
B.沉积岩
C.变质岩
D.砂岩

2.人造石材按其生产工艺可以分为哪几种？（　　　）

A.聚酯型人造石材
B.复合型人造石材
C.硅酸盐型人造石材
D.烧结型人造石材

3.人造石材常见的厚度为（　　　）。

A.8mm
B.10mm
C.12mm
D.15mm

三、判断题

1.天然大理石属于变质岩，主要化学成分为氧化钙、氧化镁及微量的氧化硅和氧化铝等。（    ）

2.花岗岩属于深成火成岩，其主要矿物组成为长石、石英和少量云母等。其质地坚硬、抗压性好，孔隙率及吸水率低，具有良好的耐酸、耐磨性。（    ）

3.人造石色彩丰富，图案多样，装饰效果强；环保无毒，无放射性；结构紧密，不沾油，抗菌防霉，无污染；硬度高，耐磨损；可编辑性强，易加工，后期保养方便。（    ）

4.釉面砖表面可以做各种图案和花纹，比抛光砖的色彩和图案丰富，因为表面是釉料，所以耐磨性比抛光砖好。（    ）

5.通体砖是将岩石碎屑经过高压压制后烧制而成的一种砖，其表面不上釉，正面与反面的材质和色泽一致的瓷砖，因为通体一致，所以称为通体砖。（    ）

6.陶瓷锦砖属于瓷质砖的范畴，质地坚实，能耐酸、耐碱、耐火、耐磨，抗压力强，吸水率小，不渗水，易清洗，色彩丰富、图案多样、容易组合编辑，装饰效果强，常作为墙面一般装饰部位。（    ）

四、简答题

1.通常怎样选购大理石？

2.通常怎样选购釉面砖？

五、绘制题

1.绘制大理石湿贴法构造图。

2.绘制花岗石干挂法构造图。

3.绘制瓷质块材类材料饰面构造图。

# 模块三
# 墙柱面胶粘类材料与构造

## 一、木饰面墙柱面

在墙柱面装饰中，木饰面的装饰形式非常丰富，同时构造层次也是多种木制材料的综合运用。一般情况下，定义木饰面的含义，有广义和狭义之分，广义上是指所有表面呈现木纹的材料都叫木饰面，包括实木板材、木纹转印铝板、科定板等；狭义上是指人造板饰面板和实木板。根据不同的分类形式又有很多的分支，具体见图4-3-1。各类木饰面墙面装饰实例见图4-3-2。此部分以天然薄木饰面板为主要内容进行讲解。

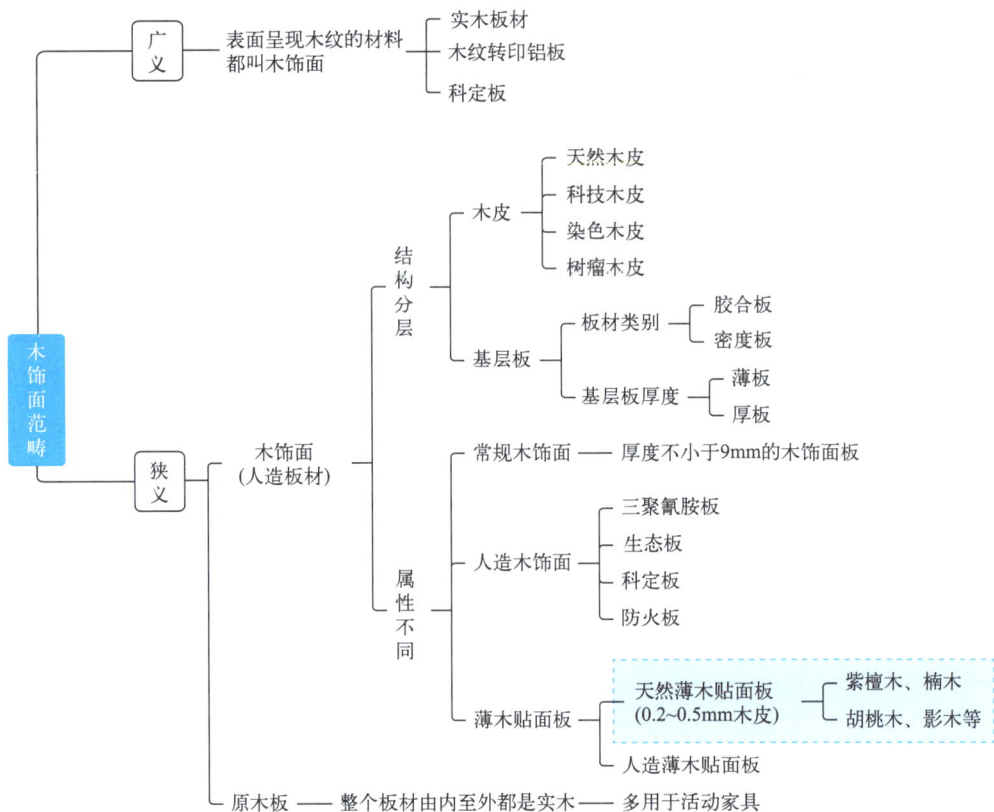

图4-3-1 木饰面范畴

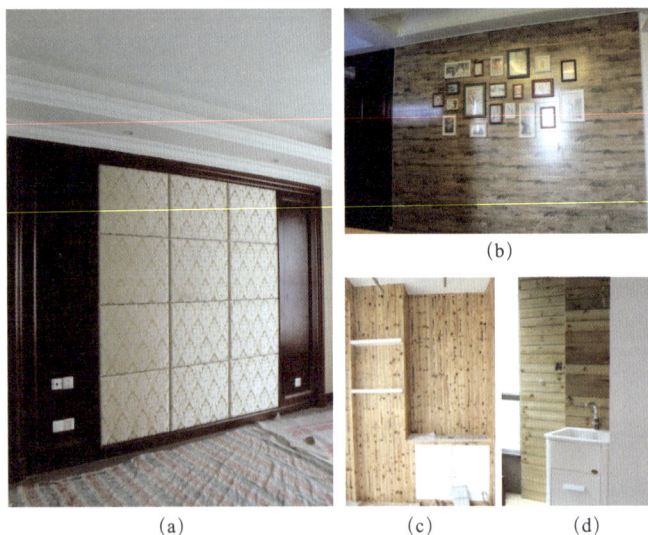

图4-3-2 各类木饰面墙面装饰实例

## 1.天然薄木贴面板（装饰面板）概述

天然薄木贴面板（装饰面板），俗称饰面板（图4-3-3），是将实木木料通过精密刨切成厚度为0.2～0.5mm的木皮，再以胶合板为基层，经过胶粘等一系列的工艺加工制成的木饰面板。其装饰效果取决于实木木料本身的木纹、色彩等，常见的如胡桃木木纹、水曲柳木纹、影木木纹、紫檀木木纹等；其物理性能取决于基层所用材料，常见的基材有胶合板和密度板。

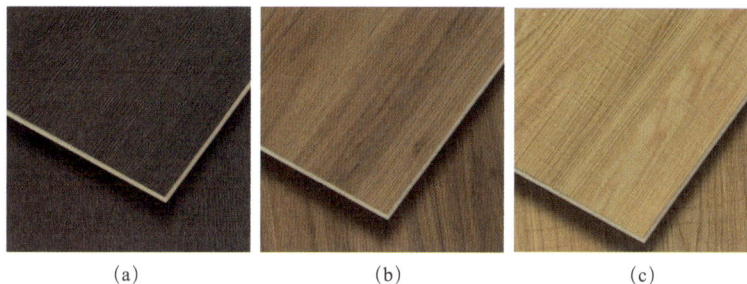

(a)          (b)          (c)

图4-3-3　天然木饰面装饰板

### 2.装饰面板的主要规格

装饰面板的主要规格，根据国标规定，装饰面板的规格如表4-3-1所示。市面上常见的规格为1220mm×2440mm×3mm。

表4-3-1　装饰面板的规格

| 板幅/mm | 1220×2440；1220×2800；1220×3000；1220×3200；1220×3400；1220×3600；1220×3800（市面上主要以1220×2440为主） |
| --- | --- |
| 厚度/mm | 2.5、3.0、3.6、4.0、5.0、6.0、9.0、12.0、15.0、18.0等 |

### 3.装饰面板的特点

天然薄木贴面板，其表层采用天然木皮制成，展现出自然而丰富的纹理，具备强烈的质感和多样化的色彩，从而实现了优异的饰面效果。然而，鉴于其天然材料的特性，该产品的价格相对较高。

## 二、金属饰面墙柱面

金属饰面主要指用金属饰面板进行墙柱面的装饰。常见的金属墙板主要有铝合金饰面板、不锈钢饰面板、铝塑板、钛金板。其造型有扣板、条板、方板、弧形板。金属板具有质轻、坚硬、色彩丰富、抗腐蚀、易加工等特点。

金属板在装饰构造做法上需要应用扣板龙骨、铝合金龙骨、木龙骨等进行固定。在实际墙面应用过程中根据具体的设计要求和装饰效果选择合适的材料及合适的固定方法进行装饰饰面工程的施工。

### （一）铝合金饰面板

"铝合金饰面板"这一表述相对单一。当前，应用于墙面装饰的铝合金材料，其呈现形式不限于板材，还包括了具备多样工艺、色彩与纹样的单板，呈现各种色彩纹样的方通，弧形铝方通以及铝窗花等。这些铝合金装饰材料具有质量轻、防火防潮、抗腐蚀、抗氧化且环保无毒等特性。各类铝合金板的规格、工艺、表面处理及颜色图案详见表4-3-2。本章节内容将以铝单板为主要讲解内容。

表4-3-2　各类铝合金饰面板的规格、厚度、生产工艺、表面处理及颜色图案

| 种类 | 规格/mm | 厚度/mm | 生产工艺 | 表面处理 | 颜色图案 |
|---|---|---|---|---|---|
| 铝单板 | 800×800、600×1200、1000×1500等，可定制 | 1.5、2.0、2.5、3.0、4.0、5.0等 | 切割、折弯、雕刻、烧焊、打磨 | 静电粉末、聚酯油漆、氟碳油漆、仿石纹、仿木纹、热转印 | 颜色、图案可以根据设计要求定制 |
| 弧形铝方通 | 30×50、30×100、50×100、50×200等 | | | | |
| 铝方通（四方管、凹凸槽铝方管） | 30×50、30×80、30×100、50×80、50×100、80×120等 | 0.5～0.9 | 拉弯、切割 | | |
| 铝窗花 | 30×50、30×80、30×100、50×80、50×100、80×120等，可定制 | 1.2～20 | 烧焊、切割 | | |

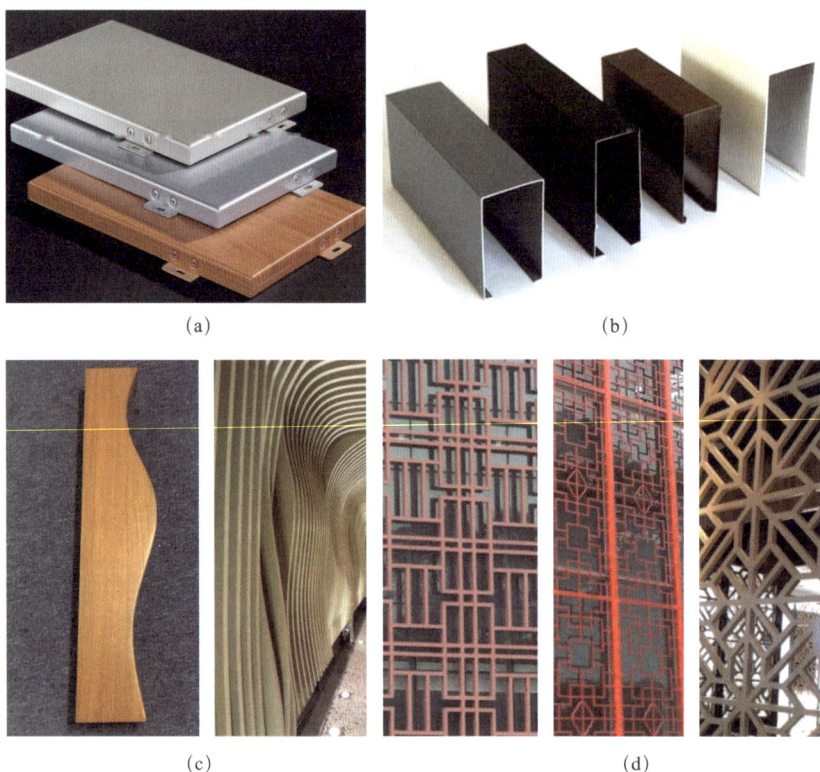

(a)　　　　　　　　(b)

(c)　　　　　　　　(d)

图4-3-4　铝单板、铝方通、弧形铝方通、铝窗花

### 1. 铝单板概述

铝单板又称氟碳铝单板，是采用铝合金板材为基材，经过铬化等处理后，再经过数控折

弯等技术成形，最后采用氟碳或粉末喷涂技术，加工形成的建筑装饰材料。人们常说的木纹转印铝板、冲孔铝板、仿石材铝板、镜面铝板等都属于这类。铝单板图案造型如图4-3-5所示。铝板结构分解如图4-3-6所示。

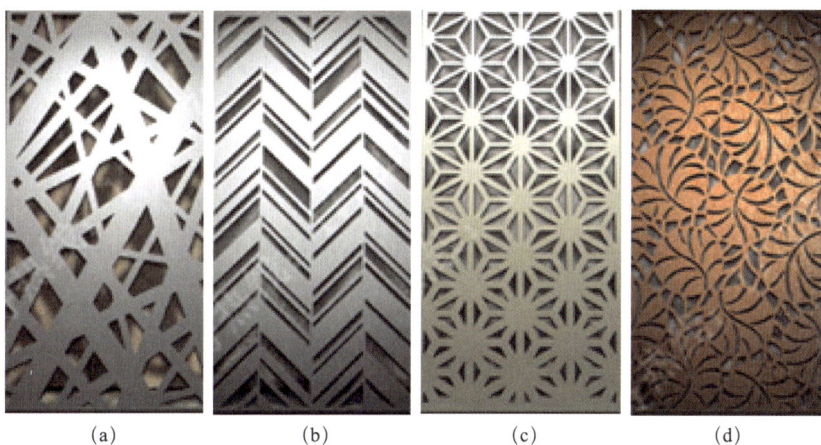

(a)          (b)          (c)          (d)

图4-3-5　铝单板图案造型

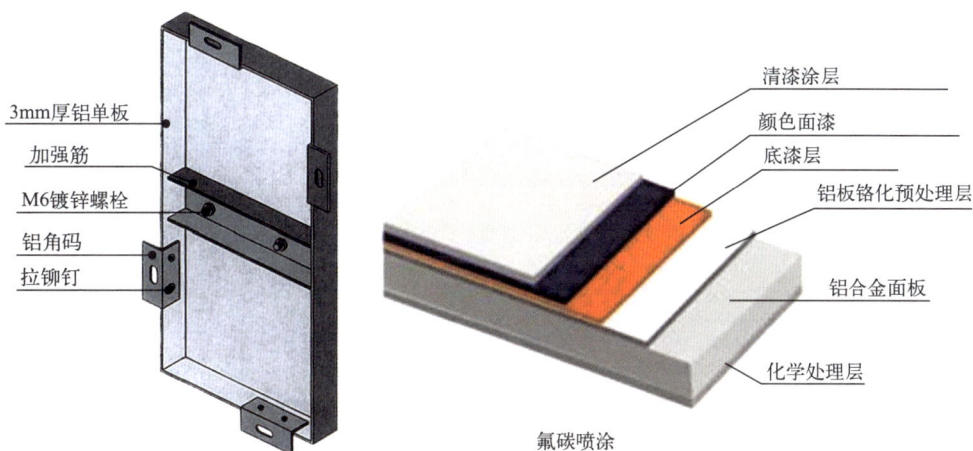

3mm厚铝单板
加强筋
M6镀锌螺栓
铝角码
拉铆钉

清漆涂层
颜色面漆
底漆层
铝板铬化预处理层
铝合金面板
化学处理层

氟碳喷涂

图4-3-6　铝板结构分解

## 2.铝单板的规格

铝单板的常规厚度为2.5mm、3mm、4mm，有特殊需求的可以做得更薄（1.5mm、2mm）或更厚。最为常见的规格是600mm×600mm、600mm×1200mm，大规格尺寸的可以做到6000mm×2000mm，针对定制板的特殊尺寸可以做到8000mm×1800mm。

## 3.铝单板的特点

铝单板具有质轻、强度高；耐久性和耐腐蚀性较好；易加工，可制成平面、弧形和球面等多种几何形状，满足复杂的造型设计要求；不易沾污，自清洁性良好；施工方便；可回收再利用，有利环保等特点。铝单板建筑外观实景案例如图4-3-7所示。

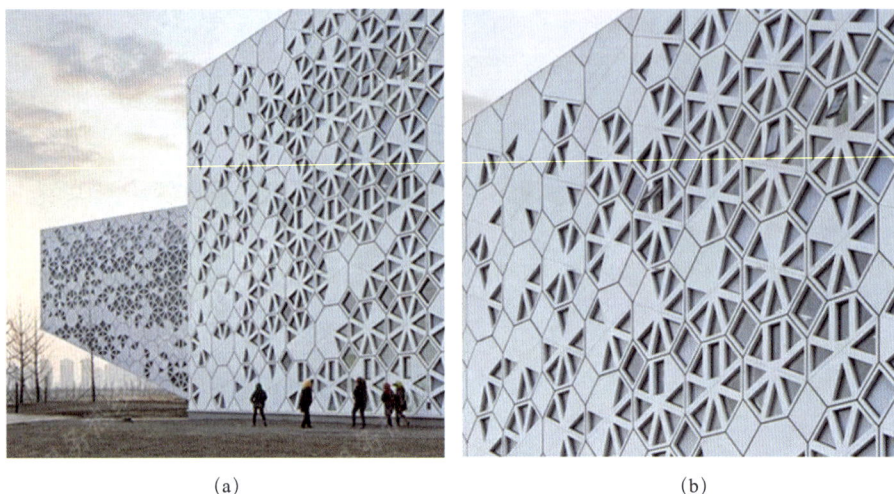

(a)        (b)

图4-3-7 铝单板建筑外观实景案例

### 4.铝单板表面处理工艺

铝单板表面处理工艺有6种，可形成不同的装饰效果及功能，如图4-3-8所示。

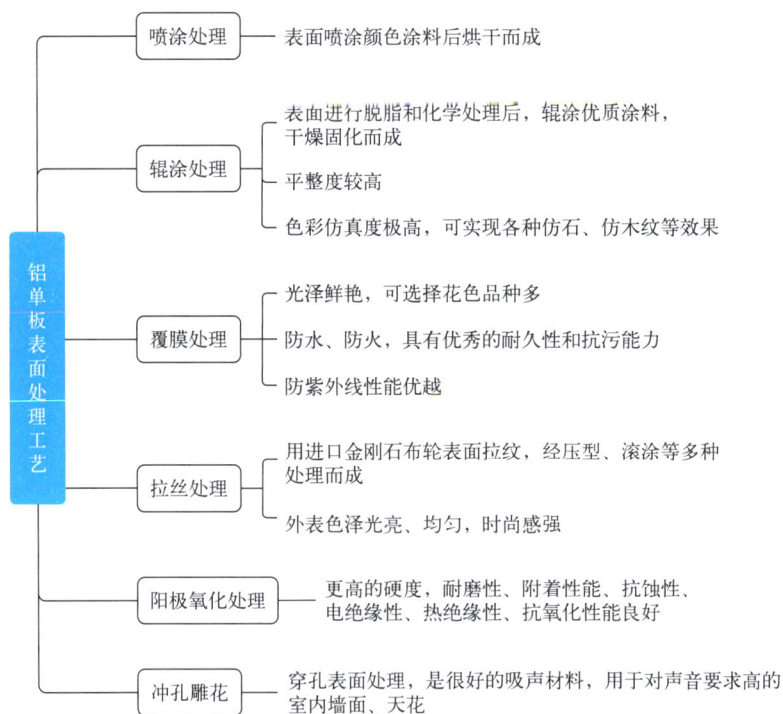

图4-3-8 铝单板表面处理方式

### 5.铝单板的构造做法

铝单板的构造做法根据其基础材质的不同以及装饰效果的不同，常见的有3种，具体如图4-3-9所示。铝单板常见构造做法结构剖面图如图4-3-10所示。

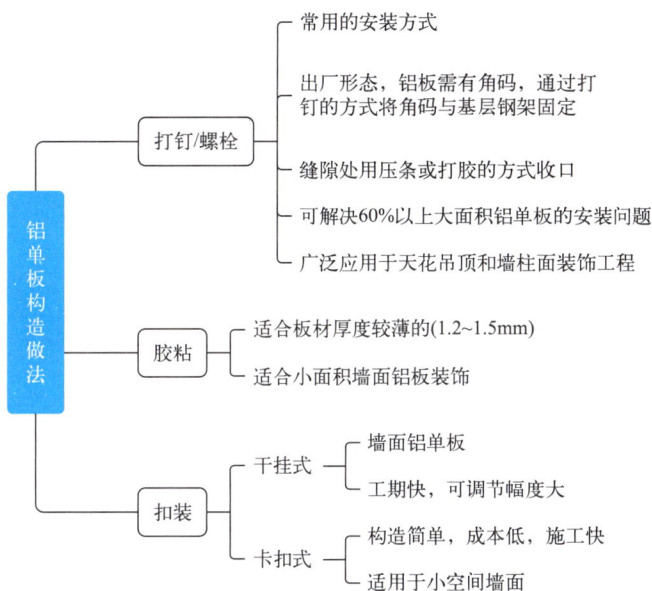

图4-3-9　铝单板常见构造做法

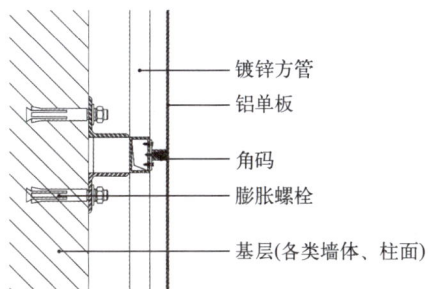

图4-3-10　铝单板常见构造做法结构剖面图

## （二）不锈钢饰面板

不锈钢是指在普通碳钢的基础上加入质量分数大于12%的合金元素铬（Cr），使钢材表面形成一层氧化铬膜层，称为钝化膜，使其与外界介质隔离而不易发生化学作用，从而保持金属光泽，具有不易生锈的特性。其铬的含量越高，钢饰面板的耐腐蚀性越好。除了铬以外，不锈钢中还含有镍（Ni）、锰（Mn）、钛（Ti）、硅（Si）等元素，它们都影响着不锈钢的强度、塑性、韧性及耐腐蚀性。

### 1.不锈钢的分类

不锈钢的分类方式非常丰富，如图4-3-11所示。表面效果不同的不锈钢饰面板如图4-3-12所示。波纹不锈钢用于天花吊顶的实例如图4-3-13所示。不锈钢的应用实例如图4-3-14所示。

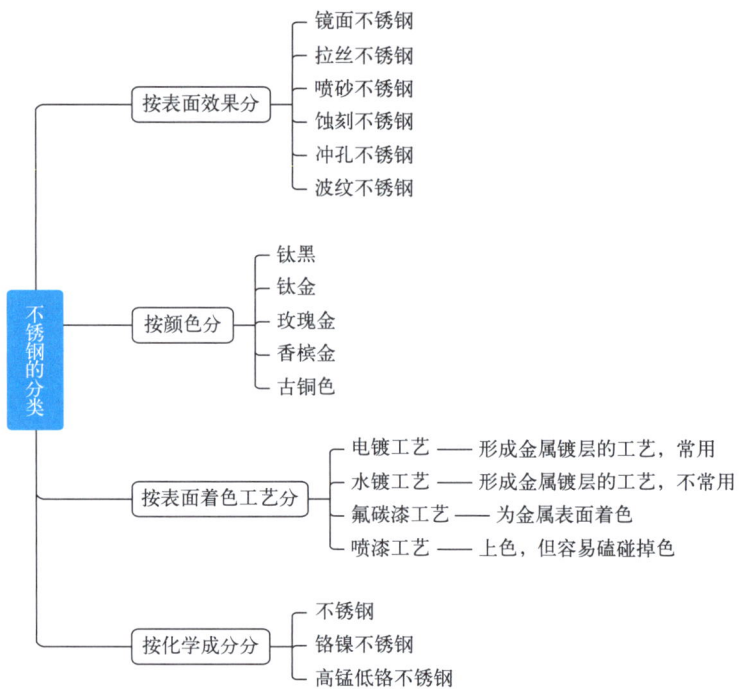

图4-3-11　不锈钢的分类

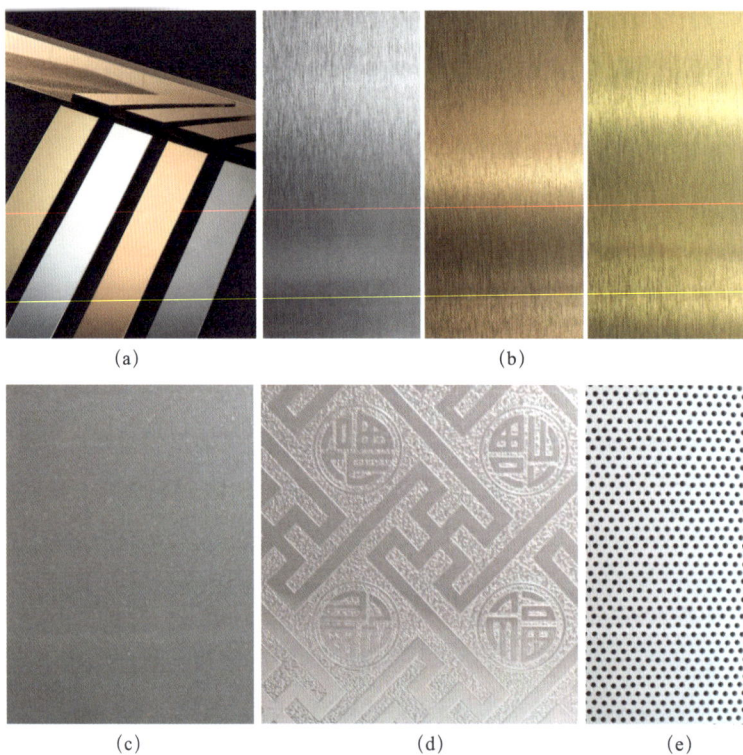

图4-3-12　表面效果不同的不锈钢饰面板

图4-3-13　波纹不锈钢用于天花吊顶的实例

(a)　　　　　　　　(b)　　　　　　　　(c)

(d)

(e)　　　　　　　　　　　(f)

图4-3-14　不锈钢的应用实例

### 2.不锈钢饰面板的特点

不同工艺的不锈钢产品具有各自的特点，总体来说不锈钢饰面板都具有耐火、耐潮、耐腐蚀、不易变形、不会破碎、安装施工方便、后期维护方便、使用寿命长等特点。如镜面不锈钢板光亮如镜，其反射率、变形率均与镜面玻璃相似，但却有着与镜面玻璃不同的装饰效果，更显高级。

### 3.不锈钢饰面板的规格

不锈钢饰面板主要指的是厚度小于2mm的不锈钢薄板，宽度为500~1000mm，长度一般为2000~3000mm，厚度一般有0.35mm、0.4mm、0.5mm、1.0mm、1.2mm、1.4mm、1.5mm、1.8mm、2.0mm。

### 4.不锈钢饰面板的构造做法

不锈钢饰面板与基层材料的固定以胶粘方式为主，对应的构造如图4-3-15所示。

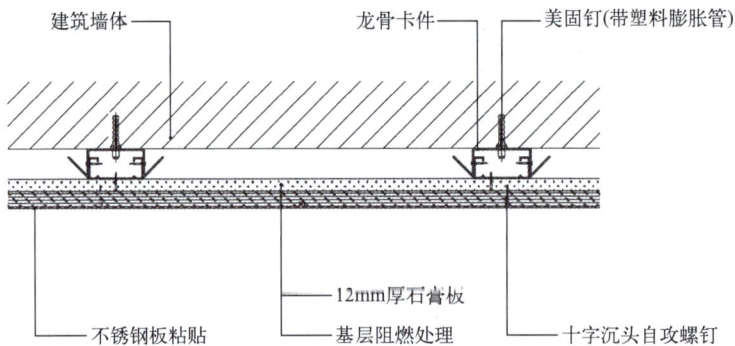

图4-3-15　不锈钢板饰面构造

## 三、玻璃饰面墙柱面

玻璃是以石英砂、纯碱、长石和石灰石等为主要原料，经熔融、成型、冷却固化而形成的非结晶无机材料。它具有透明性、良好的力学性能和热加工性质。早在公元前3700年，古埃及就已经制造出玻璃材质，但仅限于玻璃装饰品和玻璃器皿。1837年，平板玻璃问世，随着玻璃生产的工业化和规模化，各种用途和性能的玻璃越来越多，并开始用于建筑结构，解决了空间采光、通风、室内外视野等问题。同时玻璃作为装饰材料也用于室内各空间界面。

### （一）玻璃的分类

玻璃的种类很多，具体的分类形式如图4-3-16所示。

### （二）装饰性玻璃

#### 1.烤漆玻璃

烤漆玻璃是个泛称，背漆玻璃、釉面玻璃、璃彩釉玻璃都属于烤漆玻璃范畴。烤漆玻璃因工艺不同，主要可以分为油漆喷涂玻璃、彩色釉面玻璃和釉面玻璃，如图4-3-17和图4-3-18

所示。其中釉面玻璃因其具有较强的功能性和装饰性，在各类家具装饰、室内墙面装饰、门窗部分都广泛应用。

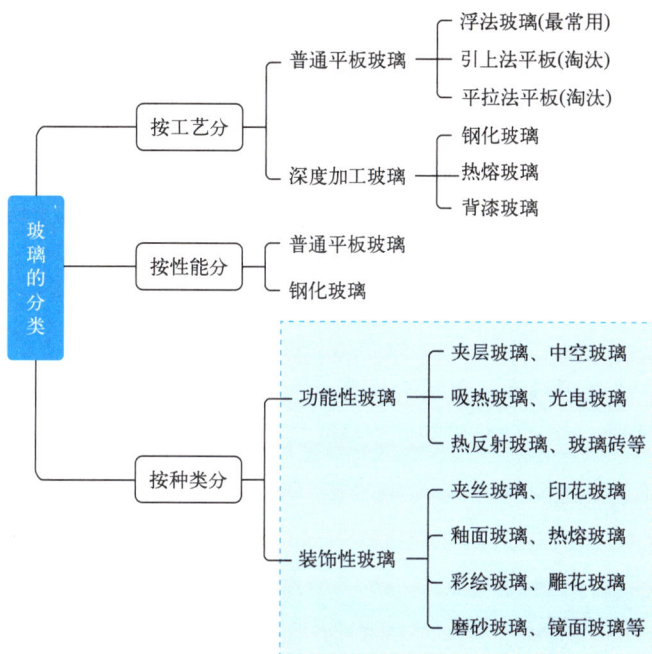

图4-3-16　玻璃的分类

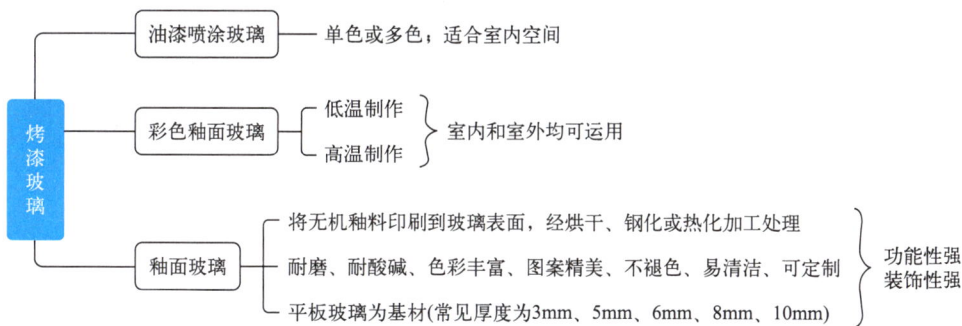

图4-3-17　烤漆玻璃的分类（思维导图）

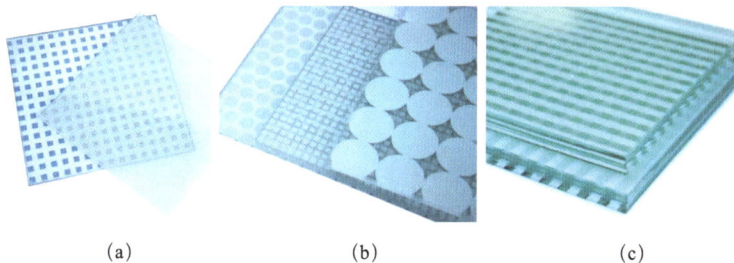

(a)　　　　　　(b)　　　　　　(c)

图4-3-18　釉面玻璃

### 2.夹丝玻璃

夹丝玻璃又名防碎玻璃，是一种安全玻璃，是将普通平板玻璃加热到红热软化状态时，再将预热处理过的铁丝或铁丝网压入玻璃中间形成的。夹丝玻璃具有优良的防火性能，高温燃烧的情况下不炸裂，不会形成碎片伤人，同时其还具有一定的防盗性能，适用于建筑天窗、阳台窗等空间。

### 3.印刷玻璃

印刷玻璃也称为印花玻璃，是基于印刷技术发展的工艺玻璃，可以将任何画面通过印刷的形式展现在玻璃上。印刷玻璃也可作为钢化、镀膜、夹层、中空玻璃的原片。印刷时可采用单面印刷和双面印刷。印刷玻璃厚度一般为2～15mm，规格尺寸可达2800mm×3700mm。

### 4.磨砂玻璃

磨砂玻璃又叫毛玻璃、喷砂玻璃，是用平板玻璃经机械喷砂、手工研磨（金刚砂研磨）或化学方法处理（如氢氟酸溶蚀）等，将表面处理成粗糙、不平整的半透明玻璃，如图4-3-19所示。磨砂玻璃透光不透视，又具有一定的装饰效果，一般多用在室内卫生间、浴室、门、窗、隔断墙面等处，起到既分隔空间视线又能引进光线的作用。

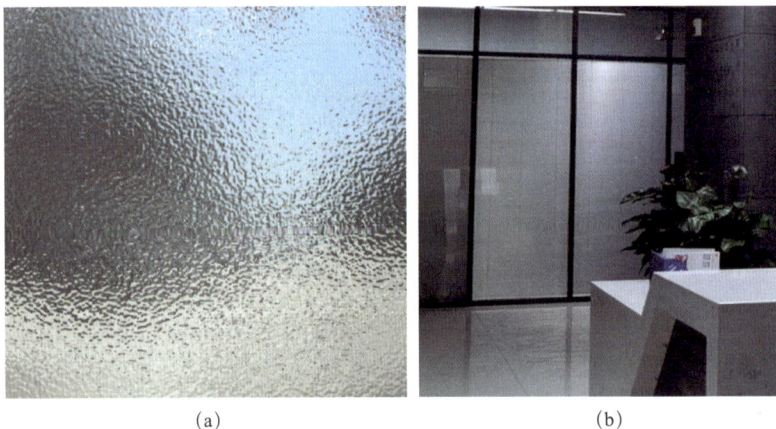

(a)　　　　　　　　　　(b)

图4-3-19　磨砂玻璃实例

### 5.压花玻璃

压花玻璃又叫花纹玻璃或滚花玻璃，是在圆形滚筒上雕刻花纹，然后滚压在玻璃表面上形成的。压花玻璃表面凹凸不平，表面图案可软化光线，调整空间室内光感，同时具有透光不透视的功能，能实现各种不同的模糊光影，以达到特别的装饰效果，如图4-3-20所示。在室内装饰中常用于家具、室内隔断、屏风以及灯饰上。

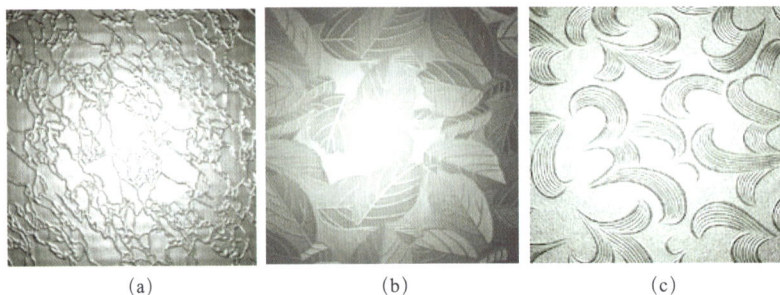

(a)　　　　　　　　　(b)　　　　　　　　　(c)

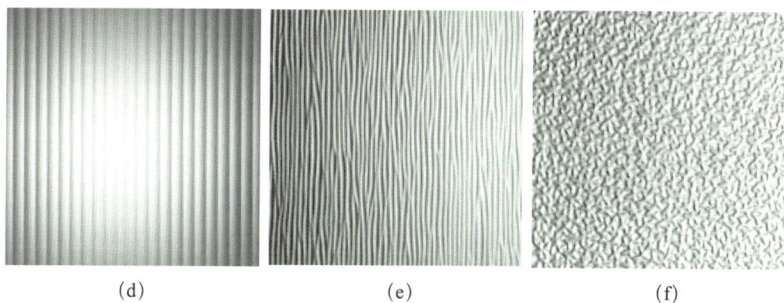

图4-3-20 压花玻璃

### 6.雕花玻璃

雕花玻璃又叫雕刻玻璃、刻花玻璃，是在平板玻璃上用机械或化学方法雕刻出图案或花纹的玻璃。雕花玻璃透光不透视，具有立体感，装饰效果好，多用于住宅空间、公共建筑空间隔断及背景墙。

常见的雕花玻璃分为人工雕刻及计算机雕刻两种，其中人工雕刻成本高，但是效果好，且创意丰富，形式多变。计算机雕刻又可分为机械雕刻和激光雕刻，其中激光雕刻为市场主流雕刻工艺。雕花玻璃常规厚度为3mm、5mm、6mm，常见模数最大规格为2400mm×2000mm。

### 7.镜面玻璃

镜面玻璃就是人们常说的镜子，是玻璃表面通过化学（银镜反应）或物理（真空铝）等方法形成反射极高的镜面反射玻璃制品，如图4-3-21所示。同时为了满足不同的装饰效果，

图4-3-21 镜面玻璃应用实例

还可对原片玻璃进行彩绘、磨刻、喷砂、化学蚀刻等加工工艺，形成具有各种花纹图案或字画的镜面玻璃。

在装饰工程中，常用的镜面玻璃有明镜、茶镜、墨镜、彩绘镜和雕刻镜等。通过镜面反射和折射可以满足功能的需求，也可以使空间增加扩大或延长感，并能有效改变空间光照效果。

### （三）功能性玻璃

功能性玻璃主要是指满足建筑空间的某种特有功能而制作的玻璃。例如中空玻璃是为了满足隔声的需求；夹层玻璃是为了满足安全的需求；光电玻璃是为了满足展示的需求；吸热玻璃是为了满足吸收太阳辐射的需求；热反射玻璃对光线具有反射和遮蔽的作用。这些常见的功能性玻璃主要运用于建筑构件中，但从内部看，也是室内界面中常见的材料。

#### 1. 夹层玻璃

夹层玻璃是一种泛称，是指两片或多片玻璃之间夹了一层或多层有机聚合物中间膜，再经高温加热、加压黏合而成的平面或曲面的复合玻璃产品，如图4-3-22所示。其玻璃原片可以是浮法玻璃、钢化玻璃、彩色玻璃、吸热玻璃等。常见的中间膜材料有PVB、SGP、EVA、PU等。常见的夹层材料有纸、布、植物、丝、绢、金属丝、胶等。还有些特殊的中间膜材料，如彩色中间膜、印刷中间膜、Low-E中间膜。不同的中间膜及夹层材料具有不同的作用，最为常见的夹胶玻璃，也是安全玻璃，是将树脂胶片作为中间膜的复合玻璃，其对应的玻璃原片多为钢化玻璃。

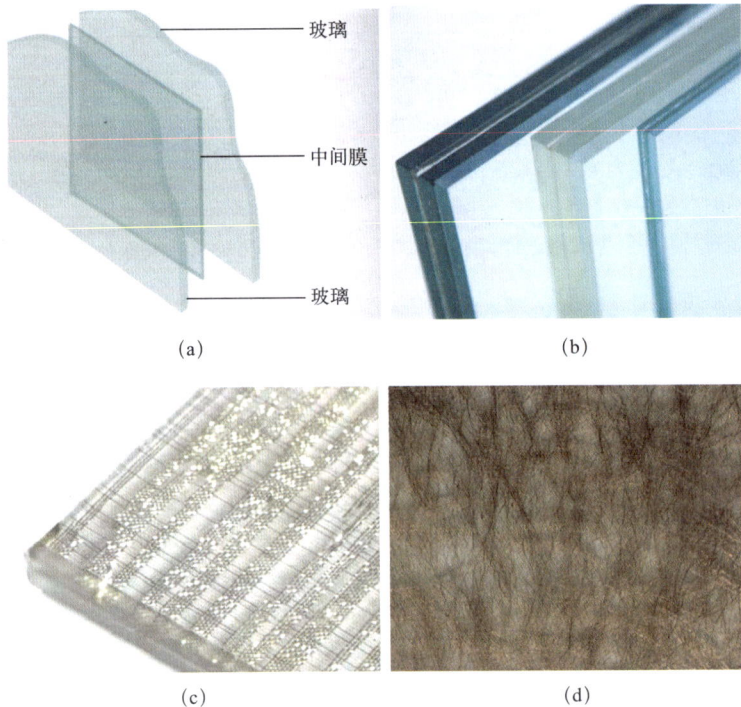

(a)　　　　　　　　　　　　　　(b)

(c)　　　　　　　　　　　　　　(d)

图4-3-22　夹层玻璃

## 2.吸热玻璃

吸热玻璃是指能吸收红外线辐射热，并保持较高可见光透光率的平板玻璃。生产吸热玻璃有两种方式：一种是在普通硅酸盐玻璃的原料中加入一定量的有吸热性能的着色剂；另一种是在平板玻璃表面喷镀一层或多层金属或金属氧化物薄膜。

吸热玻璃有灰色、茶色、蓝色、绿色、古铜色、粉红色、金黄色等，其中灰色、茶色、蓝色是最为常见的3种颜色。吸热玻璃的厚度主要是2mm、3mm、5mm、6mm等。

## 3.中空玻璃

中空玻璃由两片或两片以上平行玻璃组成，周边用间隔框隔开，四周用密封胶密封，将干燥空气或其他惰性气体（例如氩气）填充进中间腔体的玻璃产品，如图4-3-23所示。这样处理后的玻璃具有良好的隔声隔热性能、采光好、重量轻、节能等特点，广泛用于公共建筑外墙。中空玻璃因品牌和产品系列不同，其尺寸也不同，一般情况下常规尺寸最大为3000mm×6000mm；最小尺寸为180mm×300mm；玻璃原片的厚度为3~9mm；中空腔的宽度为6mm、8mm、9mm、10mm、12mm、16mm、20mm。常规中空玻璃参数如表4-3-3所示。

表4-3-3　常规中空玻璃参数（品牌和产品系列不同尺寸不同）　　　　　　　　　　单位：mm

| 最大尺寸 | 3000×6000（超出此范围需要定制） |
|---|---|
| 最小尺寸 | 180×300 |
| 玻璃原玻厚度 | 3~9 |
| 中空腔的宽度 | 6、8、9、10、12、16、20 |

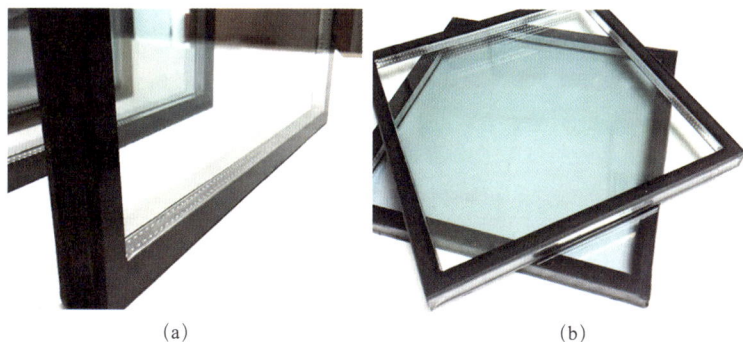

(a)　　　　　　　　　　　　　　(b)

图4-3-23　中空玻璃

## 4.镀膜玻璃

镀膜玻璃又叫反射玻璃，是在玻璃表面涂镀一层或多层金属、合金或金属化合物薄膜，以改变玻璃的光学特性，满足某种特定要求的玻璃制品。镀膜玻璃按产品的不同特性可以分为热反射玻璃、低辐射玻璃、导电膜玻璃等，见表4-3-4。低辐射玻璃如图4-3-24所示。

表4-3-4 镀膜玻璃的分类

| 种类 | 工艺 | 特点 |
|---|---|---|
| 热反射玻璃 | 优质浮法玻璃表面用真空磁控溅射工艺镀一至多层金属或金属化合物薄膜制作而成 | 丰富的反射色彩；限制太阳直接辐射的入射量，具有遮阳效果；按照需要控制可见光透过率，满足室内遮蔽性；有效限制紫外线的辐射，避免室内物品受紫外线伤害 |
| 低辐射玻璃（Low-E） | 采用真空磁控溅射工艺，在玻璃表面镀上单层或多层金属或其他化合物生产而成 | 较高的可见光透过率；极低的太阳能透过率；良好的隔热和保温性能 |

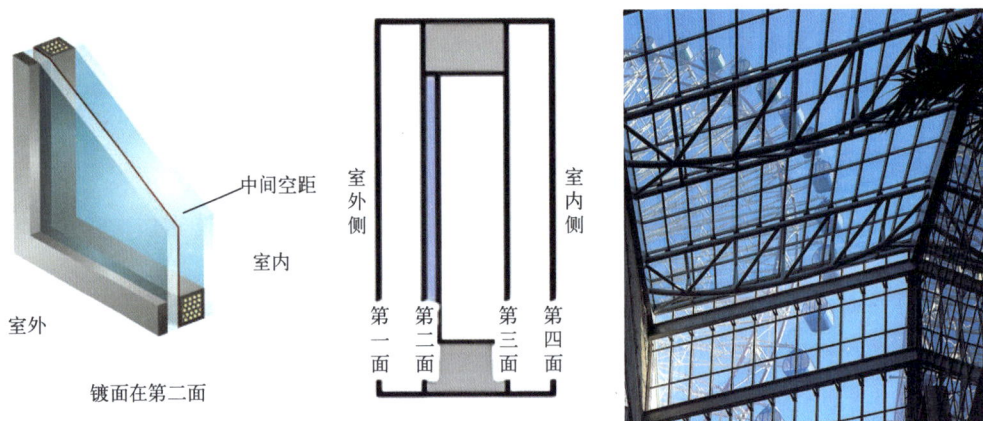

中间空距

室内

室外

镀面在第二面

室外侧

室内侧

第一面 第二面 第三面 第四面

图4-3-24 低辐射玻璃

### 5.光电玻璃

光电玻璃是光能、计算机和玻璃的有机结合体，广泛用于室内外展示空间，如舞台设计、导视设计、建筑屏幕等领域。光电玻璃的分类如表4-3-5所示。LED视频显示玻璃如图4-3-25所示。

表4-3-5 光电玻璃的分类

| LED点阵光电玻璃 | 色彩丰富、形式多样、艺术效果丰富；用于标志、隔断、顶棚、内外墙面 |
|---|---|
| LED视频显示玻璃 | 将LED光源复合嵌入玻璃内，实现光电技术和传统玻璃的结合，既保留了玻璃的透光性，又能展示动画及绚丽的色彩 |
| LED调光玻璃 | 使用透明电路，通电后内置LED光源发光，关闭电源后与普通玻璃无异 |

## （四）装饰玻璃饰面的应用及工艺

装饰玻璃饰面主要指用玻璃装饰板进行墙柱面的装饰工程，此内容主要以室内装饰项目为主，不涉及建筑外墙玻璃幕墙工艺。

装饰玻璃安装最为常用的是胶粘式，胶粘式的玻璃安装是在玻璃背面采用胶黏剂（玻璃胶、AB胶、结构胶）与基层材料进行连接的方式，对于大面积及高度超过3m的墙面不适用。建议应用在玻璃厚度≤6mm、单块面积≤1m² 的装饰构造做法中。一般情况下，玻璃采用胶粘的安装方式需要配合收口条一起使用。收口条一般以金属收口条为主，收口条处采用密封胶，预留1～2mm伸缩缝，以免后期可能会出现的崩边、破裂等情况。装饰玻璃安装构造如图4-3-26所示。

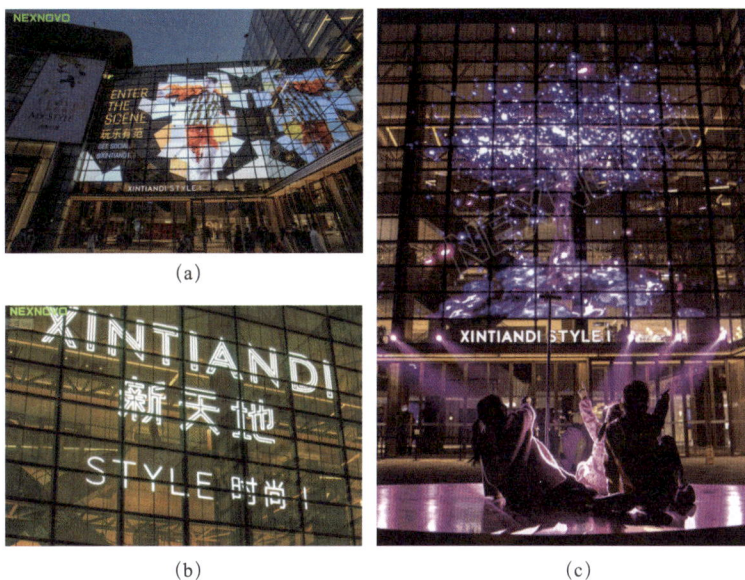

(a)

(b)

(c)

图4-3-25　LED视频显示玻璃

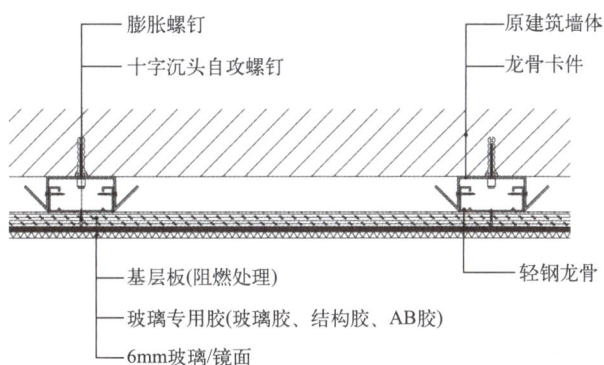

图4-3-26　装饰玻璃安装构造

## 四、塑料饰面墙柱面

塑料饰面主要指的是用塑料面板进行墙柱面的装饰工程，塑料面板主要包括以下五种：塑料贴面装饰板、PVC塑料板、覆塑装饰板、硬质PVC透明板、有机玻璃板。根据具体的设计要求和装饰效果选择合适的材料进行饰面。

### 1.塑料贴面装饰板

塑料贴面装饰板由底层和面层构成，面层为三聚氰胺甲醛树脂浸渍过的有各种色彩和图案的印花纸；底层是酚醛树脂的纸质压层胎基；将两层热压而制成的塑料贴面装饰板，适用于各种基材上的贴面材料。

塑料贴面装饰板有镜面和柔光两种，图案色彩丰富，品种多，具有耐湿、耐磨、耐烫、耐燃烧、耐酸碱等特性。其表面平整光滑，易清洗，适用于住宅、公共建筑室内墙面，以及家具台面等表面装饰，装饰效果较好。

塑料贴面装饰板在实际应用中，可以锯、刨、钻加工，如厚度小于2mm，必须将其粘贴在胶合板、细木工板、刨花板、纤维板等板材上，增加其刚度。

### 2. PVC塑料板

PVC塑料板是以PVC树脂为原料，配以稳色剂、色料等，经捏合、混炼、拉片、切粒、挤出或压延而成的一种装饰板材。其表面光滑、色彩鲜艳、防水、耐腐蚀、不变形、易清洗、可加工性强。适用于住宅、公共建筑室内墙面、柱面、家具台面等装饰，装饰效果较好。

### 3. 覆塑装饰板

覆塑装饰板是以塑料贴面装饰板或塑料薄膜为面层，以胶合板、纤维板、刨花板等为基层，采用胶合剂热压而成的一种装饰板材。覆塑装饰板既有基层板的厚度、刚度，又具有塑料贴面板和薄膜的光洁、质感强、美观、装饰效果好的特点，同时还具有耐磨、不变形、不开裂、易清洗等优点。多用于公共建筑室内墙面及家具，也可用于汽车、火车、船舶等交通工具室内装饰。

### 4. 硬质PVC透明板

硬质PVC透明板是以PVC为基料，添加增塑剂、抗老化剂，经挤压成型的一种透明装饰板材。此板材耐腐蚀、耐潮湿、难燃、品种多，无色透明，可加工性强，价格低廉，多用于广告牌、灯箱、展览台、橱窗等室内装饰各界面，如图4-3-27所示。

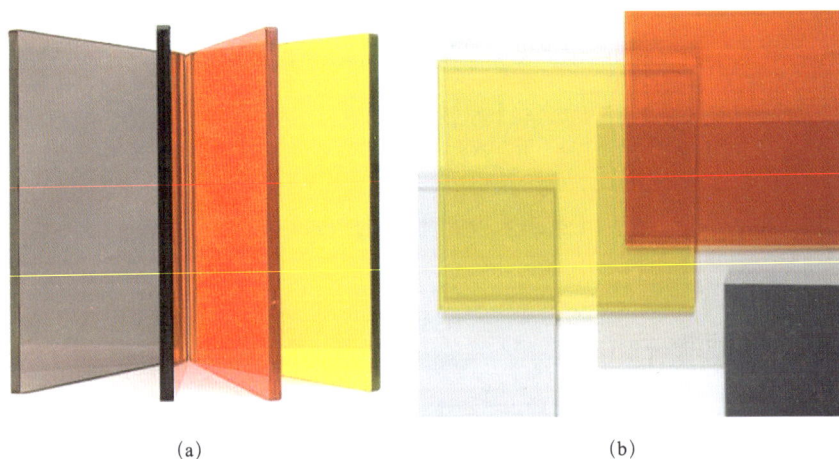

(a)         (b)

图4-3-27　硬质PVC透明板

### 5. 有机玻璃板

有机玻璃板是一种透光性非常好的热塑性塑料，分为无色透明有机玻璃、有色有机玻璃和珠光有机玻璃三种，如图4-3-28所示。有机玻璃具有机械强度高，耐热性、耐寒性及耐候性较好；耐腐蚀性及绝缘性能良好；在一定条件下尺寸稳定，并容易加工成型的特点。但具有质地较脆、易溶于有机溶剂等缺点。

图4-3-28　有机玻璃板

## 【课后习题】

### 一、填空题

1.天然薄木贴面板（装饰面板），俗称饰面板，是将实木木料通过精密刨切成厚度为（　　　　　）的木皮，再以胶合板为基层，经过胶粘等一系列的工艺加工制成的木饰面板。

2.铝单板又称氟碳铝单板，是采用（　　　　　）为基材，经过铬化等处理后，再经过数控折弯等技术成型，最后采用氟碳或粉末喷涂技术，加工形成的建筑装饰材料。

3.铝单板常用的工艺有喷涂处理、（　　　　　）处理、（　　　　　）处理、（　　　　　）处理、阳极氧化处理、冲孔雕花处理。

### 二、选择题

1.常见的金属墙板有（　　　）。

A.铝合金饰面板　　B.不锈钢饰面板　　C.铝塑板　　D.钛金板

2.铝单板常见的厚度有（　　　）。

A. 2.5mm　　　　B. 3mm　　　　C. 4mm　　　　D. 5mm

3.装饰性玻璃包括以下哪些?（　　　）

A.烤漆玻璃　　　B.印刷玻璃　　　C.压花玻璃　　　D.雕花玻璃

4.功能性玻璃包括以下哪些?（　　　）

A.夹层玻璃　　　B.吸热玻璃　　　C.中空玻璃

D.镀膜玻璃　　　E.光电玻璃

5.塑料面板主要包括以下哪几种?（　　　）

A.塑料贴面装饰板　B.PVC塑料板　　C.覆塑装饰板　　D.硬质PVC透明板

E.有机玻璃板

### 三、判断题

1.金属板在装饰构造做法上需要应用扣板龙骨、铝合金龙骨、木龙骨等进行固定。（　　　）

2.玻璃是以石英砂、纯碱、长石和石灰石等为主要原料，经熔融、成型、冷却固化而形成的非结晶无机材料。（　　　）

### 四、绘制题

1.绘制不锈钢板饰面构造图。

2.绘制装饰玻璃安装构造图。

# 模块四
# 墙柱面裱糊类材料与构造

墙柱面裱糊主要是指用壁纸、墙布、皮革及微薄木等材料运用裱贴等工艺对室内墙面、柱面、顶面及各装饰造型构件的表现进行饰面装饰。因其色彩、花纹、图案、质感的丰富性具有良好的装饰效果，同时材料还具有吸声、隔热、防霉、防水、防潮、施工方便、养护简便的特点，所以广泛用于住宅、公共建筑室内墙柱面装饰工程，如图4-4-1所示。

(a)       (b)       (c)

图4-4-1　裱糊类材料工程实例

## 一、壁纸

壁纸也称墙纸，是用于裱糊墙面的室内装饰材料，广泛用于住宅及公共建筑室内装饰工程中。原材质不局限于纸，也包含其他的材料。

### （一）壁纸的种类及规格

壁纸因基层材料的不同可以分为纸基壁纸、塑料壁纸和纺织物壁纸，见表4-4-1。

表4-4-1　壁纸分类

| 分类 | 说明 |
|---|---|
| 纸基壁纸 | 国际市场按基层材料的不同分为不同壁纸，如纸基复塑壁纸、发泡壁纸和特种壁纸 |
| 塑料壁纸 | |
| 纺织物壁纸 | |

壁纸一般有窄幅、中幅、宽幅三种规格，具体参数见表4-4-2。

表4-4-2　壁纸规格参数

| 类型 | 宽幅/mm | 长度/m | 铺贴面积/m² | 特点 |
|---|---|---|---|---|
| 窄幅小卷 | 530 | 10~12 | 5~6 | 施工方便，适合较小空间 |
| 中幅中卷 | 760~900 | 10~12 | 20~45 | 功效高，接缝少，适合大空间 |
| 宽幅大卷 | 920~1200 | 50 | 46~90 | |

## （二）三种常见壁纸介绍

### 1.纸基壁纸

纸基壁纸主要由草、树皮以及天然木浆加工而成，材质由基层和面层构成，均为原生木浆纸复合而成，其中基层为吸潮、透气性强的檀皮草浆宣纸；面层为韧性较强的构树纤维棉纸。面层采用高分子水性吸墨涂层，将设计图案运用水性颜料墨水可直接打印，其色彩还原度高，图案清晰，花色自然纯朴，施工简便，不易翘边起泡，是一种透气性好的环保材料。随着现代化工艺水平的提升，纸基壁纸还具有耐擦洗、抗静电、防尘等特点。

纸质壁纸（墙纸）还可以分为纸质纯纸壁纸、胶面纯纸壁纸、金属类纯纸壁纸和无纺布纯纸壁纸，见表4-4-3。

表4-4-3　纸基壁纸分类

| 名称 | 特点 |
|---|---|
| 纸质纯纸壁纸 | 环保、色彩丰富且亮丽，给人自然、舒适的感觉 |
| 胶面纯纸壁纸 | 表面多采用PVC材质，色彩多样、图案丰富、耐脏、易清洗 |
| 金属类纯纸壁纸 | 具有金属光泽，防火、防水、华丽、高贵 |
| 无纺布纯纸壁纸 | 由棉、麻等天然植物经过无纺成型而成，色彩纯正、触觉柔和 |

### 2.塑料壁纸（聚氯乙烯壁纸）

塑料壁纸品种丰富、色泽多样、图案多变、施工便捷、后期维护保养方便。塑料壁纸表面可进行印花、压花及发泡处理，能仿天然石纹、木纹及锦缎，并能印制适合各种环境的花纹图案，几乎不受限制。色彩也可任意调配，做到自然流畅，清淡高雅。

一般情况下，塑料壁纸可以分为普通壁纸、发泡壁纸和特种壁纸三类，见表4-4-4。

表4-4-4　塑料壁纸分类

| 名称 | 特点 |
|---|---|
| 普通壁纸 | 80~100g/m²的纸作基材，涂塑100g/m²左右的聚氯乙烯糊（PVC），经印花、压花而成。花色丰富、工艺简单，适用范围广，价格较为低廉 |
| 发泡壁纸 | 以100g/m²的纸做基材，涂300~400g/m²掺有发泡剂的聚氯乙烯糊（PVC），经印花后再加热发泡而成的壁纸 |

| 名称 | | 特点 |
| --- | --- | --- |
| 特种壁纸 | 指具有特定性能的壁纸，例如耐水壁纸、阻燃壁纸、彩砂壁纸等 | 耐水壁纸：用玻璃纤维毡作基材，在PVC涂塑材料中，配以具有耐水性的胶黏剂，以适应卫生间、浴室等墙面的装饰 |
| | | 阻燃墙纸：用100~200g/m²的石棉纸作基材，并在PVC涂塑材料中掺有阻燃剂，使墙纸具有一定的阻燃防火功能，适用于防火要求很高的建筑室内空间 |
| | | 彩色砂粒壁纸：在基材上散布彩色砂粒，再涂胶黏剂，使表面呈砂粘毛面，肌理效果丰富，适合自然装饰风格的室内空间 |

### 3.纺织物壁纸

纺织物壁纸是壁纸中的高级产品，主要用丝、羊毛、棉、麻等纤维织成，其质地柔和、透气性好，装饰效果给人高雅、舒适的感觉。

一般情况下，纺织物壁纸可以分为棉麻壁纸、锦缎壁纸和化纤壁纸三类，具体特性及区别见表4-4-5。

表4-4-5 纺织壁纸分类

| 类型 | 制作工艺 | 特点 | 适用基层 |
| --- | --- | --- | --- |
| 棉麻壁纸 | 将纯棉平布经处理、印花、涂层制作而成 | 韧性好、有弹性、静电小、色泽纯正、图案丰富、耐擦洗、透气性好 | 抹灰墙面、混凝土墙面、石膏板墙面、木制墙面、石膏水泥墙面 |
| 锦缎壁纸 | 在三种颜色以上的缎纹底上，再织出绚丽多彩、古雅精致的花纹 | 质地柔软，色彩多样，纹样丰富、价格较高 | 抹灰墙面、混凝土墙面、石膏板墙面、木制墙面、石膏水泥墙面 |
| 化纤壁纸 | 涤纶、腈纶、丙纶等化纤布为基层，经印花而成 | 环保、透气、强度高、不褪色、质感柔和 | 适用于各种基层 |

## （三）壁纸的选购及用途

一是通过闻气味来判定，贴近产品，如有异味或者刺激性味道，说明产品可能含有过量的甲醛、甲苯、乙苯等有害挥发性物质，质量较差，不宜购买。二是看颜色，壁纸表面涂层材料及印刷颜料色泽均匀，用湿纸巾或湿布进行擦拭时，不褪色，不浸水，则为优质产品。三是看基材与面层材质的黏结度，从侧面尝试拨揭壁纸，优质产品的基层与面层黏结牢固，不易剥离。

## （四）壁纸的保养

壁纸的保养从施工裱糊期间就要注意，施工完工后的一个月内室温相对稳定，不可温差过大，否则可能会导致墙体基层出现开裂，从而影响到饰面层壁纸。平时使用过程要保持室内环境的干燥，对某些湿度特别大的特殊季节或地域，要通过空调或者除湿机对室内空间湿度进行控制。避免热气直接对着墙纸，否则容易出现开裂及变色等情况。平时要注意壁纸灰尘及污渍的处理，可用吸尘器去除灰层，用干净的湿纸巾、海绵、抹布等擦拭污渍。如出现翘边、起泡等现象可以请专业人士进行处理。

### （五）壁纸的裱糊构造

壁纸（墙纸）与基层材料之间的固定方式以胶粘（糯米胶）方式为主，对应的构造如图4-4-2所示。

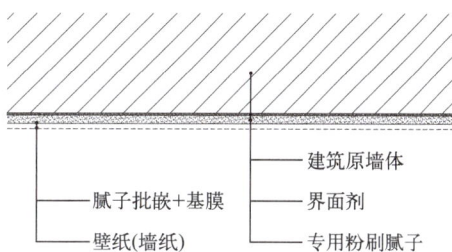

图4-4-2　壁纸（墙纸）裱糊构造

## 二、墙布

墙布也称壁布，是常见的裱糊类墙面装饰材料。墙布与壁纸最大的区别在于基础材料不同，墙布主要是以棉、麻、丝、羊毛等天然纤维材料为基材，更环保、更温和。

### 1.墙布的特点

① 绿色环保。墙布的基材多为天然纤维材质，没有气味，生态环保。

② 色彩丰富，图案多样。随着现代技术的不断发展，布料图案色彩越来越丰富多彩。

③ 美观耐磨。墙布采用各类纯天然布料为主要面材，具有较好的抗拉性，科学施工后可以做到无接缝、不翘边、不褪色、不霉变。

④ 后期维护方便。现代工艺可以使面层布料具有防水、防油、防污的功能，后期使用、维护及清洁方便。

⑤ 隔声吸声。墙布为柔性材料，布面纹理凹凸并具有一定厚度，能起到吸声和隔声效果，从而营造安静舒适的室内环境。

### 2.墙布的种类

根据材料、基材及功能的不同，墙布有多种分类形式，具体如图4-4-3所示。

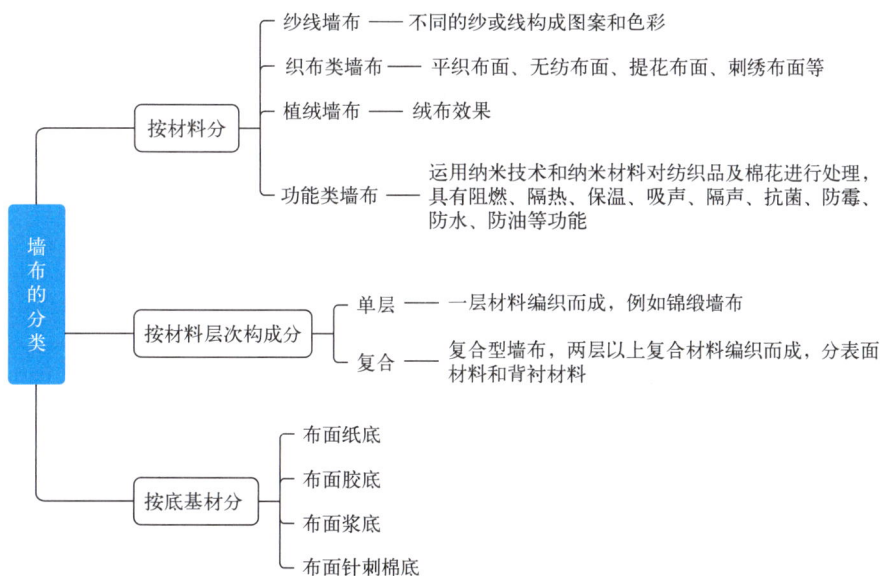

图4-4-3　墙布的分类

### 3.墙布的裱糊构造

墙布的裱糊构造与壁纸基本一致，如图4-4-4所示。

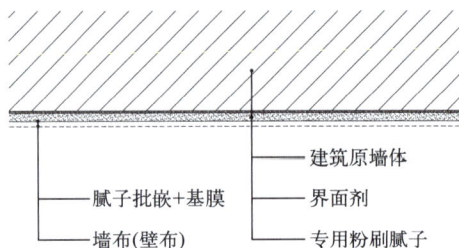

| 腻子批嵌+基膜 | 建筑原墙体 |
| 墙布(壁布) | 界面剂 |
| | 专用粉刷腻子 |

图4-4-4　墙布裱糊构造

【课后习题】

一、填空题

1.壁纸因基层材料的不同可以分为（　　　）壁纸、（　　　）壁纸和（　　　）壁纸。

2.墙布主要用棉、麻、（　　　）、（　　　）等天然纤维材料为基材，更环保更温和。

二、判断题

1.墙柱面裱糊主要是指用壁纸、墙布、皮革及微薄木等材料运用裱贴等工艺对室内墙面、柱面、顶面及各装饰造型构件的表现进行饰面装饰。（　　）

2.塑料壁纸表面可进行印花、压花及发泡处理，能仿天然石纹、木纹及锦缎，并能印制适合各种环境的花纹图案，几乎不受限制。色彩也可任意调配，做到自然流畅，清淡高雅。（　　）

三、简答题

简述墙布的特点。

四、绘制题

绘制壁纸（墙纸）裱糊构造图。

## 模块五
# 墙柱面涂饰类材料与构造

墙柱面涂饰，是指运用涂刷、辊涂、喷涂、抹涂、刮涂的施工方法将建筑装饰涂料涂刷于墙柱面，在其上形成完整坚韧的保护膜，以达到保护和装饰墙柱面的效果。涂饰类饰面具有自重轻、色彩丰富、附着力强、施工便捷、维护更新方便、质感丰富、经济实惠等特点，是建筑装饰工程中墙柱面最为常用的装饰手法。

涂料的种类众多，而且分类方式有多种，往往会让人理解混乱，涂料可按7种方式进行分类，如图4-5-1所示。本模块主要介绍以水为分散介质的水性涂料。

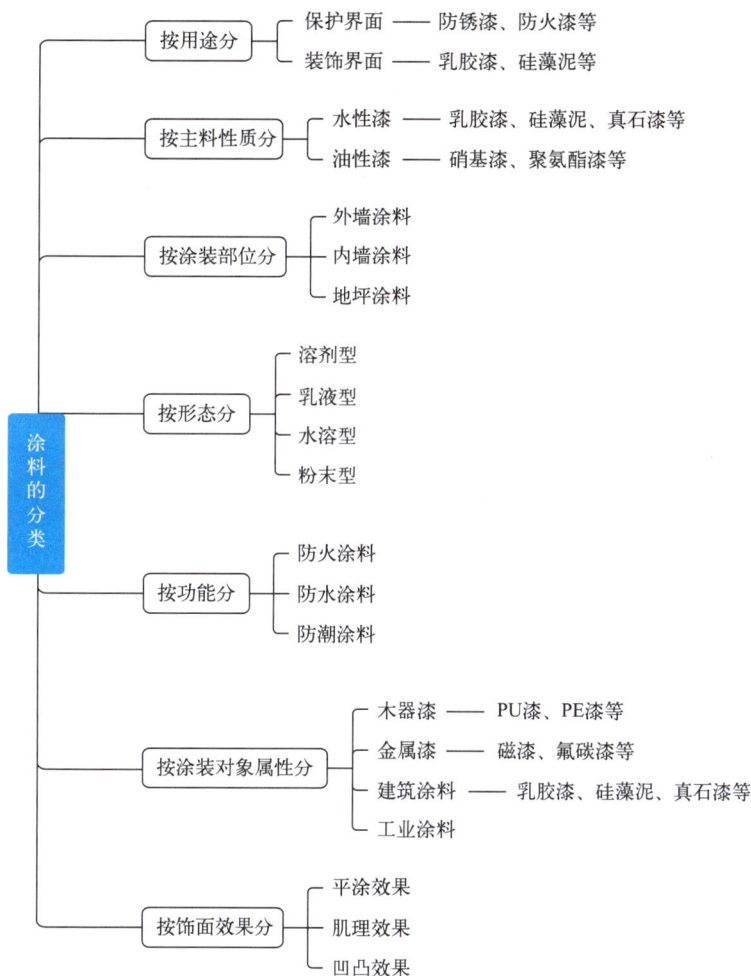

涂料的分类

- 按用途分
  - 保护界面 —— 防锈漆、防火漆等
  - 装饰界面 —— 乳胶漆、硅藻泥等
- 按主料性质分
  - 水性漆 —— 乳胶漆、硅藻泥、真石漆等
  - 油性漆 —— 硝基漆、聚氨酯漆等
- 按涂装部位分
  - 外墙涂料
  - 内墙涂料
  - 地坪涂料
- 按形态分
  - 溶剂型
  - 乳液型
  - 水溶型
  - 粉末型
- 按功能分
  - 防火涂料
  - 防水涂料
  - 防潮涂料
- 按涂装对象属性分
  - 木器漆 —— PU漆、PE漆等
  - 金属漆 —— 磁漆、氟碳漆等
  - 建筑涂料 —— 乳胶漆、硅藻泥、真石漆等
  - 工业涂料
- 按饰面效果分
  - 平涂效果
  - 肌理效果
  - 凹凸效果

图4-5-1　涂料的分类

## 一、低端水溶性涂料

低端水溶性涂料主要有聚乙烯醇水玻璃内墙涂料和聚乙烯醇甲醛内墙涂料，最为常见的是106和803涂料。主要起到保护室内墙面和装饰的作用，使其整洁美观。这种涂料施工方便，价格便宜，但由于成膜物是水溶性的，所以不耐擦洗，容易泛黄，多用于中低档住宅室内空间及一般公共建筑空间内墙。目前这类涂料使用率较低，此处不做详细介绍。

## 二、乳胶漆

乳胶漆是乳胶涂料的俗称，是以丙烯酸酯共聚乳液为代表的一大类合成树脂乳液涂料，属于水分散性涂料。它是以合成树脂乳液为基料，填料经过研磨分散后加入各种助剂精制而成的涂料。根据特点及使用范围，乳胶漆常分为内墙乳胶漆、外墙乳胶漆、其他特种漆等，以下主要介绍内墙乳胶漆。乳胶漆色彩应用于住宅空间的实际案例如图4-5-2所示。

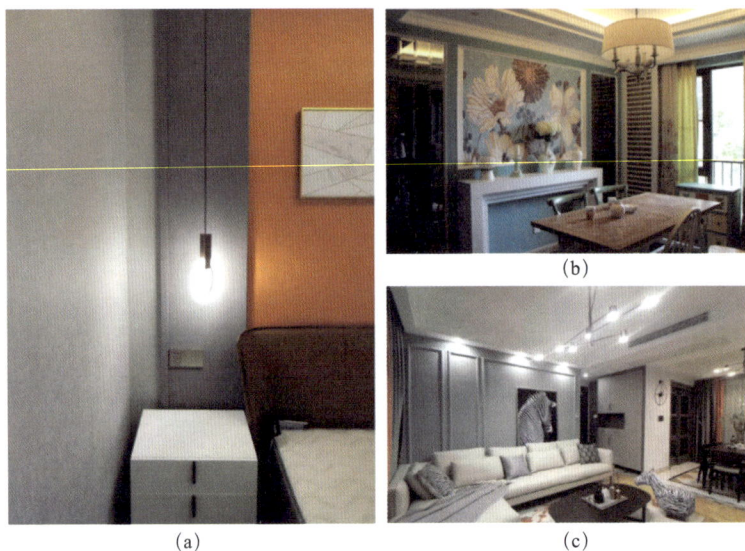

(a)　　　　　　　　(b)　　　　　　　　(c)

图4-5-2　乳胶漆色彩应用于住宅空间

### （一）乳胶漆的特点

① 涂膜干燥速度快。在25℃的环境下，30min左右表面即可干燥，120min左右可以完全干燥。室温低于5℃时不适合乳胶漆施工。

② 耐碱性好。在碱性基层上进行辊涂，不返黏，不易变色。

③ 色彩丰富，光泽度可以选择。颜色附着力强，配色丰富，且光泽度可以选择亮光、平光、亚光。

④ 无污染、安全无毒。属于水性涂料，对现场环境没有污染，是安全无毒的装饰材料。

⑤ 施工方便，后期维护及更新简便。可以刷涂、辊涂、喷涂、抹涂、刮涂等，施工操作工具可以用水清洗。

### （二）乳胶漆的分类

① 内墙乳胶漆按其涂层顺序可分为底漆和面漆，见表4-5-1。一般品牌乳胶漆是底漆和面漆配套组合，统一品牌、统一系列，1桶底漆搭配2桶面漆，按照一底两面进行施工。

表4-5-1　内墙乳胶漆的底漆和面漆

| 类型 | 作用 |
| --- | --- |
| 底漆 | 填充墙面的毛细孔，防止墙体碱性物质渗出侵害面漆，并有防霉和增强面漆吸附能力的作用 |
| 面漆 | 保护墙体并起到装饰效果 |

② 内墙乳胶漆根据成膜的光泽度可以分为亚光漆、丝光漆、有光漆和高光漆，其表面光泽度依次增强，同时因其密度不同具有不同的特点，见表4-5-2。

表4-5-2 内墙乳胶漆根据成膜光泽分类

| 系列 | 特点 |
| --- | --- |
| 亚光漆 | 无毒、无味、耐碱性强、附着力好、遮盖力强、耐擦洗、施工便捷 |
| 丝光漆 | 平整光滑、质感细腻、具有丝绸光泽、高遮盖力、强附着力、极佳的抗菌及防霉性能，优良的耐水、耐碱性能，涂膜可洗刷，光泽持久 |
| 有光漆 | 色泽纯正、光泽柔和、漆膜坚韧、附着力强、干燥快、防霉耐水，耐候性好、遮盖力强 |
| 高光漆 | 遮盖力强，坚固美观，光亮如瓷，附着力强，防霉抗菌，耐洗刷，涂膜耐久且不易剥落，坚韧牢固 |

## （三）乳胶漆的基本工艺及构造做法

### 1.乳胶漆的基本工艺（图4-5-3）

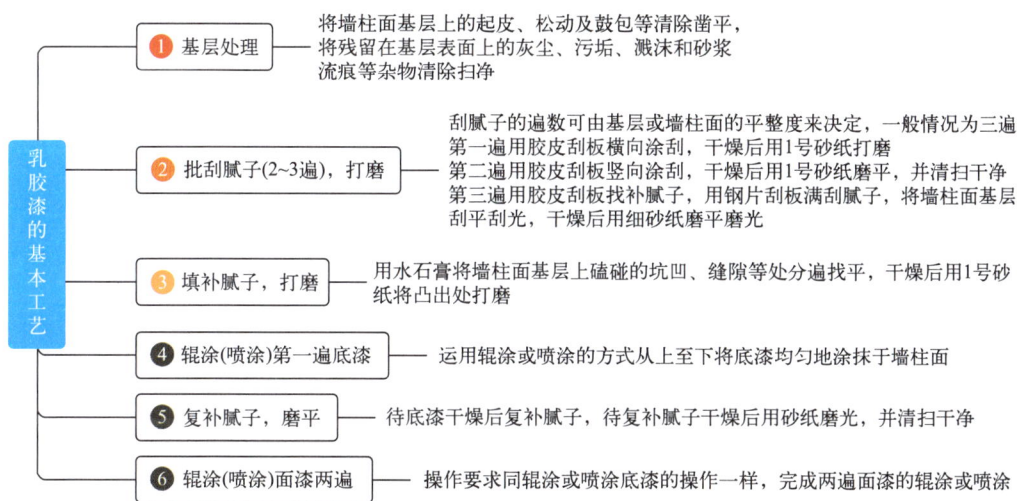

乳胶漆的基本工艺

① 基层处理 —— 将墙柱面基层上的起皮、松动及鼓包等清除凿平，将残留在基层表面上的灰尘、污垢、溅沫和砂浆流痕等杂物清除扫净

② 批刮腻子(2~3遍)，打磨 —— 刮腻子的遍数可由基层或墙柱面的平整度来决定，一般情况为三遍
第一遍用胶皮刮板横向涂刮，干燥后用1号砂纸打磨
第二遍用胶皮刮板竖向涂刮，干燥后用1号砂纸磨平，并清扫干净
第三遍用胶皮刮板找补腻子，用钢片刮板满刮腻子，将墙柱面基层刮平刮光，干燥后用细砂纸磨平磨光

③ 填补腻子，打磨 —— 用水石膏将墙柱面基层上磕碰的坑凹、缝隙等处分遍找平，干燥后用1号砂纸将凸出处打磨

④ 辊涂(喷涂)第一遍底漆 —— 运用辊涂或喷涂的方式从上至下将底漆均匀地涂抹于墙柱面

⑤ 复补腻子，磨平 —— 待底漆干燥后复补腻子，待复补腻子干燥后用砂纸磨光，并清扫干净

⑥ 辊涂(喷涂)面漆两遍 —— 操作要求同辊涂或喷涂底漆的操作一样，完成两遍面漆的辊涂或喷涂

图4-5-3 乳胶漆的基本工艺

### 2.乳胶漆的构造做法（图4-5-4和图4-5-5）

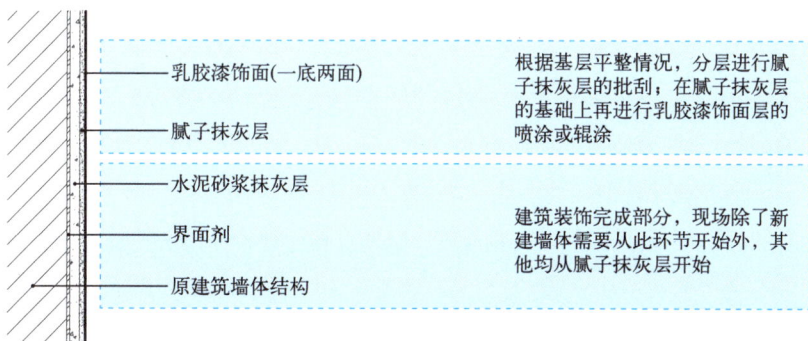

乳胶漆饰面(一底两面)
腻子抹灰层
根据基层平整情况，分层进行腻子抹灰层的批刮；在腻子抹灰层的基础上再进行乳胶漆饰面层的喷涂或辊涂

水泥砂浆抹灰层
界面剂
原建筑墙体结构
建筑装饰完成部分，现场除了新建墙体需要从此环节开始外，其他均从腻子抹灰层开始

图4-5-4 乳胶漆构造做法

(a)             (b)

图4-5-5　乳胶漆用于圆形柱体部分的装饰

### （四）乳胶漆的选购

选购乳胶漆可以从以下四个方面考虑。

#### 1.选择品牌产品并看包装信息

尽量选择口碑好的品牌，它们经过消费市场认可，值得信任。认真看一下外包装上的具体信息，是否有明确的生产厂家、生产批号、生产时间、符合标准、防伪码等信息。一般情况下，选择生产时间越近的产品越好。

#### 2.看指标

主要是看两个指标，一个是耐刷洗次数，另一个是VOC和甲醛含量。耐刷洗次数越高，代表越容易清洁，同时耐水性、耐碱性及漆膜的坚韧状态越好。VOC和甲醛的含量越低，说明其环保性越好。

#### 3.看表面

开盖后，乳胶漆外观细腻丰满，不起粒，用手指摸，手感滑腻，稠度高；同时，质优的乳胶漆静置一段时间后表面会形成有弹性的氧化膜，且不易开裂；用刷子搅动有很大阻力。

#### 4.闻气味

优质的环保乳胶漆应该是无毒无味的，所以开盖后如闻到刺激性气味或工业香精味，都不是合格产品。

## 三、硅藻泥

硅藻泥是由硅藻土、成膜物质、特种颜料、助剂等材料混合而成的内墙环保装饰饰面材料。

### （一）硅藻泥的特点

#### 1.防火阻燃

硅藻泥是由无机材料组成的泥土，不燃烧，即使发生火灾，也不会产生对人体有害的烟雾。

### 2.呼吸调湿

硅藻泥能吸收或释放水分，起到一定调节室内湿度的作用，使湿度相对平衡。

### 3.吸声降噪

硅藻泥自身的多孔结构使其具有一定的降低噪声的功能。

### 4.隔热保温

硅藻泥的主要成分是硅藻土，它的热导率很低，其隔热效果是同等厚度水泥砂浆的6倍。

### 5.抗静电不沾灰

硅藻泥不含任何重金属，不产生静电，浮尘不易附着。

## （二）硅藻泥的分类

一般情况下按其饰面的效果及涂抹工艺，可以分为表面质感型硅藻泥、表面肌理型硅藻泥、艺术型硅藻泥、印花型硅藻泥，见表4-5-3。

表4-5-3　硅藻泥分类

| 类型 | 特点 |
| --- | --- |
| 表面质感型硅藻泥 | 此类硅藻泥含有一定的粗骨料，抹平后会形成较为粗糙的质感表面，适用于大面积装修，效果质朴，各类公共建筑及住宅类建筑均适合 |
| 表面肌理型硅藻泥 | 此类硅藻泥含有一定的粗骨料，用特殊的工具制作成一定的肌理图案，如布纹、祥云图案等，可根据空间风格的不同设置图案纹样，各类公共建筑及住宅类建筑均适合 |
| 艺术型硅藻泥 | 此类硅藻泥是用细致硅藻泥找平基底，制作出图案、文字、纹样等模板，再在基底上用不同颜色的细质硅藻泥做出图案。也可以用颜料与硅藻泥调和后，采用手绘的方式在墙面作画。其装饰效果气氛浓厚，具有较高的艺术装饰效果 |
| 印花型硅藻泥 | 此类硅藻泥是在做好基底的基础上，采用丝网印刷出各种图案和花色，类似壁纸装饰，纹样和色彩非常丰富，装饰效果好 |

## （三）硅藻泥的基本工艺及构造做法

### 1.硅藻泥基本工艺（图4-5-6）

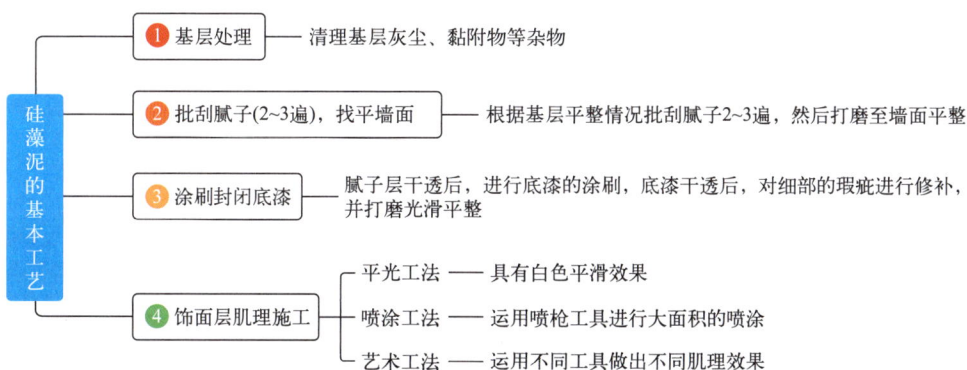

图4-5-6　硅藻泥的基本工艺

## 2.硅藻泥的构造做法（图4-5-7）

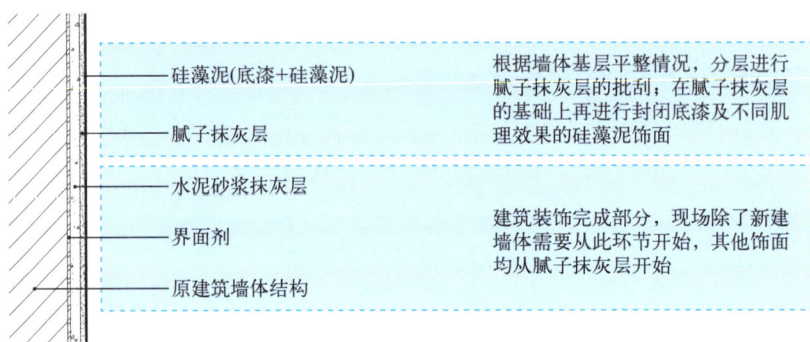

图4-5-7 硅藻泥的构造做法

### （四）硅藻泥的选购

选购硅藻泥，可以从以下五个方面考虑。

#### 1.观察吸水性

优质的硅藻泥吸水性好，用喷壶向墙面喷水，观察墙面水被吸收的时间，吸收得越快，其材质的吸水性越好。

#### 2.手摸质地触感

优质硅藻泥的手感质地非常松软柔和，质量较次的则手感较硬。

#### 3.看色彩

优质硅藻泥采用的是纯天然颜料，具有色彩柔和均匀、不花色、不返白、无色差的特点，完成面形成均匀的亚光效果。劣质硅藻泥如采用了不环保的颜料，其完成面色彩艳丽，存在一定的重金属超标、容易花色等问题。

#### 4.闻气味

优质硅藻泥无任何刺激性气味。在选择的时候，可以将硅藻泥的粉料放入一次性水杯中，加水搅拌调匀，闻其气味，气味刺鼻的为劣质硅藻泥；如气味清新，有一种天然的泥土气息则为优质产品。

#### 5.耐高温

其主要成分硅藻土自身具有耐高温、不燃烧的特点，可耐1000℃以上高温，用打火机对着墙面点火，优质的天然硅藻泥不会燃烧，不会释放有毒烟雾，无异味。

## 四、天然真石漆

天然真石漆是一种装饰效果酷似大理石、花岗岩的水性建筑漆，主要采用各种天然石粉、高温染色骨料、高温煅烧骨料与乳液等助剂加工制作而成。使用真石漆装饰的界面具有天然的自然色泽，给人以高雅、和谐、庄重的美感。真石漆适合住宅、公共建筑物的室内外墙面装修，特别是各类曲面建筑物及内墙面的饰面装修。

## （一）天然真石漆的特点

① 天然真石漆施工简便、省时，施工机具易于清理。

② 天然真石漆具有防火、防水、耐碱、耐污染、无毒、无味、黏结力强、永不褪色等优点。

③ 天然真石漆具有良好的附着力和冻融性能。

④ 利用天然真石漆可以延长建筑物的寿命。

## （二）天然真石漆的类别

按装饰效果进行分类，天然真石漆可分为单色真石漆、多色真石漆、岩片真石漆和仿砖真石漆，见表4-5-4。

表4-5-4　天然真石漆分类

| 类型 | 组成 | 应用 |
| --- | --- | --- |
| 单色真石漆 | 由一种天然彩砂配合乳液和助剂制作而成，颜色单一 | 价格较低，市场需求大 |
| 多色真石漆 | 由两种或两种以上的天然彩砂配合乳液和助剂制作而成，色彩丰富，仿石效果更为逼真 | 价格高于单色真石漆，市场需求很大 |
| 岩片真石漆 | 由天然彩砂和树脂岩片制作而成，仿真度高，质感饱满 | 高档真石漆 |
| 仿砖真石漆 | 是传统瓷砖的替代品，在色彩和形态上比传统瓷砖更为丰富，更有质感 | 装饰性更强 |

## （三）天然真石漆的基本工艺及构造做法

### 1.天然真石漆的基本工艺（图4-5-8）

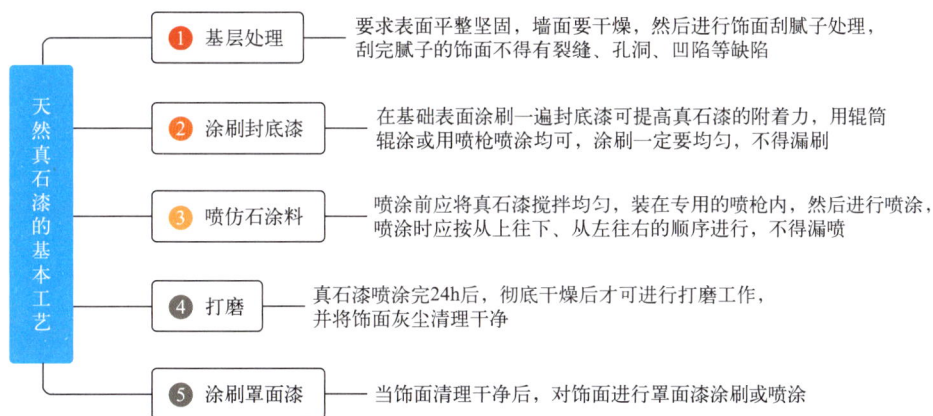

天然真石漆的基本工艺

**❶ 基层处理** —— 要求表面平整坚固，墙面要干燥，然后进行饰面刮腻子处理，刮完腻子的饰面不得有裂缝、孔洞、凹陷等缺陷

**❷ 涂刷封底漆** —— 在基础表面涂刷一遍封底漆可提高真石漆的附着力，用辊筒辊涂或用喷枪喷涂均可，涂刷一定要均匀，不得漏刷

**❸ 喷仿石涂料** —— 喷涂前应将真石漆搅拌均匀，装在专用的喷枪内，然后进行喷涂，喷涂时应按从上往下、从左往右的顺序进行，不得漏喷

**❹ 打磨** —— 真石漆喷涂完24h后，彻底干燥后才可进行打磨工作，并将饰面灰尘清理干净

**❺ 涂刷罩面漆** —— 当饰面清理干净后，对饰面进行罩面漆涂刷或喷涂

图4-5-8　天然真石漆的基本工艺

## 2.天然真石漆的构造做法（图4-5-9和图4-5-10）

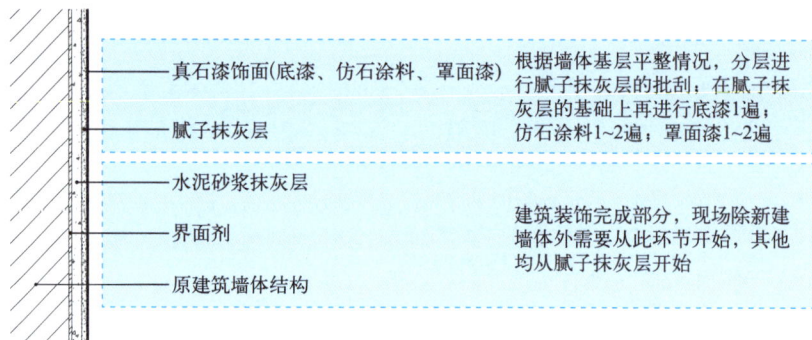

真石漆饰面(底漆、仿石涂料、罩面漆)

腻子抹灰层

水泥砂浆抹灰层

界面剂

原建筑墙体结构

根据墙体基层平整情况，分层进行腻子抹灰层的批刮；在腻子抹灰层的基础上再进行底漆1遍；仿石涂料1~2遍；罩面漆1~2遍

建筑装饰完成部分，现场除新建墙体外需要从此环节开始，其他均从腻子抹灰层开始

图4-5-9　天然真石漆的构造做法

墙体基层

耐水腻子层

底漆封闭层
(外墙保外墙底漆)

分隔线条
(黑格漆)

真石漆主料层
(强耐候真石漆)

罩光面层漆
(外墙保罩光漆)

辊1遍外墙保抗碱底漆 ＋ 喷2遍超耐候真石漆 ＋ 喷1遍罩光清漆

图4-5-10　真石漆工艺结构三维图及组合搭配

## （四）天然真石漆的选购

选择优质天然彩砂，质优的天然彩砂色彩自然，具有天然光泽，不会褪色，其仿石效果更逼真。选择中高档乳液，真石漆中的乳液主要有三类：苯丙类乳液（低档）、纯丙类乳液（中高档）和硅丙类乳液（高档）。品质好的乳液配置优质天然彩砂能让真石漆具有卓越的抗水性、保色性、致密性、耐候耐久性。

## 【课后习题】

一、填空题

1.墙柱面涂饰，是指运用（　　　　）、（　　　　）、喷涂、抹涂、刮涂的施工方法将建筑装饰涂料涂刷于墙柱面，在墙柱面上形成完整坚韧的保护膜，以达到保护和装饰墙柱面的效果。

2.内墙乳胶漆按其涂层顺序可分为（　　　　）和（　　　　）。

二、选择题

1.乳胶漆的特点是（　　）。

A. 涂膜干燥速度快　B. 耐碱性好　　　　C. 色彩丰富　　　　　D. 无污染、安全无毒

E. 施工方便

2.内墙乳胶漆根据成膜的光泽度可以分为（　　　）。

A. 亚光漆　　　　　B. 丝光漆　　　　　C. 有光漆　　　　　D. 高光漆

3.硅藻泥具有以下哪些特点?（　　　）

A. 防火阻燃　　　　B. 呼吸调湿　　　　C. 吸声降噪　　　　D. 隔热保温

E. 抗静电不沾灰

三、判断题

1.硅藻泥是由硅藻土、成膜物质、特种颜料、助剂等材料混合而成的内墙环保装饰饰面材料。（　　　）

2.天然真石漆是一种装饰效果酷似大理石、花岗岩的水性建筑漆，主要采用各种天然石粉、高温染色骨料、高温煅烧骨料与乳液等助剂加工制作而成。（　　　）

四、简答题

1.请用思维导图的方式表现乳胶漆的基本工艺。

2.请用思维导图的方式表现硅藻泥的基本工艺。

3.乳胶漆具有哪些特点?

# 项目五 门窗工程材料与构造

【项目提要】——

本项目主要介绍门窗的功能和分类，木门窗和金属门窗的具体类别、品种材质、性能特征和用途，以及门窗工程的配套构件，目的在于让学生对门窗工程的材料与构造有一个整体细致的了解，能够结合设计方案对门窗的要求，合理配置和选择适当的门窗。

【学习目标】——

1.知识目标

① 了解不同类型门窗的作用、门窗的分类以及门窗的组成；掌握不同类型门窗的制作与安装要求。

② 掌握不同类型门窗在设计施工中的性能特点，以及主材和辅材的性能要求。

③ 掌握装饰木门、铝合金门窗、钢制门窗、塑料门窗及特种门窗的施工工艺，以及施工中的注意事项和质量验收标准。

2.能力目标

① 能够根据室内装饰工程的特点合理地选择门窗的类型及技术指标要求。

② 能够在室内装饰工程中独立完成对材料的封样以及进场材料的质量验收工作。

③ 能够组织或指导一线作业人员进行门窗工程的施工和技术指导工作。

④ 能够对已完成的门窗工程进行质量验收，并针对存在的质量问题提出防止与整改措施。

3.素质目标

① 能够密切配合施工班组完成门窗工程的设计与施工工作，在施工过程中能够整合施工队伍，合理分配施工任务，充分调动施工班组的劳动积极性。

② 能够以精益求精的"工匠精神"，认真处理好门窗工程设计与施工中的各项细节，打造精品工程。

## 一、门窗的特点与功能

门窗是建筑物必不可少的组成部分，是建造在墙体上连通室内与室外开口部位的重要构件。门窗除具有实用功能外，对建筑物的装饰效果影响也较大。随着时代的发展在现代建筑中，门还具有标识、美化、防护、隔声、保温，隔热等功能;窗也不局限于通风采光等基本功能，它还具有防火防盗，甚至防爆、抗冲击等功能。

门窗按其所处的位置不同分为围护构件或分隔构件，有不同的设计要求，应分别具有保温、隔热、隔声、防水、防火等功能。寒冷地区由门窗缝隙而损失的热量，占全部采暖耗热量的25%左右。门窗的密闭性要求是节能设计中的重要内容。

门和窗是建筑造型的重要组成部分（虚实对比、韵律艺术效果，起着重要的作用），所以它们的形状、尺寸、比例、排列、色彩、造型等对建筑的整体装饰效果都有很大的影响。现代很多人都装双层玻璃的门窗，不仅能保温还能隔声，城市的繁华，居住密集，交通发达，隔声的效果越来越受到人们的关注。

## 二、门窗的材料与分类

### （一）根据门窗的材料不同分类

可分为木门窗、金属门窗、塑料门窗、彩钢板门窗、全玻璃门、特种门窗等。

#### 1.木门窗

木门窗是用木质材料或夹板材料为原料制作而成的门窗，常用的有实木门窗、格栅门窗等。

#### 2.金属门窗

与木门窗相比，金属门窗变形小，耐久性好，遮光少，但热导率大。金属门窗分为钢门窗和铝合金门窗。钢门窗又分为实腹钢门窗和空腹钢门窗两类。

#### 3.彩钢板门窗

彩钢板门窗是以彩色镀锌钢经机械加工而成的门窗。它具有重量轻、硬度高、采光面积大、防尘、隔声、保温、密封性好、造型美观、色彩绚丽、耐腐蚀等特点。彩钢板门窗断面形式复杂，种类较多。

#### 4.塑料门窗

塑料门窗以聚氯乙烯、改性聚氯乙烯或其他树脂为主要原料，以轻质碳酸钙为填料，加入适量的各种添加剂，经混炼、挤出、冷却定型成异型材后，再经切割组装而成。由于塑料刚度差，易产生较大变形，因此一般在型材内腔加入钢或铝等材料，以增加抗弯能力，即所谓塑钢门窗。它比全塑门窗刚度好、重量轻。

### 5.全玻璃门

全玻璃门所采用的玻璃多为厚度在12mm的厚质平板白玻璃、雕花玻璃及彩印图案玻璃等，有的设有金属扇框，有的活动门扇除玻璃之外，只有局部的金属边条，既坚固安全，又美观。

### 6.特种门窗

特种门窗指与普通门相比具有特殊用途的门，包括防火门、防辐射门、人防门、隔声门、防盗门、防爆门、防烟门、防尘门、抗龙卷风门、抗冲击波门、抗震门等。

## （二）根据门窗的开启方式不同分类

有平开门、推拉门、转门、卷帘门、平开窗、推拉窗、悬窗等。

### 1.平开门

平开门即水平开启的门，与门框连接的铰链固定于一侧，使门扇绕铰链轴转动。平开门的门扇有单扇、双扇以及向内开和向外开之分。

### 2.推拉门

门窗悬挂在门洞口上部的预埋轨道上，装有滑轮，可以沿轨道左右滑行。

### 3.转门

由两个固定的弧形门套和三个或四个门扇组成，门扇的一侧安装在中央的一根公用竖轴上，绕竖轴转动开启。

### 4.卷帘门

门扇由连续的金属片条或网络状金属条组成，门洞上部安装卷动滚轴，门洞两侧有滑槽，门扇两端置于槽内，可以人工开启，也可以电动开启。

### 5.平开窗

平开窗包括内开窗和外开窗。内开窗便于安装、修理，擦洗窗扇时窗扇不易损坏；缺点是占据内部空间、纱窗容易损坏、不便于挂窗帘。外开窗不占据室内空间，但是安装、修理、擦洗不便，而且易受风雨侵蚀。

### 6.推拉窗

推拉窗不占空间，可以左右或者上下推拉，构造简单。

### 7.悬窗

窗扇沿一条轴线旋转开启。根据旋转轴安装位置的不同，分为上悬窗、中悬窗、下悬窗。

## （三）根据门窗的功能不同分类

可分为普通门窗、隔声门窗、防火门窗、保温门窗、防放射线门窗、防护门窗、壁橱门、车库门、观察窗、密闭窗等。

## （四）根据门窗的构造形式和位置不同分类

根据门的构造形式不同可分为夹板门、拼板门、实拼门、隔栅门、百叶门等；根据窗的构造形式不同可分为单层窗、双层窗、三层窗、带形窗、落地窗、组合窗、百叶窗等。还可以根据门的位置分为外门和内门；根据窗的位置分为侧窗和天窗。

# 三、门窗五金件

## （一）门锁类

门锁是适用于各种建筑门上的锁具，其种类繁多，结构形式各异，按门锁的结构形式可分为外装门锁、插芯门锁、球形门锁、智能门锁等，如图5-1-1所示。

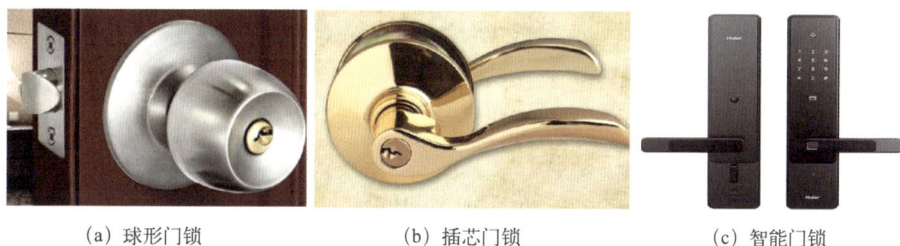

(a) 球形门锁　　　　　(b) 插芯门锁　　　　　(c) 智能门锁

图5-1-1　门锁结构

## （二）门拉手及门执手

门拉手及门执手是用以关闭或开启门扇的一类五金配件，有门锁拉手及门扇拉手之分，门锁拉手及执手是指与建筑门锁配套使用的，与锁具连成一个整体的五金配件（图5-1-2）。

家具门扇、抽屉上的拉手有铁拉手、锌合金拉手、铜拉手、有机玻璃拉手等花色品种。底板拉手、管子拉手、圆盘拉手和方形拉手由铜、不锈钢、有机玻璃等材料制成，造型优美，主要用于宾馆、饭店、商城等公共场所大门的拉启和装饰。

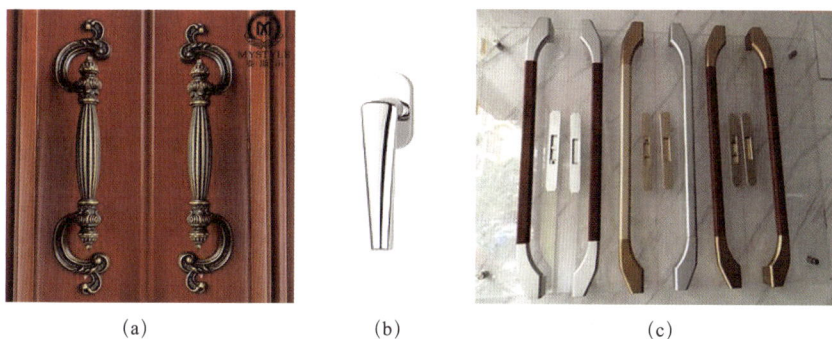

(a)　　　　　　　(b)　　　　　　　(c)

图5-1-2　门执手

### （三）定门器和闭门器

定门器是指能够将门扇固定在开启后某一位置处的五金配件，它能防止门扇被风吹或其他物体移动而关上；闭门器是指能将门扇自动关闭的一类五金配件（图5-1-3）。

#### 1.定门器

定门器的种类较多，常见的有普通定门器、橡胶门碰头、门轧头。

#### 2.闭门器

闭门器的种类有地弹簧、门顶弹簧、门夹、门底弹簧、鼠尾弹簧和脚踏门制。

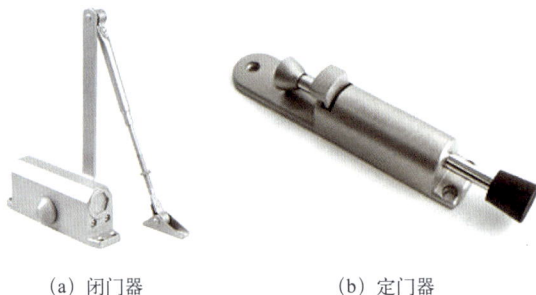

（a）闭门器 　　　　　（b）定门器

图5-1-3　闭门器和定门器

# 模块二
# 木门窗材料与构造

木门窗在实际生活中的应用非常普遍，常见的木门窗有镶板木门、企口木板门、实木装饰门、胶合板门、连窗门、木质平开窗、装饰空花木窗等。

## 一、镶板木门

镶板木门也称"框档门"。由木料拼接成框，中镶以木板而成的门。其木框主要由两根竖向的边梃与三至若干根水平抹头（或称冒头）组成。边梃与抹头凿榫相连成框，然后在框档内侧四周起槽，镶以门芯板（或称槟子板）。

### （一）镶板木门分类

#### 1.实木复合门

实木复合门的门芯多以松木、杉木或进口填充材料等黏合而成。外贴密度板和实木木皮经高温热压后制成，并用实木线条封边。一般高级的实木复合门，其门芯多为优质白松，表面则为实木单板。由于白松密度小，重量轻，且较容易控制含水率，因而成品门的重量都较轻，也不易变形、开裂。另外，实木复合门还具有保温、耐冲击、阻燃等特点，而且隔声效果与实木门基本相同。除此之外，现代木门的饰面材料以木皮和贴纸较为常见。木皮木门富有天然质感，且美观、抗冲击力强，但价格相对较高；贴纸的木门也称"纹木门"，价格低廉，是较为大众化的产品，缺点是较容易破损，且怕水。实木复合门具有手感光滑、色泽柔和的特点，非常环保，坚固耐用。

2.实木门

实木门以天然原木做门芯，经过干燥处理，然后经下料、刨光、开榫、打眼、高速铣形等工序科学加工而成。

3.全木门

全木门是以天然原木木材作为门芯，平衡层采用三合板替代密度板，工艺上具备原木的天然特性与环保性，并且解决了原木的不稳定性，造型上更加多样与细腻。

## （二）木材材质

各种木材材质的特点如下。

沙比利：学名筒状非洲棟，俗称幻影木，产于非洲热带地区。木材特性：木纹交错；边材呈淡黄色，心材呈淡红色或暗红褐色；光泽度高；结构细腻、均匀。沙比利对环境的适应性好，无特别气候限制，纹理有闪光感和立体感，给人以华贵高雅的感觉，红褐色的色泽渲染装修场所喜庆、热烈的气氛，是当今最为时尚的木门材料之一。

花梨：紫檀类，俗称花犁，产于南美洲、缅甸、越南、老挝等地区。木材特性：具有光泽，纹理交错，结构中等均匀，质地硬，强度高，干缩小。适用于高级家具及室内装修。经久不衰的花梨木呈深红色，高硬度、高强度，木纹具有羽毛状的动感，给人以华丽、高贵的印象，是极品实木门的至尊选择。

柚木：俗称胭脂木，产于东南亚（缅甸、越南、老挝等地）。木材特性：具有金色光泽，略带皮革气味，有油性感，切面光滑，油漆和胶黏性能好，干燥性能好，耐腐蚀。适用于高档家具、地板及室内装修。柚木以其珍贵的身份及金色光泽而受到广大消费者的喜爱，给人以豪华、尊贵的感觉，是实木门的精品用材。

黑桃木：学名猴子果，俗名红樱桃、圣桃木，产于热带西非及美国。木材特性：具有较强光泽，纹理直通，结构细腻均匀，强度高，干缩率中等，旋切、刨切、胶黏性能好，适用于刨切单板、家具、地板。黑桃木边材由白色至淡红、棕色不等。木纹优美，木质细腻，给人以华贵高雅的感觉，是当今最时尚的木门用料之一。

黑胡桃：学名黑核桃，产于美国东南部及加拿大。木材特性：具有光泽，带有轻微特殊气味，纹理直通或交错，结构粗而均匀，磨光性能良好，耐腐蚀，干燥较慢，适合高级家具、旋切单板、胶合板、室内装修。黑胡桃以其极为良好的强度及抗震性能而闻名，并且具有极佳的抗水蒸气弯曲性能，是当今最为时尚的木门选材之一。

枫木：学名软槭木，俗称美洲枫木、红影，产于加拿大和美国东部。木材特性：具有光泽，切面常见"雀眼"图案。纹理直通，结构细腻而均匀，且耐腐能力弱。适用于家具地板、胶合板等。枫木机械加工性能良好，染色及抛光后能获得极佳的"雀眼"图案表面，欣赏价值高，经染色后可模仿其他木材（例如樱桃木），其物理特性及加工性能使其也能当作榉木代用品材，是当今流行的木门用材之一。

榉木：学名水青冈，俗名欧榉、山毛榉、红榉、白榉，产于欧洲各国。木材特征：具有光泽，文理直通，结构细腻而均匀，重量中等，干缩率适中，加工容易，切面光洁，黏合、染色、磨光、弯曲性能良好，干燥速度中等，但不耐腐蚀。适用于贴面板、旋切单板、胶合板、家具、地板和室内装修。产于欧洲并被称为"森林之母"的榉木边材呈白色，心材呈浅红色，纹理或直通或交错，错落有致，富有情趣，曾经是最为流行的木门用材之一。

铁杉：产于北美地区。木材特性：弦切面或径切面具有深红色的条纹，生材具有酸味，纹理直通，结构中至细且均匀，材质中等，干缩率小，加工略难，切面光滑，油漆、着色、胶黏性能好，干燥不难但不耐腐。适用于细木工和室内装修。铁杉以其特有的玫瑰色和深红色为主，属于高产材，被广泛用于室内外装修，是近年常见的木门用材。

云杉：俗称鱼鳞松、白松、枞木、红皮臭、虎尾松，产于中国东北及俄罗斯西伯利亚地区。木材特性：略具光泽，具有松脂气味，纹理直通，结构中至细且均匀，材质轻软，富有弹性，容易加工，切面光滑，油漆、胶黏、着色性良好，干燥容易，略具耐磨性。适用于胶合板、家具、细木工板。云杉木材为黄白色、黄褐色，被广泛用于木材的加工。

水曲柳：学名白蜡木，俗称曲柳，产于俄罗斯远东地区及我国东北地区。木材特性：具有较强光泽，有酸臭味，略具蜡质感，弦面呈山形花纹。纹理直通，结构粗，不均匀，重量和硬度中等，强度高，干缩率中至大，加工容易，切面光滑，胶黏、油漆、着色性能良好，干燥较慢，略具耐腐性。适用于高级家具、胶合板、室内装修地板等。水曲柳弦面具有美丽的山形花纹，有美感及立体感，是制造木门的广泛用材。

西南桦：产于云南、缅甸、老挝。木材特性：纹理介于樱桃木和沙比利之间，素有国产樱桃木之称。硬度和密度较大，颜色呈棕色，木纹美观，加工容易，切面光滑，胶黏、油漆、着色性能好。干燥较慢，略具耐腐性。适用于家具、地板、室内装修等。西南桦具有美丽的樱桃木花纹，造价低于进口樱桃木，是比较流行的木门制造选材之一。

## （三）规格

镶板木门规格尺寸较多，可以按结构定制尺寸。镶板木门的常用规格见表5-2-1。

表5-2-1　镶板木门的常用规格

| 门洞口 | 700mm×2000mm、760mm×2000mm、800mm×2000mm、900mm×2000mm、700mm×2100mm、760mm×2100mm、800mm×2100mm、900mm×2100mm、1200mm×2100mm等 |
| --- | --- |
| 门扇厚度 | 30mm、35mm、38mm、40mm、42mm、45mm、50mm等 |

## （四）性能特征

实木镶板门的门扇骨架（边框）和门板芯都是用实木做成的。材料比用木薄板（非正规实木）做板芯价格要昂贵，其成品门具有不变形、耐腐蚀、无裂纹及隔热保温等特点。所选用的多是名贵木材，如樱桃木、胡桃木、柚木等。根据所用的材料是不是实木（天然原木）进行判别。镶板门就是把门板芯镶在门扇的骨架（边框）里。

## 二、企口木板门

企口木板门是指门板的拼接面呈现凸凹形接头面的一种木板门。门扇上锁舌位置的门边是L形，对应结合的门框是I形，就像相邻两块水泥混凝土路面板，一侧板的中间榫头与邻板板边的榫槽吻接以传递荷载的接缝。门关闭时I形在L形的底边一横上面，贴着L形的左边一竖，这就是企口门的闭合状态，其门扇的门边不是完全直角，而是有一个L形槽；相反，平口门就是普通的无L形槽的门。不同的企口门板如图5-2-1所示。企口门的构造如图5-2-2所示。

(a) 碳化平压锁扣(EVA)　　(b) 本色侧压锁扣(EVA)　　(c) 本色平压锁扣(EVA)　　(d) 碳化侧压锁扣(EVA)

图5-2-1　不同的企口木板门

图5-2-2　企口门的构造

## 三、实木装饰门

实木装饰门一般是指以实木为主材，外压贴中密度板作为平衡层，以国产或进口天然木皮作为饰面，经过高温热压后制成，并用实木线条封边，外喷饰高档环保木器漆的复合门。一般来说，高级的实木装饰门门芯多为优质白松，表面为实木单板。由于白松密度小、重量轻，且较容易控制含水率，因而成品门的重量都较轻，也不易变形或开裂。另外，实木装饰门还具有保温、耐冲击、阻燃等特性，而且隔声效果与实木门基本相同。实木装饰门款式多样，或精致的欧式雕花，或中式古典的各色拼花，或时尚现代，或古色古香。风格迥异的造型使它获得了高度的市场认可。实木装饰门的花色如图5-2-3所示。

| | | | |
|---|---|---|---|
| （a）花色：多元橡木 | （b）花色：银沙柚木 | （c）X011盛夏光年(吸塑门) | （d）X029金玉良缘(吸塑门) |
| （e）花色：钛白浮雕 | （f）花色：印度金檀 | （g）岁月如歌-001(包边实木门) | （h）绿静春深-107(包边实木门) |

图5-2-3　实木装饰门的花色

## （一）实木装饰门的分类

### 1.全实木门

它是用实木加工制作的，是贵重且豪华的装饰门。材质基本分为黑胡桃木、红胡桃木、樱桃木、橡木等多种，款式有全木、半玻、全玻三种。所以，可选性还是较大的。从性能上看，这种门的性能比原木的要稳定很多，能保证门不变形，给人以稳重、高雅之感。

### 2.实木复合门

实木复合门又被称为实芯门，其结构是框为实木的，正反门面用木板粘连，而内层填充了保温的材料。由此可以看出，其性能还是非常不错的，也不易变形和开裂，还能很好地隔声，迎合了家庭装潢的需求，所以被广泛采用。这种门的款式和图案很多，消费者可以根据自己的喜好和需求选择。

### 3.模压门

模压门也被称为夹板门，同样框也是实木的，但是其他的构造与前者不同。模压门是由两片带装饰和仿木纹的皮板黏合后经机械压制加工而成的。不过这种门的成本很低，重量也很轻，所以价格也不贵。但时间一长，会出现断裂和变形的现象，选用要慎重。

## （二）实木装饰门的规格

实木装饰门的常用规格：高2100mm，宽900mm，厚40mm；高2080mm，宽880mm，厚40mm。

### （三）实木装饰门的性能特征

① 实木装饰门板的门芯是用杉木黏合而成的，使其具有实木感，还非常坚固、耐用及环保。除此之外，实木装饰门的木皮有着天然的纹理，非常漂亮；加上柔和的光泽，美观大气，让人赏心悦目。

② 实木装饰门板不仅有着天然的纹理和光泽，而且通过精美的雕刻工艺，可以使其变得更加华丽，款式多样。此外，软硬适中的木材触感很好，还有良好的性能，可调温、调湿等。经加工后还不易变形，具有耐腐蚀、隔声效果好等特点。

## 四、胶合板门

胶合板门也称夹板门，指中间为轻型骨架，一般用厚32～35mm、宽34～60mm的方木作框，内为格形肋条。门上有的做小玻璃窗，有的做百叶窗。胶合板门产品表面以先进的工艺方法把名贵木材进行刨切，然后胶合板门以热压的方式同杉木进行复合，同时胶合板门上采用进口PU漆，以四底两面固化蜡的方式进行表面处理，因此质感豪华。

#### 1.胶合板的类别

一类胶合板是比较耐气候、耐沸水的胶合板，因此有耐久、耐高温、能蒸汽处理的优点。

二类胶合板是耐水胶合板，能在冷水中浸泡，也能短时间地在热水中浸渍。

三类胶合板是耐潮胶合板，能在冷水中进行短时间的浸渍，适合在室内常温下使用，多用于家具和一般建筑。

四类胶合板是不耐潮胶合板，在室内的常态下使用。一般情况下，胶合板用材有椴木、榉木、桦木、水曲柳、杨木等。

#### 2.性能特征

重量轻、纹路清晰、绝缘、强度高，不易变形；施工方便，不宜曲翘，横纹抗拉性能好。主要作用是交通出入，分隔和联系建筑空间，并兼有采光、通风之用。门还有一定的保温、隔声、防雨、防风沙等能力。

## 五、连窗门

连窗门是指门框与窗框连接在一起，形成一面是门而另一面是窗的门窗组合体，多用于外挑阳台（或露台）进入室内的墙体之间，增加采光面积。连窗门分单耳窗和双耳窗。常见连窗门如图5-2-4所示。

#### 1.规格

连窗门的常见规格如下。

① 门宽×门高：900mm×1800mm。

② 窗：900mm×900mm（指窗高900mm，下有窗台900mm）。

③ 落地窗：900mm×1800mm。

### 2.性能特征及用途

具有外观新颖、无噪声、出入方便、价格低廉、封闭良好、观景便捷、防蚊效果卓越等优点，可广泛用于家庭、餐馆、宾馆、办公室、医院等各类场所，方便美观。

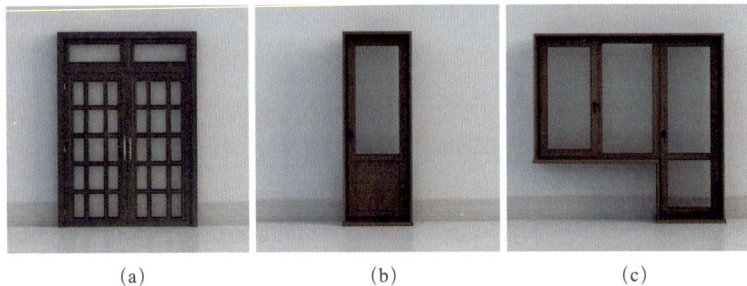

| (a) | (b) | (c) |

图5-2-4　常见连窗门

## 六、木质平开窗

木质平开窗由木材、玻璃、五金材质组成，分为推拉式和上悬式。其优点是开启面积大，通风好，密封性好，隔声、保温、抗渗性能优良。内开式的擦窗方便；外开式的开启时不占空间。缺点是窗幅小，视野不开阔。木质平开窗如图5-2-5所示。

图5-2-5　木质平开窗

### （一）规格

木质平开窗的常用规格：1500mm×900mm（窗扇高×窗扇宽）。

### （二）性能特征

#### 1.通风性

内倒位置是木质平开窗的又一种开启方式，使空气可以在房间内自然流通，保持室内空气清新，同时排除了雨水进入室内的可能性。清新的空气为人们创造出舒适的居住环境。

#### 2.安全性

窗扇四周布置的联动五金件和执手可在室内操作，十分方便。关闭时窗扇的四周都固定在窗框上，因此安全性和防盗性能极好。使用的木材为电绝缘体，不导电，安全系数高。

## 七、装饰空花木窗

装饰空花木窗为建筑中窗的一种装饰和美化形式，既具备实用功能，又带有装饰效应，多见于古典建筑中。装饰空花木窗使用木材为电绝缘体，不导电，安全系数高。具有外观新颖、封闭良好、观景便捷、防蚊效果卓越等优点。装饰空花木窗如图5-2-6所示。

(a)

(b)

(c)

图5-2-6　装饰空花木窗

# 模块三
# 金属门窗材料与构造

## 一、金属平开门

### 1.概述

不同材质的门在性能、用途、价格、规格等方面存在很大的差异，例如常见的入户门，又叫防盗门，通常是钢木的、不锈钢的和纯钢的门，要求门的防盗性能好，达到国家规定的防盗等级。如果从开启方式来看，不同场合的门开启方式还是存在一定的差异的，例如沿街商铺、商场、超市等场合的门多为卷帘升降式，室内厨卫门通常是移动开启方式。生活之中，最常见的门是平开门，平开门又可以分为单开门和双开门两大类。常见的金属平开门如图5-3-1所示。

单开门指只有一扇门板，一侧作为门轴，另一侧可以开关，而双开门有两扇门板，各自有自己的门轴，向两个方向开启。平开门又分为单向开启和双向开启。单向开启是门扇只能朝一个方向开（只能向里推或外拉），双向开启是门扇可以向两个方向开（如弹簧门）。平开门是相对于别的开启方式来分的，因为门还有移动开启的、上翻的、卷帘升降的、垂直升降的、旋转式的等。市场上常把铝合金卫浴平开门简称为平开门。

平开门的合页装于门侧面，向内（左内开，右内开）或向外开启（左外开，右外开）的门，由门套、合页、门扇、锁等组成。平开门有单开门和双开门之分，单开门指只有一扇门板，而双开门有两扇门板。平开门又分为单向开启和双向开启。

(a)                                              (b)

图5-3-1  常见的金属平开门

### 2.类别

在平开门中，铝门的型材和玻璃款式有南北方之分。北方以铝材厚、款式沉稳为主要特色，最具代表性的就是格条款式，而格条中最具特色的是唐格。南方以铝材造型多样、款式活泼为主要特色，最具代表性的就是花玻款式，比较有特色的款式有花格、冰雕、浅雕、晶贝等。

### 3.规格

平开门有卧房平开门和家具平开门两种，其尺寸根据门洞的大小而定。家具的平开门因为受门体的重量而对门合页使用年限有一定影响，家具门最高不超过2300mm，宽度不宜超过500mm，从视觉的舒适性来看，350～450mm的家具门最适宜。

## 二、金属推拉门

### （一）概述

推拉门源于中国，后传至朝鲜、日本，最初的推拉门只用于卧室或更衣间衣柜，但随着技术的发展与装修手段的多样化，从传统的板材表面到玻璃、布艺、藤编、铝合金型材，从推拉门、折叠门到隔断门，推拉门的功能和使用范围在不断扩展。在这种情况下，推拉门的运用开始变得多样和丰富，除了最常见的隔断门之外，推拉门广泛用于书柜、客厅、展示厅、推拉式户门等。

## （二）推拉门的优势

### 1.遮挡视线
材质的透明度不一，具有不程度的遮挡视线的功能。

### 2.适当隔声
质量好的中空玻璃隔声效果较好。

### 3.不占空间
推拉门极大地方便了居室的空间分割和利用，其合理的推拉式设计满足了现代生活所讲究的紧凑秩序和节奏，移动、空间也随着或分或合，变大变小，随主观意愿更加灵活多变。

### 4.增强私密性和空间弹性
透明玻璃的卫浴间屡见不鲜，为了照顾生活的私密性，区域的入口处可由移动的推拉门承担起遮挡的作用。

### 5.亲近自然
如在阳台位置可以装上一道顺畅静音、通透明亮的推拉门，尽情享受阳光和风景。

## （三）类别

金属推拉门是现在非常流行的一种门，这种门是由轨道以及滑轮等组成的，推拉门的设计非常精妙，而且使用也非常方便。金属推拉门的使用时间一般都很长，而且由于推拉门的材质各不相同，所以推拉门的种类也是非常多的。

### 1.按开法分
单、对推拉门指以一个或两个以上轨道进行横向平移式推拉。内嵌式推拉门是在门开启的空间受限制时才做的推拉门，与墙内或墙面或柜内进行隐藏式内嵌推拉。悬挂式推拉门多以做效果墙、屏风为主。折叠式推拉门可双向将一扇门分成两个部分折叠后推拉。

### 2.按材质分
可分为铝钛镁合金框体、塑钢框体、木结构及其他可以焊接的型材框体等。在实际家装中，用得最普遍的是铝钛镁合金的推拉门和现场制作的木结构推拉门。

### 3.按轨道方式分
可分为双推拉轨道、单推拉轨道以及向轴心方向旋转的折叠式推拉门。折叠式推拉门所占空间较小，但密封性在推拉门中是最差的。

## （四）性能特征

无论是空间有限的卫生间，还是不规则的储物间，只要换上推拉门，再狭小的空间都不会被浪费。折叠式推拉门甚至还能100%开启，非常省空间。从使用上看，推拉门无疑极大地方便了居室的空间分割和利用，其合理的推拉式设计满足了现代生活所讲究的紧凑秩序和节奏。而且推拉式玻璃门会让居室显得更轻盈，其中的分割、遮掩等都简单但又不失变化。

在提倡亲近自然的今天，在阳台位置可以装上一道顺畅静音、通透明亮的推拉门，尽情享受阳光和风景。

### （五）用途

#### 1.分隔空间

厨房是一个被油烟浸染的地方，应与居室等其他空间隔离开来，而厨房推拉门就起到了分隔空间的作用。并且推拉门还可以按照门框来自定义大小、材质、样式和颜色，透明的或不透明的，色彩或深或浅，材质坚硬或柔软等，这些都可以根据自身需要来选择。

#### 2.遮挡视线

一般家庭在装修厨房推拉门的时候都不会选择过于透明或者是过分隔离的材质，通常只要起到遮挡视线的作用即可。不同透明度材质的推拉门具有不同程度的遮挡视线作用，可根据居室中不同的区域空间和主人的喜好来确定推拉门的遮挡程度。

#### 3.适当隔声

想要推拉门拥有更好的隔声效果，建议选择使用质量较好的中空玻璃，这种材料本身有着较强的隔声效果。当然，除了中空玻璃之外，柔软的织物、泡沫、海绵材料都具有一定的吸声能力，这些材料制成的推拉门也能适当隔声。

#### 4.照顾私密性

生活中人们常见到的推拉门大多以玻璃材料为主，因为玻璃材料既能增加美观性，也能起到遮挡视线的作用。但是为了照顾到生活的私密性，建议可以选用磨砂样式的推拉门。

#### 5.增加空间

推拉门的结构形式和安装方式比较丰富且自由，可根据使用要求，随时启动或者移动，空间也会随之或分或合，或大或小，灵活多变，在关闭的状态下，大体是能节省空间的。

#### 6.装饰构造

金属推拉门的装饰构造如图5-3-2所示。

## 三、金属地弹门

### （一）概述

金属地弹门利用地埋式门轴弹簧或内置立式地弹簧，门扇可内外自由开启，不触动时门扇在关闭的位置。地弹门是装修工程中常见的一种门，是内外可自由开启的一种门。

### （二）类别

① 金属地弹门按材质分为钢门、玻璃门、铝合金门、胶合板门等，钢门比较硬实，但是开关时比较重，不方便。

② 金属地弹门按特性分为卷帘门、弹簧门、自动门、防火门、镶板门等，弹簧门在使用时比较方便，是比较受欢迎的一种门。

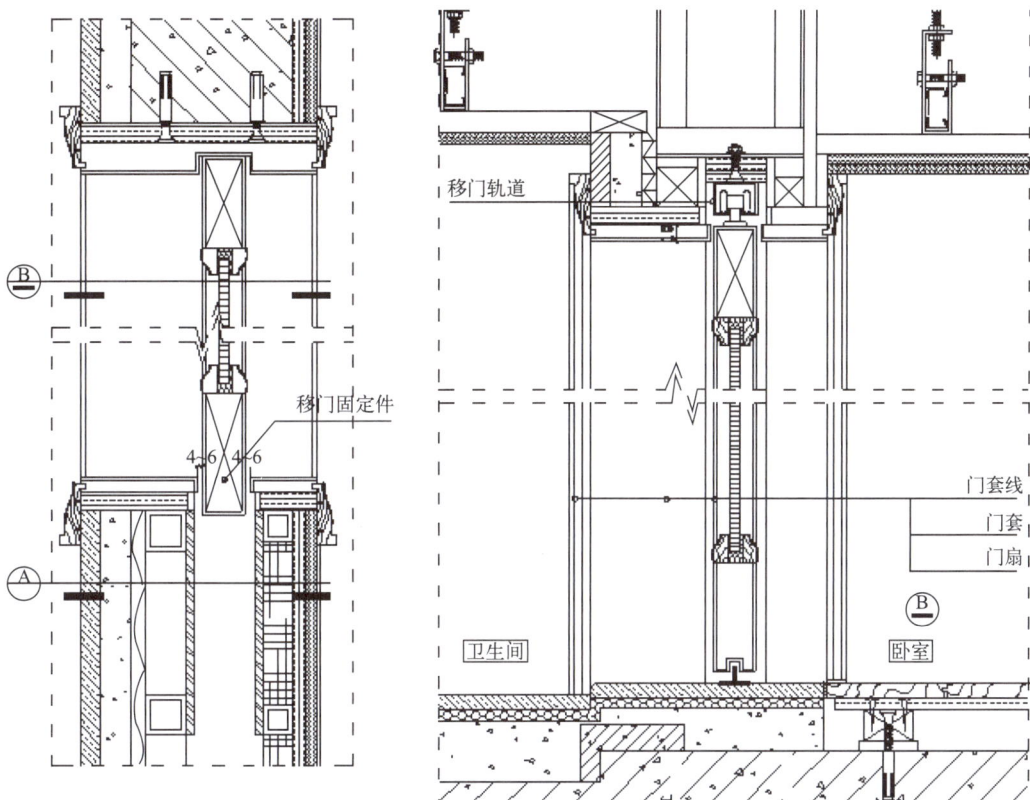

图5-3-2 金属推拉门的装饰构造

③ 金属地弹门按开启形式分为平开门、推拉门、旋转门、翻门、双开门等，大多数用户会选择平开门，不过主要是看建筑的风格，配备不同的门。

### （三）性能特征

金属地弹门的地弹安装精度对其使用寿命影响很大，所以对地弹要求较高，一般选择质量好的地弹很关键。地弹的质量缺陷主要有本体漏油和地轴偏心。本体漏油是由地弹铸造加工工艺造成的，铸造过程中如果造成砂眼，在安装后本体内部液压力加大，从而造成漏油现象。地轴偏心可导致门体安装后偏离门扇中心线，虽然通过本体位置调整可以弥补一些质量缺陷，但是最好还是联系生产商予以更换。地弹使用寿命的终结就是轴心漏油和弹力减弱，如果天轴与地弹主轴的轴心连线不严格且垂直地面，门扇的运动就会对地弹带来极大的扭力，增大主轴与轴承之间的磨损，最终导致轴心漏油。弹簧在长期拉伸运动后会导致其弹力减弱。

### （四）用途

金属地弹门可以内开，也可以外开，或者内外双开。这种门在很多地方都被使用，例如洗发店、大型商场、大型超市、医院、学校、办公区域等都在使用地弹门。除此之外，地弹门还具有非常好的防火性能和自动功能。

# 四、塑钢门窗

## （一）塑钢门窗概述

塑钢门窗是20世纪50年代末，首先由德国研制开发的，于1959年开始生产。最初的塑钢门窗均采用单腔结构，比较简单、粗糙。伴随着世界性的能源危机，70年代初节能效果较好的塑钢门窗得到了大量使用，也推动了型材生产技术的提高，性能日臻完善，由原来的单腔型材发展到三腔、四腔型材，也带动了欧洲乃至亚洲塑钢门窗的发展。据不完全统计，德国塑钢门窗的使用量已占门窗市场的52%，奥地利为48%，瑞士、英国、法国、意大利等发达国家也有10%～20%以上；美国的塑钢门窗在20世纪70年代末开始起步，每年使用量增长率达15%以上；目前，亚洲地区使用塑钢门窗的有日本、韩国、中国和新加坡、泰国等。

## （二）塑钢门的类别

① 按开启方式分为平开门、平开下悬门、推拉门、折叠门、地弹簧门、提升推拉门、推拉折叠门、内倒侧滑门。

② 按性能分为普通型门、隔声型门、保温型门。

③ 按应用部位分为内门、外门。

## （三）塑钢门的规格

塑钢门是以聚氯乙烯树脂为主要原料，加上一定比例的稳定剂、着色剂、填充剂、紫外线吸收剂等，经挤出成型材，然后通过切割、焊接或螺接方式制成的。塑钢门的规格由断桥型材的宽度来定，其推拉系列的型号有75、80、88、95；平开系列的型号有60、66、70、106。

## （四）塑钢门窗的性能特征

### 1.保温节能性

塑钢型材为多腔式结构，具有良好的隔热性能，传热系数极低，仅为钢衬的1/4.5，铝材的1/8，其经济效益和社会效益都是巨大的。

### 2.气密性

塑钢门窗在安装时所有缝隙处均装有橡塑密封条和毛条，所以其气密性远远高于铝合金门窗。而塑钢平开窗的气密性又高于推拉窗的气密性，一般情况下，平开窗的气密性可达四级，推拉窗可达三级。

### 3.水密性

因塑钢型材具有独特的多腔式结构，均有独立的排水腔，无论是框还是扇中的积水都能有效排出。塑钢平开窗的水密性又远高于推拉窗，一般情况下，平开窗的水密性可达到五级，推拉窗可达到三至四级。

### 4.抗风压性

在独立的塑钢型腔内，可填加1.2～3mm厚的钢衬，可根据当地的风压值、建筑物的高度、洞口大小、窗型设计来选择加强筋的厚度及型材系列，以保证建筑对门窗的要求。一般高层建筑可选择大断面推拉面推拉窗或内平开窗，抗风压强度可达六度以上，低层建筑可选用外平开窗或小断面推拉窗，抗风压强度一般在三级。

### 5. 隔声性

塑钢型材本身具有良好的隔声效果，如采用双玻结构其隔声效果更理想，特别适合闹市区噪声干扰严重的场所，如医院、学校、宾馆、写字楼等。

### 6. 耐腐蚀性

塑钢异型材具有独特的配方，具有良好的耐腐蚀性，因此塑钢门窗的耐腐蚀性能主要取决于五金件的选择，如选防腐五金件、不锈钢，其使用寿命是钢窗的10倍左右。

### 7. 耐候性

塑钢异型材采用独特的配方，提高了其耐寒性。塑钢门窗可长期使用于温差较大的环境中（−50～70℃）。烈日暴晒、潮湿都不会使其出现变质、老化、脆化等现象。正常条件下，塑钢门窗的使用寿命可达50年以上。

### 8. 防火性

塑钢门窗不易燃、不助燃、能自熄，安全可靠，符合《门、窗用未增塑聚氯乙烯（PVC-U）型材》（GB 8814—2017）中规定的氧指数不低于38的要求。

### 9. 绝缘性

塑钢门窗使用的塑钢型材为优良的电绝缘材钢，不导电，安全系数高。

### 10. 成品尺寸精度高，不变形

塑钢型材材质均匀、表面光洁，无须进行表面特殊处理，易加工、易切割，焊接加工后成品长、宽及对角线公差均能控制在2mm以内；加工精度高，焊角强度可达3000N以上，同时焊接处经清角除去焊瘤，型材焊接处表面平整、美观。

### 11. 容易防护

塑钢门窗不受侵蚀，不会变黄褪色，不受灰、水泥及黏合剂影响，几乎不必保养。脏污时，可用任何清洗剂清洗，清洗后洁白如初。

### 12. 防盗性

塑钢门窗的玻璃压条都朝室内，玻璃破损后易于更换，塑钢型材强度高、韧性大，不易被破坏，具有良好的防盗性。

### 13. 价格适中

与同等性能的铝窗、木窗、钢窗相比，塑钢门窗的价格更为经济实惠。

## （五）用途

冬季天气寒冷，如果使用密闭性能好的塑钢门窗，可以保持室内温度，减少供暖设备使用，从而节省能源30%～50%，省钱又环保。

从室内设计的角度来看，塑钢材料不像铝合金那样生硬和冰冷，也容易和其他装饰材料相匹配，可以为人们提供一个完美的室内环境。

# 五、防盗门

## （一）概述

防盗门是指配有防盗锁，在一定时间内可以抵抗一定条件下非正常开启，具有一定安全防护性能并符合相应防盗安全级别的门。防盗门如图5-3-3所示。

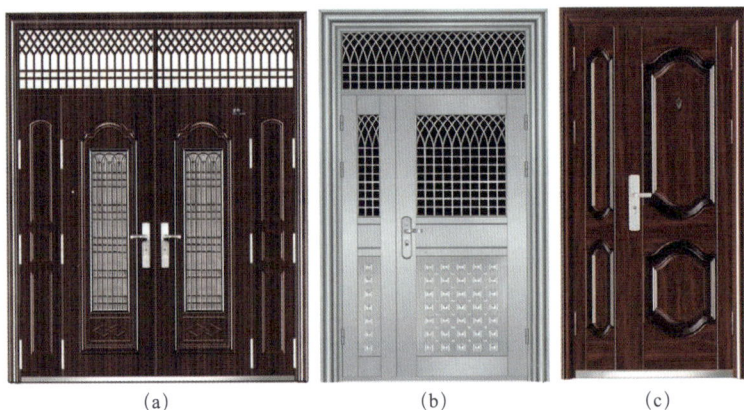

（a）　　　　　　　　　（b）　　　　　　　　　（c）

图5-3-3　防盗门

## （二）类别

### 1. 按门型分

防盗门根据其门型不同，可分为平开式防盗门、栅栏式防盗门和栅栏式折叠门三种门型。

### 2. 按安全级别分

根据安全级别不同，防盗门可分为甲、乙、丙、丁四个级别，具体如下。

甲级：门框面材质厚度为2mm，锁闭点数12个，防破坏开启时间不少于30min，字母表示为J。门扇的外面板、内面板厚度分别选用1.00mm/1.00mm。

乙级：门框面材质厚度为2mm，锁闭点数10个，防破坏开启时间不少于15min，字母表示为Y。门扇的外面板、内面板厚度分别选用1.00mm/0.80～1.00mm。

丙级：门框面材质厚度为1.8mm，锁闭点数8个，防破坏开启时间不少于10min，字母表示为B。门扇的外面板、内面板厚度分别选用0.80mm/0.80mm。

丁级：门框面材质厚度为1.5mm，锁闭点数6个，防破坏开启时间不少于6min，字母表示为D。门扇的外面板、内面板厚度分别选用0.80mm/0.60mm。

### 3. 按材质分

防盗门从材质上主要分为五种：钢质防盗门、钢木防盗门、不锈钢防盗门、铝合金防盗门和铜质防盗门。它们在质量和性能上都各有特点，价格也有所不同。

## （三）规格

通用防盗门的规格尺寸（高度×宽度）一般为：1970mm×860mm、2050mm×860mm、1970mm×960mm、2050mm×960mm。

## （四）性能特征

### 1.钢质防盗门

钢质防盗门的特点是价格低，材质选用钢材，外形线条比较僵硬，不自然。钢质防盗门虽然不符合目前流行的装修风格，但如果不考虑美观方面，而只考虑质量因素，钢质防盗门也是一个非常好的选择。

### 2.钢木防盗门

钢木防盗门是目前年轻人室内装修的首选。钢木防盗门更加适合室内，而不是室外。钢木防盗门外形线条比较自然，样式选择也更多一些。

### 3.铝合金防盗门

铝合金防盗门的特点是颜色较为鲜丽，在长期阳光照射下不容易出现褪色的情况。它的款式多为华丽、金碧辉煌的风格。

### 4.不锈钢防盗门

不锈钢防盗门的特点是安全性高，颜色多种多样，外形线条比较坚硬。目前，不锈钢防盗门的颜色不仅是银白色，而且出现了其他的颜色，比如玫瑰金、黑钛金、木纹玫瑰金等。但不锈钢防盗门与钢质防盗门一样，外形线条不够柔和。

### 5.铜质防盗门

铜质防盗门是高档防盗门。铜质防盗门的特点是具有防火功能、防撬功能以及防腐蚀功能。铜质防盗门的外观也是比较大气的，一般被用在商业场所（比如银行、写字楼、高级酒店等）和高档别墅。不过，铜质防盗门的价格也是很贵的。

## 六、防火门

### 1.概述

防火门是指在一定时间内能满足耐火稳定性、完整性和隔热性要求的门。它是设在防火分区间、疏散楼梯间、垂直竖井等处具有一定耐火性的防火分隔物。现行国家标准为《防火门》（GB 12955—2024）。

### 2.类别

按材料不同可将防火门分为钢质防火门、钢木质防火门以及其他材质防火门。

① 钢质防火门：用钢质材料制作门框、门扇骨架和门扇面板，门扇内若填充防火材料，应填充对人体无毒无害的防火隔热材料，并配以防火配件（图5-3-4）。

② 钢木质防火门：用钢质和难燃木质材料或难燃木材制品制作门框、门扇骨架、门扇面板。

③ 其他材质防火门：采用除钢质、难燃木材或难燃木材制品之外的无机不燃材料或部分

采用钢质、难燃木材、难燃木材制品制作门框、门扇骨架、门扇面板；门扇内若填充材料，则填充对人体无毒无害的防火隔热材料，并配以防火配件。

按使用功能不同可分为门禁防火门和室内防火门。

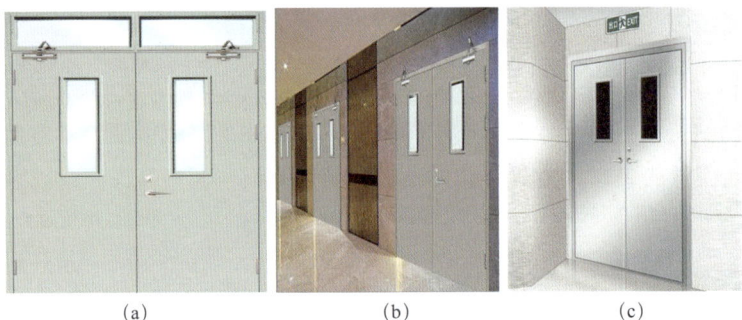

图5-3-4　常见钢制防火门

### 3.规格

常见钢质防火门的规格如下。

单扇防火门：2100mm×900mm、2100mm×1000mm、2200mm×900mm、2200mm×1000mm、2300mm×900mm、2300mm×1000mm。

双扇防火门：2100mm×1200mm、2100mm×1500mm、2100mm×1800mm、2100mm×2100mm、2200mm×1200mm、2200mm×1500mm、2200mm×1800mm、2200mm×2100mm、2300mm×1200mm、2300mm×1500mm、2300mm×1800mm、2300mm×2100mm。

### 4.性能特征

防火门具有表面光滑平整、美观大方、开启灵活、坚固耐用、使用方便、安全可靠等特点。

### 5.用途

防火门是建筑物防火分隔的措施之一，通常用在防火墙上、楼梯间出入口或管道井开口部位，要求能隔烟、防火。防火门对防止烟火的扩散和蔓延、减少损失有重要作用。

## 七、金属推拉窗

### （一）概述

推拉窗采用有滑轮的窗扇在窗框上的轨道滑行。推拉窗分为上下、左右推拉两种，可以在不占据室内空间的前提下，增加室内的采光，改善建筑物的整体形貌。常见推拉窗如图5-3-5所示。

### （二）类别

推拉窗根据推拉方向不同分为水平推拉窗和垂直推拉窗两种。水平推拉窗需要在窗扇上下设轨槽，垂直推拉窗要有滑轮及平衡措施。推拉窗窗框常用铝合金材质。

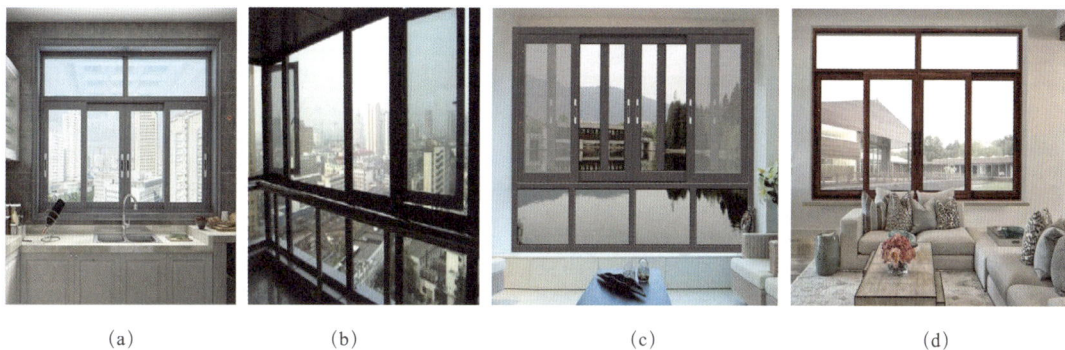

(a)　　　　　　　　(b)　　　　　　　　(c)　　　　　　　　(d)

图5-3-5　常见推拉窗

推拉窗的优点是简洁、美观，窗幅大，玻璃块大，视野开阔，采光率高，擦玻璃方便，使用灵活，安全可靠，使用寿命长，在一个平面内开启，占用空间少，安装纱窗方便等。缺点是两扇窗户不能同时打开，最多只能打开一半，通风性相对差一些，有时密封性也稍差。金属推拉窗构造如图5-3-6所示。

（a）隔声系统<br>
多腔体系统设计，<br>
让家远离喧嚣

（b）阶梯排水<br>
采用阶梯式<br>
排水设计，避免风啸声

（c）隔热系统<br>
居室保温、隔热，<br>
节能省电，更环保

（d）防风系统<br>
抵御12级台风，<br>
门窗稳固如山

（e）密封系统<br>
勾企位4道密封，<br>
杜绝透风、漏风隐患

（f）安全系统<br>
多重防护装置，<br>
为您保驾护航

图5-3-6　金属推拉窗构造

## （三）规格

常用金属推拉窗规格（高×宽）：1200mm×1500mm、1500mm×1500mm、1000mm×1200mm、1200mm×1200mm。

## （四）性能特征

① 利于采光，窗幅大，开启面积一般可达整窗的50%。

② 节省空间，推拉窗是在一个平面内开启，所以不会占据外部和内部的空间，悬挂窗帘也特别方便。

③ 便于清洁，活动扇可拆卸下来清洗。

④ 价格不高，同档次产品要比平开窗便宜。

## （五）用途

推拉门窗在现代装修中的运用频率非常高，其"颜值"高、使用方便，颇受用户的欢迎。家居中搭配推拉门窗，既节省空间又时尚美观。常见的推拉门一般用于衣柜、展示厅等地。随着门窗技术的迅猛发展和装修方式的多样化，推拉门的运用变得越来越丰富。

# 八、金属平开窗

### 1.概述

金属平开窗是住宅房屋中窗户的一种常用式样。窗扇开合是沿着某一水平方向移动的，故称"平开窗"。平开窗分推拉式和上悬式，其优点是开启面积大，通风好，密封性好，隔声、保温、抗渗性能优良。内开式的擦窗方便；外开式的开启时不占空间。缺点是窗幅小，视野不开阔。

外开窗开启要占用墙外的空间，刮大风时易受损；而内开窗则要占用室内的部分空间，使用纱窗、窗帘也不方便，如果质量不过关，还可能渗雨。金属平开窗如图5-3-7所示。

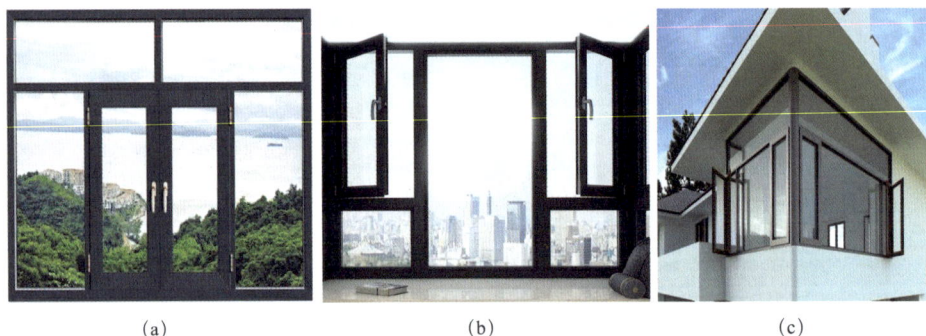

(a)　　　　　　　　　　(b)　　　　　　　　　　(c)

图5-3-7　金属平开窗

### 2.性能特征

内倒位置是平开窗的又一种开启方式，使房间内的空气自然流通，室内空气清新，同时排除了雨水进入室内的可能性。关闭时窗扇的四周都固定在窗框上，因此安全性和防盗性能极好。

操作简单，可使窗扇外面转到室内，使得清洗窗户的外表面既方便又安全，避免了内开窗打开时占用室内空间，但是不方便挂窗帘和装升降式挂衣杆。密封保温性能好，通过窗扇周围多点锁闭，保证了门窗的密封、保温效果。

### 3.用途

一般用于衣柜、展示厅等地，随着门窗技术的迅猛发展和装修方式的多样化，平开窗的运用变得越来越丰富。

## 九、塑钢门窗

### 1.概述

塑钢门窗是以聚氯乙烯为主要原料，加上一定比例的稳定剂、着色剂、填充剂、紫外线吸收剂等，经挤出成型材，然后通过切割、焊接或螺接方式制成门窗框扇，配装上密封胶条、毛条、五金件等，同时为增强型材的刚性，超过一定长度的型材空腔内需要填加钢衬（加强筋），这样制成的门户窗，称为塑钢门窗。塑钢门窗价格总体比其他类型的门窗稍贵，另外塑钢门窗制作也有它特有的流程，施工方案也和其他门窗差别很大。常见塑钢窗如图5-3-8所示。

图5-3-8　常见塑钢窗

### 2.类别

按开启方式不同分为固定窗、上悬窗、中悬窗、下悬窗、立转窗、平开门窗、滑轮平开窗、滑轮窗、平开下悬门窗、推拉门窗、推拉平开窗、折叠门、地弹簧门、提升推拉门、推拉折叠门、内倒侧滑门。

按性能不同分为普通型门窗、隔声型门窗、保温型门窗。

按应用部位不同分为内门窗、外门窗。

### 3.规格

塑钢门窗以聚氯乙烯树脂为主要原料，其规格由断桥型材的宽度来定，推拉系列的型号有75、80、88、95；平开系列的型号有60、66、70、106。

### 4.性能特征

塑钢门窗成本较低，与铝合金门窗相比，在同等使用效能的情况下，塑钢门窗比铝合金门窗节省30%～60%的成本。这是塑钢门窗得以广泛普及的最主要原因。

塑钢门窗的可塑性强，在熔融状态下，塑料具有较高的流动性，因此能够通过模具塑造出精确的断面构造，进而满足门窗应具备的各项功能需求。而且，塑钢门窗可以形成分割的腔室，这不仅能提升门窗的保温、隔声和排水性能，还能避免增强型钢出现锈蚀问题。

塑钢门窗的节能性突出。相较于其他类型的门窗，塑钢门窗在节能以及改善室内热环境方面，具备更为优越的技术特性。根据建研院物理所的测试数据显示：单玻钢窗和铝窗的传热系数约为6.4W/（m²·K）；单玻塑钢窗的传热系数约为4.7W/（m²·K）；普通双层玻璃的钢窗和铝窗传热系数约为3.7W/（m²·K）；而双玻塑钢窗的传热系数约为2.5W/（m²·K）。由于窗户占建筑外围护结构面积的30%，其散热量却占49%，由此可见，塑钢门窗具有显著的节能效益。

塑钢门窗的隔声效果良好。钢铝窗的隔声性能约为19dB，而塑钢门窗的隔声性能则可达到30dB以上。

### 5.用途

使用密闭性能好的塑钢门窗，可以节省能源30% ～ 50%，省钱又环保。

### 6.装饰构造

塑钢窗的装饰构造图如图5-3-9所示。

图5-3-9　塑钢窗的装饰构造

## 模块四
## 门窗套材料与构造

## 一、门窗套概述

### （一）什么是门窗套

门窗套是指门窗洞口的包套，一般与门窗同色，是门窗洞口的两个立边垂直面，通俗一点说就是门窗外面的门窗框，起到固定门扇、保护墙角和装饰美化的作用。门窗套可包套，可做造型，可做护角。门窗套可凸出外墙形成边框，也可与外墙平齐，既要立边垂直平整，又要满足与墙面平整，对质量的要求很高。

### （二）门窗套的作用

① 起到固定门扇、保护墙角的作用。家里的门窗用久了很容易出现门窗边破损现象，门窗套能起到良好的防碰保护作用。

② 门窗套在设计上具有和踢脚线相呼应的效果，对于整个空间而言，可以很好地承担收边的作用，也起到一定的装饰作用。

### （三）门窗套的分类

门窗套按照对应门的类型分为单边门套、双边门套、上窗门套、垭口门套、推拉门套、窗套。

① 单边门套：只有一面的门套，如进户门。

② 双边门套：有双面的门套，如卧室门。

③ 上窗门套：在普通门套上面留有玻璃上窗的门套

④ 垭口门套：指不装门的门套，通常垭口门套会有一些造型设计，以求更美观。

⑤ 推拉门套：为安装推拉门而制作的门套。

⑥ 窗套：窗套大都是单边套。

门窗套的制作材料很多，家庭装修中大部分以木材为主，也有极少数使用金属材料和塑钢材料，按照材料不同可分为木门窗套、饰面夹板门窗套、石材门窗套、金属门窗套。

门窗套根据其制作工艺不同，可分为现场制作和工厂制作两种。根据其选材不同，又可分为实木套和复合套两种，复合套大多由底层和面层组成，实木套则由一种实木制作而成。

## 二、木门窗套

木门窗套是在门窗洞口周围安装的木质装饰结构。它主要由侧板、上板和线条等部件组成。从功能角度来讲，木门窗套起着保护门窗洞口周边墙体的作用，防止墙体因日常碰撞、摩擦而损坏。同时，它还能增强门窗的稳定性与密封性，有助于提升门窗的隔声、隔热效果。

从装饰效果看，木门窗套能够为门窗增添装饰性，通过不同木材种类、颜色以及款式的选择，可与室内装修风格相搭配，营造出和谐统一的整体氛围，提升家居的美观度与档次感。常见木门窗套如图5-4-1所示。

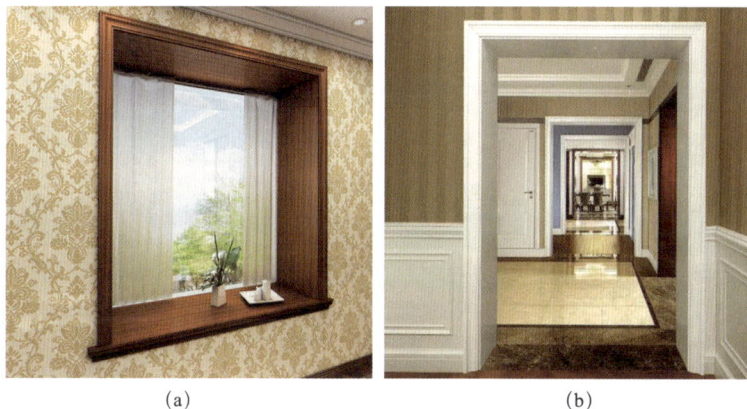

(a)　　　　　　　　　　(b)

图5-4-1　常见木门窗套

## 三、饰面夹板门窗套

饰面夹板门窗套是指将门窗洞口侧壁先用基层板做底板或衬板，然后用装饰板罩面的门窗套。常见饰面夹板门窗套如图5-4-2所示。

## 四、石材门窗套

### 1.概述

石材具有天然的纹理、镜面般的色泽、舒适的质感，这些都会提升整个空间的气质。用天然石材做门窗套，整个空间似乎被石材连接到一起，给人一种视觉上的美感。常见石材门窗套如图5-4-3所示。

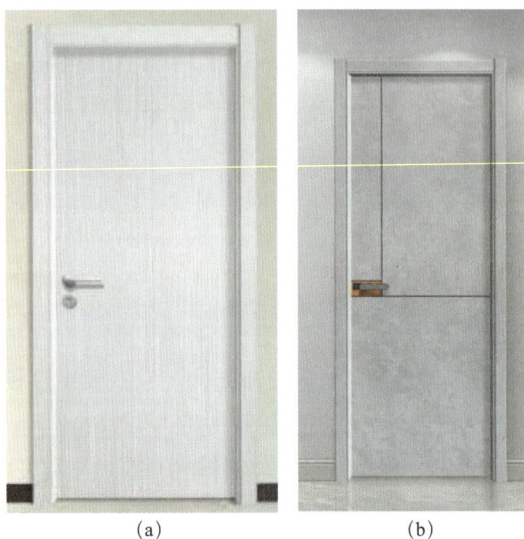

图5-4-2 常见饰面夹板门窗套

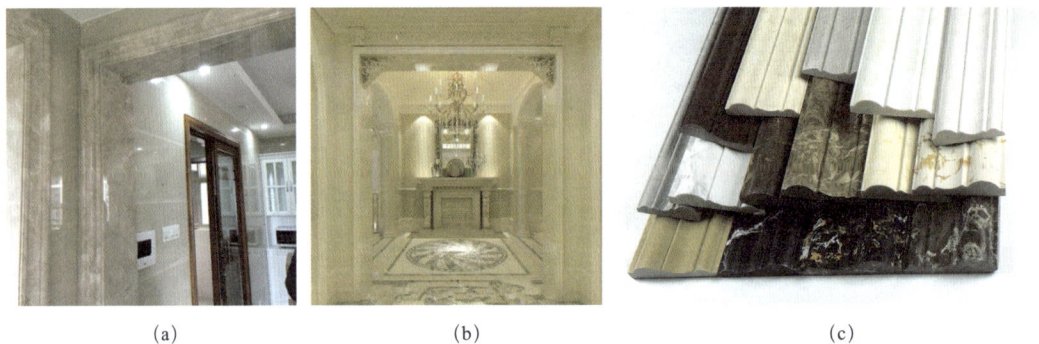

图5-4-3 常见石材门窗套

### 2.性能特征

选用石材框进行装饰，可以将整个空间点缀得高雅、端庄，配合水晶灯的照射散发耀眼光芒，仿佛进入宫殿一般，展现大气磅礴的气势。而且它的表面非常耐磨，后期清理起来也轻松便捷。窗户是室内与外界接触最紧密的地方，它会经常受到阳光的直晒，也难免会受到雨水的侵蚀。如果家中使用木材窗套，长年累月很容易开裂、发霉。石材有很好的防水防晒功能，数年之后依旧能焕发迷人的光彩。石材结构严密，耐磨性良好，可以长期使用，实用性非常强。坚固耐用、不易变形、耐水耐腐、防蛀防霉、抗菌阻燃。

## 五、金属门窗套

### （一）概述

金属门窗套采用金属门框技术，基材选用钢板定形而成，门套表面使用转印烤漆技术，使用寿命长，门套与门扇无色差。但这类门窗套一般线条为单面，因此比较单一。常见金属门窗套如图5-4-4所示。

(a)                                          (b)

图5-4-4　常见金属门窗套

## （二）类别

金属门窗套可以分为不同的类型，包括铝合金门窗套、不锈钢门窗套以及铁艺门窗套。每种类型都有其特点和适用领域。

### 1.铝合金门窗套

铝合金门窗套是目前市场上最常见的金属门窗套之一。它具有轻便、耐腐蚀、耐用等优点。铝合金门窗套不易受到氧化和腐蚀的影响，因此在潮湿的环境下也能够保持其外观和性能。此外，铝合金门窗套还具备隔热、隔声的功能，能够有效地提高室内的舒适度。

### 2.不锈钢门窗套

不锈钢门窗套是一种长寿命的金属门窗套，具有优异的耐腐蚀性和抗风化性能。不锈钢门窗套的表面光滑、易于清洁，能够保持良好的外观。它还具备较高的强度和稳定性，能够承受较大的压力和冲击。

### 3.铁艺门窗套

铁艺门窗套是一种具有浓郁艺术感的金属门窗套，它以独特的设计和精美的工艺广受欢迎。铁艺门窗套通常用于具有别墅风格、欧式风格的建筑中，能够为建筑增添贵族气质。不仅如此，铁艺门窗套还具备一定的防护功能，能够有效地防止盗窃和侵入。

## （三）性能特征

金属门窗套是一种常见且受欢迎的建筑装饰材料，广泛应用于商业建筑和住宅建筑中。它不仅为建筑增添了美观性与实用性，还具备耐久性和安全性。后期清理起来也轻松便捷。

## 一、木窗帘盒

### 1.木窗帘盒概述

木窗帘盒是隐蔽窗帘帘头的重要设施，在进行吊顶和包窗套设计时，就应进行配套的木窗帘盒设计，提高整体装饰效果。常见木窗帘盒如图5-5-1所示。

几乎家家户户都安装窗帘，但是窗帘的轨道杆露在外面却不太美观，这时候人们就会使用木窗帘盒来遮挡它。木窗帘盒主要有两种，即内藏式和外挂式。内藏式木窗帘盒主要形式是在窗顶部位的吊顶处做出一条凹槽，在槽内装好窗帘轨，作为含在吊顶内的木窗帘盒，与吊顶施工一起做好。外挂式木窗帘盒，又称外盖式木窗帘盒，这样的窗帘盒更多装饰在无天花板的室内，或者是希望造型简约的室内空间也会选择这种窗帘盒。

(a)            (b)

图5-5-1 常见木窗帘盒

### 2.木窗帘盒的构造

木窗帘盒的做法有两种：一种是房间有吊顶的，木窗帘盒应隐蔽在吊顶内，在做顶部吊顶时就一同完成；另一种是房间无吊顶的，木窗帘盒固定在墙上，与窗框套成为一个整体。木窗帘盒常在工厂用机械加工成半成品，在现场组装即可。制作木窗帘盒时，首先根据施工图或标准图的要求进行选料、配料，先加工成半成品，再细致加工成型。在加工时，多层胶合板按设计施工图要求下料，细刨净面。需要起线时，多采用粘贴木线的方法。线条要光滑顺直、深浅一致，线型要清秀。组装应根据图纸进行，先抹胶，再用钉条钉牢，将溢胶及时擦净。不得有明榫，不得露钉帽。木窗帘盒构造如图5-5-2所示。

### 3.木窗帘盒的常用规格

木窗帘盒一般高100mm左右，单杆宽度为120mm，双杆宽度为150mm以上，长度最短时应超过窗口宽度300mm，窗口两侧各超出150mm，最长可与墙体通长。木窗帘盒常用规格（宽×高）：双轨为150mm×100mm；单轨为120mm×100mm。

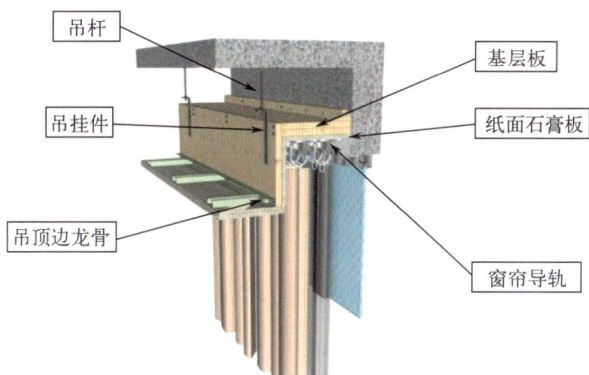

图5-5-2 木窗帘盒构造

## 二、窗帘轨道

### (一)概述

窗帘轨道是一种用于悬挂窗帘,以便窗帘开合,又可增加窗帘布艺美观的窗帘配件。品种很多,分为明轨和暗轨两大系列。明轨有木质杆、铝合金杆、钢管杆、铁艺杆、塑钢杆等多种,常见形式是艺术杆。暗轨有纳米轨道、铝合金轨道和静音轨道,质地有塑钢、铁、铜、木、铝合金等材料。常见窗帘轨道如图5-5-3所示。

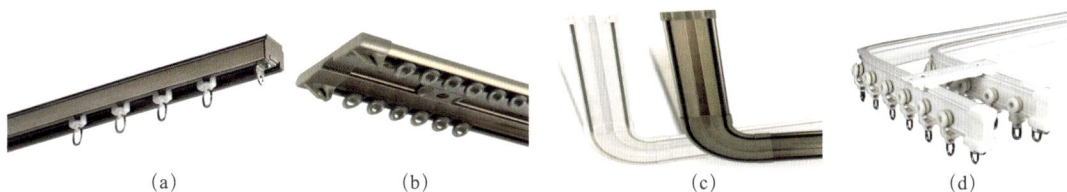

(a)    (b)    (c)    (d)

图5-5-3 常见窗帘轨道

### (二)类别与构造

#### 1.明轨

明轨包括罗马轨和装饰轨,按材质分,有实木的、铝合金的和钢管的三大类。

实木装饰轨道比较普遍,颜色多样。按种类可分为透明色和覆盖色两种,品质取决于表面的处理是否光滑,油漆是否均匀,装饰头是否匀称等因素。

铝合金装饰轨道是市面上较多的一种轨道,品质主要取决于它的壁厚以及拉环的设计。品质好的壁厚为1.5~2mm。

钢管装饰轨道表面一般有喷漆和电镀两种处理方式,品质也取决于喷漆与电镀的质量,直径一般有16mm、19mm、20mm、25mm等。

## 2.暗轨

暗轨分为型材、滑轮、安装码、轨盖等。

型材以铝合金为主，所谓的纳米轨道其实是塑料的，只是换了一个名字，长期使用会老化、断裂，属于短期使用产品。铝合金轨道品种较多，表面经氧化、喷涂、电泳处理，原材料以原生铝合金为上，许多便宜的铝合金轨道是用再生料制造的，表面经电泳处理，光滑、不褪色。

滑轮有塑料和尼龙两大类，塑料的大都采用再生料，表面暗淡毛糙，用不多久就会断裂和老化。它的拉环一般采用普通的铁丝弯曲，时间长了会生锈，污染窗帘。好的滑轮采用耐磨的原生尼龙制造，光滑无毛刺，用手拉动顺滑。拉环采用304不锈钢制造，选择时可用磁铁来分辨。

安装码一般采用0.5mm厚度的普通涂装，压板采用再生塑料，容易生锈和损坏。良好的安装码是轨道牢固的保证，应采用1.0mm的钢板，使用尼龙压板，表面采用酸洗、清洁、磷化、清洁工艺，涂装牢固，安装方便。

一般便宜的轨盖采用再生塑料制造，表面暗淡，没有韧性。优良的轨盖采用优质ABS制造，表面光洁，商标和文字清晰。

### 【课后练习】

1.简述门窗的开启方式分类有哪些。

2.简述门窗五金件都包含哪些类别。

3.简述木门窗的构造以及常用木材的种类。

4.简述门窗套的材料与其常见构造形式有哪些。

5.简述窗帘盒与窗帘轨道材料及其基本的构造形式有哪些。

【项目提要】——

本项目主要以木家具装饰材料与构造为主，介绍木家具结构板材、木制家具饰面材料和木制家具五金配件。包含压条、装饰线、卫浴设备、踢脚线、楼梯装饰、台阶装饰等材料，详细介绍各类材料的基本知识、类别、规格、性能特征、用途及装饰构造。

【学习目标】——

1.知识目标

掌握木家具装饰材料、压条装饰线、卫浴设备、踢脚线、楼梯台阶等装饰材料的基础知识和材料类别。

2.能力目标

能够准确说出木家具装饰材料、压条装饰线、卫浴设备、踢脚线、楼梯台阶等装饰材料的性能特征，对这些材料不同的类别及各自的使用场所有一个明确的识别。

3.素质目标

培养作为室内设计师和装修工程师为业主选择合适的装饰材料的责任感。培养节能、绿色、可持续发展的设计和材料选择理念。

【学习要点】——

1.学习重点

木家具装饰材料、压条装饰线、卫浴设备、踢脚线、楼梯台阶等装饰材料的基本性能特征以及分类。

2.学习难点

木家具装饰材料、压条装饰线、卫浴设备、踢脚线、楼梯台阶等装饰材料的选购标准。

## 一、木家具结构板材

### （一）大芯板

#### 1.什么是大芯板

木芯板俗称大芯板，大芯板也常被称为细木工板或木工板，是由上下两层胶合板加中间木条构成的。由于其具有质地轻、易加工、握螺钉力好以及不变形的优点，因此是现代木质构造装修的理想材料，也是室内最为常用的板材之一，如图6-1-1所示。

#### 2.大芯板的尺寸规格

大芯板的长宽尺寸一般为1220mm×2440mm，厚度多为15mm、18mm、25mm，木板越厚价格越高。其中15mm厚的木芯板主要用于制作小型家具，如台柜、床头柜及装饰构造等；18mm厚的木芯板材主要用于制作大型家具，如吧台柜以及储藏柜等。

#### 3.大芯板的性能特征

大芯板质地密实，木质不软不硬，握钉力强，不易变形。大芯板的加工工艺分机拼和手拼两种。机拼的板材受到的挤压力较大，缝隙较小，拼接平整，承重力均匀，长期使用不易变形，通常用于各种家具制作、门窗扇框等细木装修。手拼的板材不均匀，缝隙比较大，不能锯切加工，通常只能做部分装修的子项目，如实木地板的基层板等，如图6-1-2所示。

图6-1-1　大芯板

图6-1-2　大芯板制作而成的柜子

大芯板的稳定性强于胶合板，在家具、门窗、窗帘盒等木作业中大量使用，是装修中墙体、顶部木装修和木工制作必不可少的木材制品。除此以外，大芯板最主要的缺点是其横向抗弯性能较差，对于承重要求比较高的项目，往往因为自身强度而无法满足承重的要求。同时，大芯板的环保性也是一个大问题，因为大芯板的构造是中间多条木材黏合成芯，两面再贴上胶合板，都是由胶水黏结而成的，甲醛含量高，锯开后有刺鼻的味道。

### 4.大芯板的选购

在购买大芯板时除需要购买正规厂家的产品外，还需要注意如下几点。

**（1）外观**

表面应平整，无翘曲、变形、起泡等问题。好的板材是双面砂光，手摸感觉非常光滑；四边平直，侧面看板芯木条排列整齐，木条之间缝隙不超过3mm；选择时可以对着太阳光观看，如果中间层木条有较大的缝隙，缝隙处会透白光。

**（2）板芯**

板芯的拼接分为机拼和人工拼接两种。机拼相比人工拼接，芯板木条间受到的挤压力较大，缝隙极小，拼接平整，长期使用不易变形，更耐用。大多数板材是越重越好，但大芯板正好相反，越重反而越不好。因为重量越大，表明这种板材的板芯使用了杂木。这种用杂木拼成的大芯板，钉子很难钉进，不好施工。

**（3）甲醛**

甲醛含量高是大芯板最大的一个缺点，在选购大芯板时这点是最需要注意的。国家标准要求室内大芯板的甲醛释放量一定要小于或等于1.5mg/L才能用于室内，当然这个指标越低越好，选择时可以查看产品检测报告中的甲醛释放量。

## （二）胶合板

### 1.什么是胶合板

胶合板也常被称为夹板或者细芯板，是将椴木、桦木、榉木、水曲柳、楠木、杨木等原木经蒸煮软化后，沿年轮旋切或刨切成大张单板，这些单板通过干燥后纵横交错排列，使相邻两张单板的纤维相互垂直，再经加热胶压而成的人造板材，如图6-1-3所示。

### 2.胶合板的尺寸规格

胶合板常见的规格尺寸为1220mm×2440mm，按照层数多少又可以称为3厘板、5厘板、9厘板、12厘板、15厘板和18厘板（1厘就是现实中的1mm，一层为一厘），按照不同厚度规格划分的六种板材，市场销售价格根据厚度不同而不等。

### 3.胶合板的性能特征

胶合板的特点是重量轻、纹理清晰、结构强度高，拥有良好的弹性、韧性，变形小、幅面大、施工方便、不翘曲、横纹抗拉性能好。胶合板还可弥补天然木材自然产生的一些缺陷，例如节子、幅面小、变形、纵横力学差异性大等。胶合板目前更多地用做饰面板材的底板、板式家具的背板、门扇的基板等，能够较轻易地创造出弯曲的、圆的、方的等各种各样的造型，如图6-1-4所示。

胶合板含胶量相对较大，施工时要做好封边处理，尽量减少污染。同时，因为胶合板的原材料为各种原木材，所

图6-1-3　胶合板

图6-1-4　胶合板制作的家具

以也怕白蚁，在一些大量采用胶合板的木作业中还要进行防白蚁的处理。

### 4.胶合板的选购

**（1）外观**

要求木纹清晰，胶合板表面不应有破损、碰伤、节疤等明显疵点；正面要求光滑平整，摸上去不毛糙，无滞手感。

**（2）胶合**

如果胶合板的胶合强度不好，则容易分层变形，在选择胶合板时需要注意从侧面观察胶合板有无脱胶现象。

**（3）剖面**

将胶合板剖切，仔细观察剖切截面，剖面分节有序，无明显凹陷且色泽鲜明的为优质品。

**（4）甲醛**

注意胶合板的甲醛含量不能超过国家标准，国家标准要求胶合板的甲醛含量应小于1.5mg/L才能用于室内，可以向商家索取检测报告和质量检验合格证等文件查看，应避免选择具有刺激性气味的胶合板。

## （三）密度板

### 1.什么是密度板

密度板也叫纤维板，是以各种木质纤维为原料，经粉碎、纤维分离、干燥后施加胶黏剂，高温、高压成型后的人造木质板材，因为其密度很高，所以被称为密度板，如图6-1-5所示。

图6-1-5　密度板

### 2.密度板的种类

**（1）按产品密度分**

可分为非压缩型和压缩型两大类。非压缩型产品为软质纤维板，密度<0.4g/cm$^3$；压缩型产品有中密度纤维板（或称半硬质纤维板，密度0.4～0.8g/cm$^3$）和硬质纤维板（密度>0.8g/cm$^3$）。

① 软质纤维板质轻，空隙率大，有良好的隔热性和吸声性，多用作公共建筑物内部的覆盖材料。经特殊处理可得到孔隙更多的轻质纤维板，具有吸附性能，可用于净化空气。

② 中密度纤维板结构均匀，密度和强度适中，有较好的再加工性。产品厚度范围较宽，具有多种用途，如家具用材、电视机的壳体材料等。

③ 硬质纤维板产品厚度范围较小，为3～8mm，强度较高；3～4mm厚的硬质纤维板一般可代替9～12mm厚的锯材薄板材使用。

**（2）根据板坯成型工艺分**

可分为湿法纤维板、干法纤维板和定向纤维板。

**（3）按后期处理方法不同分**

可分为普通纤维板、油处理纤维板等。

### 3.密度板的尺寸规格

密度板的长宽尺寸一般为2440mm×1220mm，厚度为3～25mm。以最普及的中密度板为例，优质板材应该平整，厚度、密度应该均匀，边角没有破损，没有分层、鼓包、炭化等现象，无松软部分。

### 4.密度板的性能特征

密度板结构细密，表面特别光滑平整，性能稳定，边缘牢固，加工简单，很适合制作家具。目前很多的板式家具及橱柜基本都是采用密度板作为基材。在室内装修中主要用于强化木地板、门板、家具等制作，如图6-1-6所示。

图6-1-6 密度板书桌组合

密度板的缺点是握钉力不强，由于它的结构是木屑，没有纹路，所以用钉子或是螺栓紧固时，特别是钉子或螺栓在同一个地方紧固两次以上时，螺钉旋紧后容易松动。所以密度板的施工主要采用贴而不是钉的工艺。比如橱柜门板，多是将防火板用机器压制在密度板上。同时密度板的缺点还有遇水后膨胀率大和抗弯性能差，不能用于过于潮湿和受力太大的木作业中。

### 5.密度板的选购

密度板的选购和大芯板基本一致，不过密度板的表面更光滑，摸上去感觉更细腻，而刨花板是板材中面层最粗糙的。同时密度板也和大芯板一样，在甲醛含量上分为E1级和E2级两类，E1级甲醛释放量更低，更环保。

## （四）刨花板、欧松板、澳松板

### 1.刨花板

**（1）什么是刨花板**

刨花板是将天然木材粉碎成颗粒状后，加入胶水、添加剂，在一定温度下压制而成的一种人造板材。从其剖面来看类似蜂窝状，极不平整，所以称为刨花板，如图6-1-7所示。

**（2）刨花板的种类**

刨花板可以分为以下几种。

① 根据使用原料分类：可以分为木材刨花板、甘蔗渣刨花板、亚麻屑刨花板、棉秆刨花板、竹材刨花板、水泥刨花板、石膏刨花板等。

② 根据刨花板结构分类：可以分为单层结构刨花板、三层结构刨花板、渐变结构刨花板、定向刨花板、华夫刨花板、模压刨花板。

③ 根据表面状况分类：可以分为未饰面刨花板、饰面刨花板。

④ 根据用途分类：可分为A类刨花板和B类刨花板，A类刨花板属于家具、室内装饰等一般用途的刨花板，B类刨花板属于非结构建筑用刨花板。

**（3）刨花板的性能特征**

刨花板由于其密度疏松易松动，抗弯性和抗拉性较差，因此不适合制作较大型或者对承重要求较高的家具。刨花板结构比较均匀，同时握钉力较好，加工性能好，主要优点就是价格比较便宜。可以用于一些受力要求不是很高的基层部位，也可以作为垫层和结构材料。在装修施工中则主要用作基层板材和制作普通家具等。

### 2.欧松板

#### （1）什么是欧松板

欧松板的学名叫定向结构刨花板，严格说也属于刨花板一种。欧松板在国内算是一种较为新型的板种，应用时间不是很长。它是以小径材、木芯为原料，通过专用设备加工成40～100mm长、5～20mm宽、0.3～0.7mm厚的刨片，经干燥、施胶、定向铺装和热压成型。在装修中多用于制作各种家具，甚至很多的大型家具企业都开始使用欧松板制作家具。欧松板如图6-1-8所示。

#### （2）欧松板的性能特征

欧松板最大的优点是甲醛释放相对较少，对螺钉吃力较好，并且结实耐用，不易变形，可用作受力构件，对制作书柜、书架等承重较高的家具非常合适。但是由于欧松板使用薄木片热压而成，木片与木片之间或多或少会有一些空隙存在，从整体上形成了许多细小的坑洞。此外，欧松板价格也较高。

### 3.澳松板

#### （1）什么是澳松板

澳松板最早产于澳大利亚，采用辐射松（澳洲松木）原木制成，因此得名澳松板。它属于密度板的范畴，是大芯板、胶合板、密度板的替代升级产品，如图6-1-9所示。

#### （2）澳松板的性能特征

澳松板具有很高的内部结合强度，每张板的板面均经过高精度的砂光，表面光洁度较高。此外，澳松板比较环保，硬度大、承重好，防火、防潮性能优于传统大芯板，在装修中多用于家具制作中的饰面和背板。澳松板和欧松板一样，对螺钉的握钉效果很好，但对于直钉咬合力不够，这和国外木器加工大多用螺钉的习惯有很大关系。

图6-1-7　刨花板

图6-1-8　欧松板

图6-1-9　澳松板

## （五）防火板

### 1.什么是防火板

防火板具有良好的耐火性，因此被称为防火板。防火板是一种复合材料，是用牛皮纸浆加入调和剂、阻燃剂等化工原料，经过高温高压处理后制成的室内装饰贴面材料。防火板样板如图6-1-10所示。

| | | | | | | |
|---|---|---|---|---|---|---|
| 9005-17 靓木(直) | 9005-25 靓木(直) | 9005-02 靓木(直) | 5883-17 摩卡靓木 | 5883-25 摩卡靓木 | 5883-02 摩卡靓木 | 5204-27 集木 |
| 5201-27 集木 | 5201-02 集木 | 5202-27 集木 | 5202-02 集木 | 5203-27 集木 | 5203-02 集木 | 5204-02 集木 |
| 9107-17 浅巧克力靓木 | 9006-17 巧克力靓木 | 9006-25 巧克力靓木 | 9006-02 巧克力靓木 | 9004-27 陈年柚木(直) | 8816-17 柴灰木(直) | 8816-27 柴灰木(直) |
| 9025-25 红松(直) | 9346-02 橡木(直) | 9347-02 橡木(直) | 9114-45 古色橡木(山) | 9012-17 檀木(直) | 9012-18 檀木(直) | 9012-02 檀木(直) |
| 6189-16 经典柚木 | 9049-16 特色黑梭木(直) | 9000-16 特色梭木(直) | 9090-16 红檀木(直) | 9996-16 横纹胡桃 | 9619-16 特色木纹 | 9618-16 特色木纹(直) |
| 6789-16 天然蕾丝木 | 9012-16 檀木(直) | 9331-16 日本黑梭木(直) | 9181-16 天然树柳 | 9999-16 横纹酸枝 | 9991-16 天然酸枝 | 9992-16 天然酸枝 |

图6-1-10　防火板样板

### 2.防火板的尺寸规格

防火板的常用规格有2135mm×915mm、2440mm×915mm、2440mm×1220mm，厚度一般为0.6mm、0.8mm、1mm和1.2mm。

### 3.防火板的性能特征

防火板具有耐磨、耐热、耐撞击、耐酸碱，以及防霉、防潮等优点。防火板的面层可以仿出各种木纹、金属拉丝、石材等效果，再加上其优良的耐火性能，因而是制作橱柜、展柜的最佳贴面材料。防火板从底面至表面共分四层，依次为黏合层、基层、装饰层、保护层。其中黏合层和保护层对防火板质量的影响最大，也决定了防火板的档次及价位。质量较好的防火板价格比装饰面板还要贵。需要特别注意的是防火板的施工对于粘贴胶水的技术要求比较高，要掌握刷胶的厚度和胶干时间，并一次性粘贴好。

## 二、木家具饰面材料

### （一）饰面板

#### 1.饰面板概述

饰面板也叫贴面板，也属于胶合板的一种，和胶合板不同的是饰面板的表面贴上了各种具有漂亮纹理的大然或人造板材贴面。这些贴面具有各种木材的自然纹理和色泽，所以饰面板在外观上明显要比普通胶合板漂亮，被广泛应用于各类室内空间的面层装饰。

#### 2.饰面板的种类

饰面板根据面层木种纹理的不同，有数十个品种。常用的面层分类有柳木、橡木、榉木、枫木、樱桃木、胡桃木等，如图6-1-11所示。饰面板因为只是作为装饰的贴面材料，所以通常只有三厘一种厚度，规格也为长2440mm×宽1220mm。

#### 3.饰面板的选购

**（1）外观**

饰面板的外观尤其重要，它直接影响室内装饰的整体效果。饰面板纹理应细致均匀、色泽明晰、木纹美观；表面应光洁平整，无明显瑕疵和污垢。

**（2）表层厚度**

饰面板的美观性基本上就靠表层贴面，这层贴面多是采用较名贵的硬质木材削切成薄片粘贴的，有无这层贴面也是区分饰面板和胶合板的关键。表层贴面的厚度必须在0.2mm以上，越厚越好。有些饰面板表层面板厚度只有0.1mm左右，商家为防止表层面板太薄而透出底板颜色，会先在底板上刷一层与表层面板同色的漆用来掩饰。饰面板也属于胶合板的一种，其他选购要求和胶合板一样，具体参看胶合板选购。

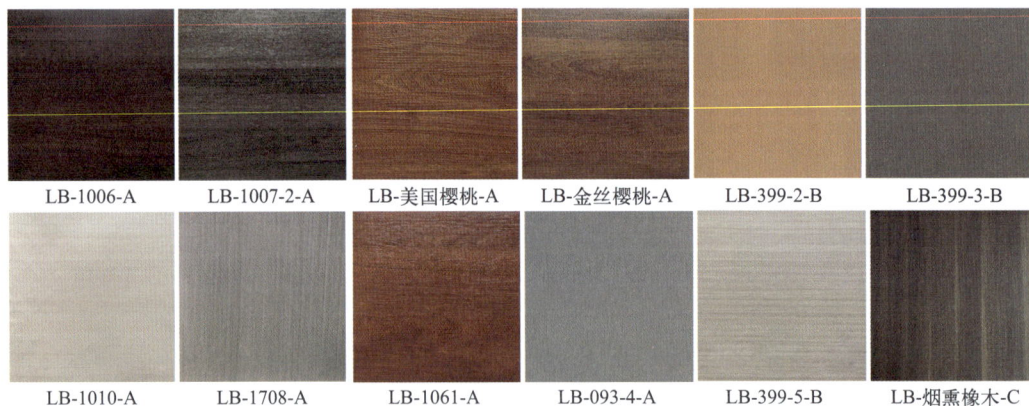

| LB-1006-A | LB-1007-2-A | LB-美国樱桃-A | LB-金丝樱桃-A | LB-399-2-B | LB-399-3-B |
| LB-1010-A | LB-1708-A | LB-1061-A | LB-093-4-A | LB-399-5-B | LB-烟熏橡木-C |

图6-1-11 饰面板样板

### （二）铝塑板

#### 1.铝塑板概述

铝塑板又叫铝塑复合板，是由上下两面薄铝层和中间的塑料层构成的，上下层为高纯度铝合金板，中间层为PE塑料芯板，如图6-1-12所示。

### 2.铝塑板的种类

铝塑板分室内和外墙两种，室内的铝塑板由两层0.21mm的铝板和芯板组成，总厚度为3mm；外墙的铝塑板厚度应该达到4mm，由两层0.5mm厚的铝板和3mm厚的芯板材料组成。

### 3.铝塑板的性能特征

铝塑板可以切割、裁切、开槽、带锯、钻孔，还可以冷弯、冷折、冷轧，在施工上非常方便。同时还具有轻质、防火、防潮等特点，而且铝塑板还拥有金属的质感和丰富的色彩，装饰性相当不错。铝塑板在建筑外观和室内均有广泛的应用，在室内多用于办公空间形象墙、展柜、厨卫吊顶等面层装饰，如图6-1-13所示。

图6-1-12　铝塑板

图6-1-13　铝塑板在办公空间的应用

## 三、木家具五金配件

### （一）锁具、门吸

#### 1.锁具

锁具通常由锁头、锁体、锁舌、执手与覆板部件及有关配套件构成，其种类繁多，各种造型和材料的锁具品种都很常见。从用途上大体可以将锁具分为户门锁、室内锁、浴室锁、通道锁等几种。从外形上大致可分为球形锁、执手锁、门夹及门条等。在材料上则主要有铜、不锈钢、铝、合金材料等。相对而言，铜和不锈钢材料的锁具应用最广，也是强度最高、最为耐用的品种。各种锁具如图6-1-14所示。

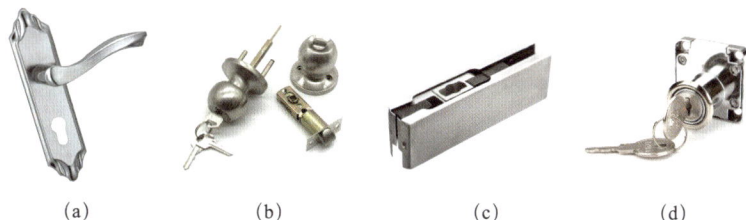

(a)　　　　　　(b)　　　　　　(c)　　　　　　(d)

图6-1-14　各种锁具

## 2.门吸

和锁具配套的五金配件还有门吸，是一种带有磁铁，具有一定磁性的小五金。门吸安装在门后面，在门打开以后，通过门吸的磁性稳定住门扇，防止风吹导致门自动关闭，同时门吸还可以防止门扇磕碰墙体。各式门吸如图6-1-15所示。

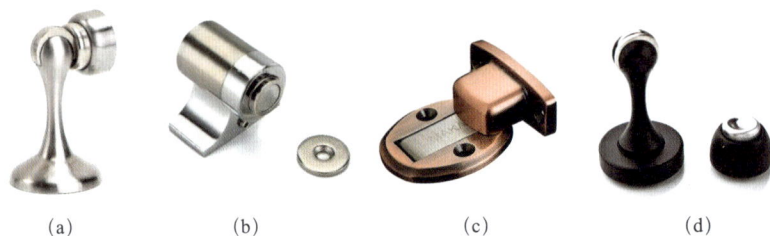

| (a) | (b) | (c) | (d) |

图6-1-15　各种门吸

## 3.锁具、门吸的选购

相对而言，纯铜和不锈钢的锁具质量更好，纯铜锁具手感较重，而不锈钢锁具明显较轻。市场上还有镀铜的锁具，纯铜和镀铜的区别在于纯铜制成的锁具一般都经过抛光和磨砂处理，与镀铜相比，色泽要暗，但很自然。不管选用何种材料制成的锁具，最重要的是试试锁的灵敏度，可以反复开启试试看锁芯弹簧的可靠性和灵活性。

门吸是一种带有磁铁、具有磁性的五金配件。在选购上需要注意的是磁性的强弱，磁性过弱会导致门扇吸附不牢。

## （二）铰链、滑轮、滑轨

### 1.铰链的特性

铰链也称为合页，是各式门扇开启和闭合的重要部件，它不但要独自承受门板的重量，并且还必须保持门外观上的平整。在门扇的频繁使用过程中，经受考验最多的就是铰链。如果铰链选用不好，使用一段时间后可能会导致门板变形，错缝不平。铰链按用途分为升降合页、普通合页、玻璃合页、烟斗合页、液压支撑臂等。不锈钢、铜、合金、塑料、铸铁都可应用于铰链制作中。相对来说，钢制铰链是各种材料中质量最好、应用最广的，尤其是以冷轧钢制作的铰链，其韧度和耐用性能更佳。另外，应尽量选择多点制动位置定位的铰链。所谓多点定位，也称为"随意停"，就是指门扇在开启的时候可以停留在任何一个角度的位置，不会自动回弹，从而保证了使用的便利性。尤其是上掀式的橱柜吊柜门，采用多点定位的铰链更是非常必要的。各式铰链如图6-1-16所示。

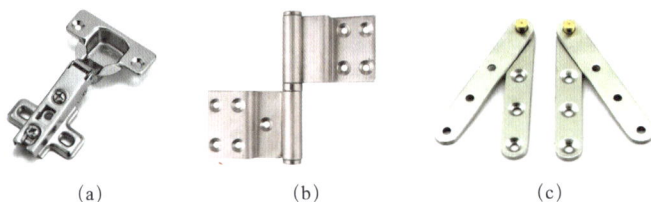

| (a) | (b) | (c) |

图6-1-16　各式铰链

## 2.滑轮的特性

滑轮多用于阳台、厨房、餐厅等空间的滑动门中，滑动门的顺畅滑动基本上都靠高质量滑轮系统的设计和制造。用于制造滑轮所使用的轴承必须为多层复合结构轴承，最外层为高强度耐磨尼龙衬套，并且尼龙表面必须非常光滑，不能有棱状凸起；内层滚珠托架也是高强度尼龙结构，减少摩擦，增强轴承的润滑性能；承受力的结构层均为钢结构，此种设计的滑轮大部分是超静音的，使用寿命在15～20年。

## 3.滑轨的特性

滑轨也是保证滑动门推拉顺畅的重要部件，采用质量不好的滑轨推拉门在使用一段时间后容易出现推拉困难的现象。滑轨有抽屉滑轨道、推拉门滑轨道、门窗滑轨道等种类，其最重要的部件是滑轨的轴承结构，它直接关系到滑轨的承重能力。常见的有钢珠滑轨和硅轮滑轨两种。前者通过钢珠的滚动自动排除滑轨上的灰尘和脏物，从而保证滑轨的清洁，不会因脏物进入内部而影响其滑动功能。同时钢珠可以使作用力向四周扩散，确保了抽屉水平和垂直方向的稳定性。硅轮滑轨在长期使用、摩擦过程中产生的碎屑呈雪片状，并且通过滚动还可以将其带起来，同样不会影响抽屉的滑动自如。相对而言，在静音方面硅轮滑轨效果更好。滑动门用的轨道一般有冷轧钢轨道和铝合金轨道两种。不应片面地认为钢轨一定好于铝合金轨道，好的轨道取决于轨道的强度设计和轨道内与滑轮接触面的光洁度和完美配合。相对来说，铝合金轨道在抗噪声方面还要强于钢轨。各式滑轨如图6-1-17所示。

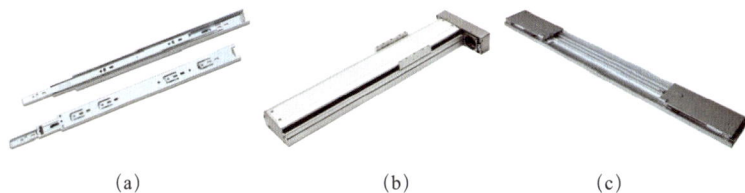

图6-1-17　各式滑轨

## 4.铰链、滑轮、滑轨的选购

铰链好坏主要取决于轴承的质量。一般来说，轴承直径越大越好，壁板越厚越好，此外还可以开合、拉动几次，开启轻松无噪声且灵活自如为佳。

滑轮是非常重要的五金部件，目前，市场上滑轮的材质有塑料、金属和玻璃纤维3种。塑料滑轮质地坚硬，但容易碎裂，使用时间一长会发涩、变硬，推拉感就变得很差；金属滑轮强度大、硬度高，但在与轨道接触时容易产生噪声；玻璃纤维滑轮韧性、耐磨性好，滑动顺畅，经久耐用。

滑轨一般有铝合金和冷轧钢两种材质，铝合金轨道噪声较小，冷轧钢轨道较耐用。不管选择何种材质的轨道，重要的是其轨道和滑轮的接触面必须平滑，拉动时流畅和轻松。同时还必须注意轨道的厚度，加厚型的更加结实耐用。好的和差的滑轨价格相差很大，因为滑轨是经常使用的部件，购买大品牌的产品更有保障。大品牌的滑轨使用期限都为15年左右，而一些仿冒产品的滑轨道2～3个月可能就会损坏。

### （三）拉篮、拉手

#### 1.拉篮的特性

拉篮多用于橱柜内部，在橱柜内加装拉篮可以最大限度地扩大橱柜使用率。拉篮有很多的品种，材料上有不锈钢、镀铬及烤漆等。拉篮以其便利性在橱柜的分割和储物应用上已基本取代了之前的板式分隔。根据不同的用途，拉篮可分为炉台拉篮、抽屉拉篮、转角拉篮。各种物品在拉篮中都有相应的位置，在应用上非常便利。拉篮如图6-1-18所示。

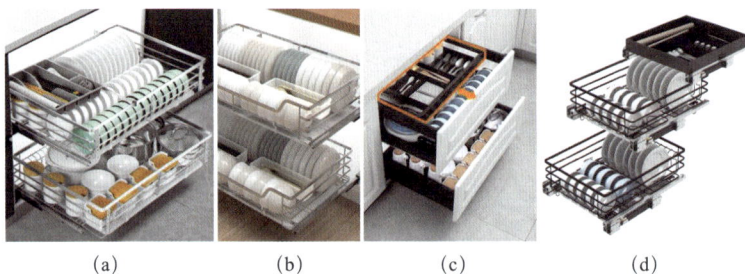

(a)　　　　　(b)　　　　　(c)　　　　　(d)

图6-1-18　拉篮

#### 2.拉手的特性

拉手多用于家具的把手，品种多样，铜、不锈钢、合金、塑料、陶瓷、玻璃等均可用于拉手的制作中。相对来说，全铜、全不锈钢的质量最好。拉手的选择需要和家具的款式配合起来，选用得当的拉手对于整个家具来说可以起到"画龙点睛"的作用。各式拉手如图6-1-19所示。

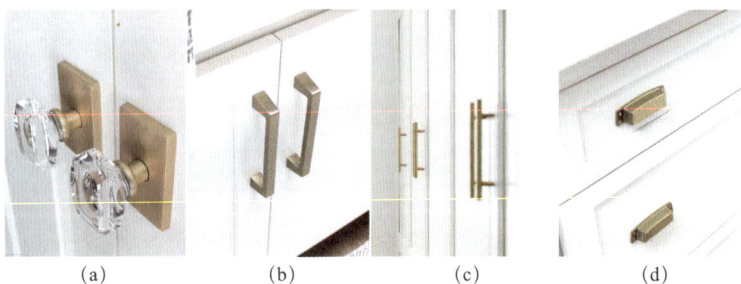

(a)　　　　　(b)　　　　　(c)　　　　　(d)

图6-1-19　各式拉手

#### 3.拉篮和拉手的选购

拉篮和拉手的选购需要注意表面光滑，无毛刺，摸上去感觉比较滑腻。此外还要注意拉篮和拉手的表面处理，比如普通钢材表面镀铬后质感和不锈钢类似，不要将两者混淆。另外拉篮一般是按橱柜尺寸量身定做的，所以在选购之前还必须确定橱柜尺寸。

### （四）地弹簧闭门器

#### 1.地弹簧闭门器

地弹簧闭门器指的是能使门自动合上的一种五金件。地弹簧闭门器多用于商店、商场、办公室等公共空间的玻璃大门，在家居装饰中的浴室如果采用全玻璃门，也可采用地弹簧闭门器。

通常而言，铝合金门厚度大于36mm，木制门的厚度大于40mm，全玻璃门的厚度在12mm以上都可以采用地弹簧闭门器。地弹簧闭门器根据开合方式可以分为两种：一种是带有定位功能的，当门开到一定程度会自动固定住，小于此角度则自动关闭，多见于一些酒店、宾馆等公用场合；还有一种是没有定位功能的，无论在什么角度上，门都会自动关闭。地弹簧闭门器如图6-1-20所示。

(a)

(b)

图6-1-20　地弹簧闭门器

### 2.地弹簧闭门器的选购

地弹簧闭门器有国产和进口的区分，进口的质量较好，但是价格很贵，在市场上的占有量不多。选择时需要特别注意的是地弹簧分为轻型、中型和重型三种，轻型一般可以承载120kg左右的门体，中型在120～150kg之间，重型在150kg以上。

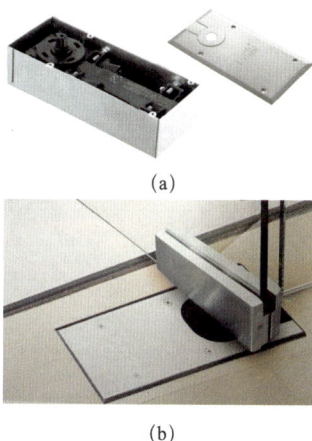

## 模块二
## 压条、装饰线条

## 一、金属装饰线条

### 1.金属装饰线条的特性

金属装饰线条主要有铝合金线条、铜合金线条和不锈钢线条三种。铝合金线条具有轻质、耐蚀、耐磨、刚度大等优点，其表面还可涂上一层坚固透明的电泳漆膜，涂后更加美观；铜合金线条用合金铜即黄铜制成，强度高、耐磨性好，不锈蚀，经过加工后表面呈金黄色泽；不锈钢线条相对于铝合金线条具有更强的现代感，其表面光洁如镜，用于现代主义风格装饰中装饰效果非常好。铝合金线条、铜合金线条、不锈钢线条分别如图6-2-1～图6-2-3所示。

### 2.金属装饰线条的用途

铝合金线条多用于装饰面板材上的收边线，在家具上常常用于收边装饰。此外还被广泛应用于玻璃门的推拉槽、地毯的收口线等方面。在广告牌、灯光箱、显示牌、指标牌上当作边框或框架，在墙面或吊顶面作为一些设备的封口线；铜合金线条主要用于地面大理石、花岗石、水磨石块面层的间隔线，楼梯踏步的防滑线，地毯压角线，装饰柱及高档家具的装饰线等；不锈钢线条具有高强、耐蚀、耐水、耐磨、耐擦、耐气候变化的特点，表面光洁如镜，装饰效果好，属于高档装饰材料。不锈钢线条和铝合金线条一样可以用于各种装饰面的收边线和装饰线。金属装饰线条的效果如图6-2-4所示。

图6-2-1　铝合金线条　　　　图6-2-2　铜合金线条　　　　图6-2-3　不锈钢线条

图6-2-4　金属装饰线条的效果

### 3.金属装饰线条的选购

选购金属装饰线条时首先要看其色泽，好的金属装饰线条表面光滑，色彩锃亮；差的金属装饰线条看着暗淡无光。在购买的时候可以用手指甲在上面用劲划，质量好的金属装饰线条不会有痕迹。

## 二、木质装饰线条

### （一）木质装饰线条的特性

木质装饰线条一般都选用硬质木材，如杂木、水曲柳、柚木等，经过干燥处理后加工而成。有些较高档的木质装饰线条则由计算机雕刻机在优质木材上雕刻出各种纹样效果。木质装饰线条一般会用油漆饰面，以提高花纹的立体感并保护木质表面。装修中油漆饰面有清油和混油的区别，装饰木质线条时同样如此。清油木质线条对木材要求较高，常见的清油木质线条有黑胡桃、沙比利、红胡桃、红樱桃、水曲柳、泰柚、榉木等。混油木质线条对木材要求相对较低，常见的有椴木、杨木、白木、松木等。不能简单地以清油和混油来区分木质线条的好坏，混油能够消除了天然木材的色差和疤结，用于现代风格装饰中效果同样不错。木质装饰线条如图6-2-5所示。

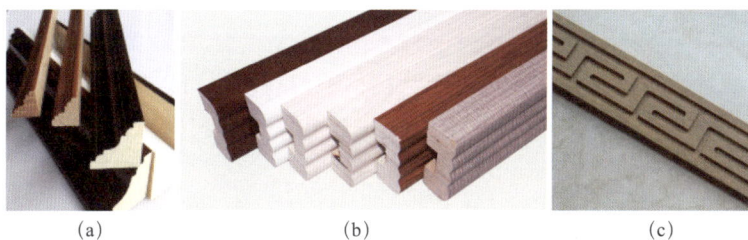

(a)        (b)        (c)

图6-2-5　木质装饰线条

## （二）木质装饰线的用途

木质装饰线条在室内装饰工程中的用途十分广泛，既可以用作各种门套及家具的收边线，也可以作为天花角线，还可以作为墙面装饰造型线。从外形上分有：半圆线、直角线、斜角线、指甲线等，其效果如图6-2-6所示。

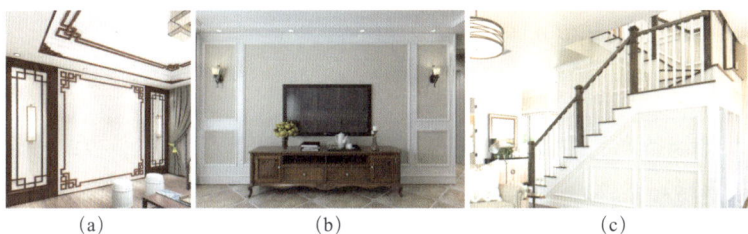

(a)        (b)        (c)

图6-2-6　木质装饰线条的效果

## （三）木质装饰线条的选购

① 表面应光滑平整，手感光滑，无毛刺，质感好，不得有扭曲和斜弯，线条没有因吸潮而变形。

② 注意色差，每根木质装饰线条的色彩都应均匀，漆面光洁，上漆均匀，没有霉点、开裂、腐朽、虫眼等现象。

## 三、石材装饰线条

### （一）石材装饰线条的特性

由石材制成的装饰线条可以称为石材装饰线条。随着石材加工工艺的提高，石材加工厂可用机械加工出像木质装饰线条造型的石材装饰线条，并且石材装饰线条

图6-2-7　石材装饰线条

的曲线表面光洁，形状美观多样。石材装饰线条多是采用大理石和花岗石为原料制作而成的，搭配石材的墙柱面装饰，非常协调美观，豪华大气。石材装饰线条如图6-2-7所示。

## （二）石材装饰线条的用途

石材装饰线条通常用在一些背景或是大门框的位置，也可以用作石门套线和石装饰线。石门套线实际上是用于连接门和墙体缝隙处的装饰线条，既起到装饰作用，也有着实际的用途，如图6-2-8所示。

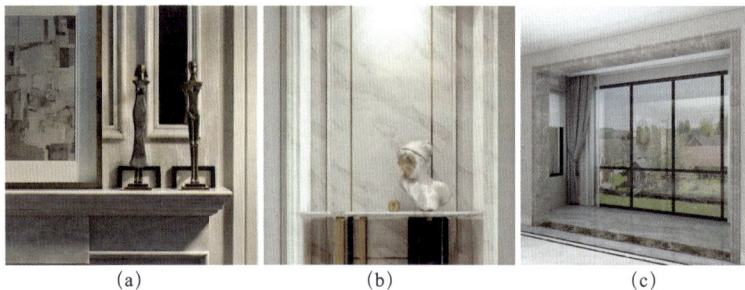

（a）　　　　　　　　　（b）　　　　　　　　　（c）

图6-2-8　石材装饰线条的应用

## （三）石材装饰线条的选购

### 1.看图画斑纹深浅

一般石材装饰线条产品的图画斑纹凹凸有致，且制作精密。在装置结束后，再经表面简略处理，依然能表现出立体感。

### 2.看表面光洁度

石材装饰线条产品的图画斑纹在装置时不能再进行磨砂等处理，因此对表面光洁度的要求较高。表面细腻、手感润滑的石材线条产品装置后，才会有好的装饰作用，如果表面粗糙、不润滑，装置刷漆后就会给人一种偷工减料之感。

### 3.看产品厚薄

石材是气密性胶凝材料，只有石材装饰线条产品具有相应的厚度，才能保证其分子间的亲和力到达较好的程度，然后保证一定的运用年限和在使用期内的完好、安全。如果石材装饰线条产品过薄，不仅使用年限短，而且影响安全。

### 4.看石材线价格高低

与好的石材装饰线条产品的价格相比，低质的石材装饰线条产品的价格便宜1/3～1/2。这种低价格虽对用户具有吸引力，但往往在使用后便会显露缺点。

## 四、石膏装饰线条

### （一）石膏装饰线条的特性

石膏装饰线条是以石膏材料为主，加入增强石膏强度的骨胶纸筋等纤维制成的装饰线条。石膏装饰线条也是最为常用的一种装饰线条，多用于天花的角线和墙面腰线装饰。石膏装饰线条具有价格低廉、施工方便等优点，防火和装饰效果也非常不错。石膏装饰线条如图6-2-9所示。

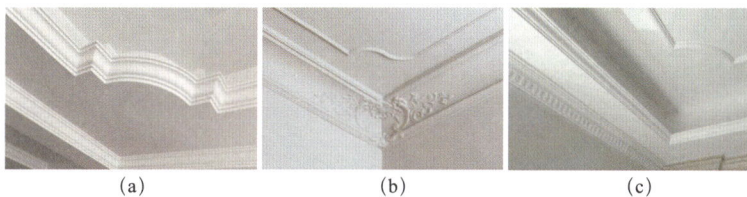

(a)        (b)        (c)

图6-2-9 石膏装饰线条

### （二）石膏装饰线条的用途

石膏装饰线条生产工艺非常简单，比较容易做出各种复杂的纹样，在装修中多用于一些欧式或者比较繁复的装饰中，可以作为天花角线，也可以作为腰线使用，还可以作为各类柱式和欧式墙壁的装饰线。特别是对于顶层高低不同的房屋来说，可以用简单的石膏线勾勒出线条之美。节省预算的同时还能破除烦琐而压抑的空间氛围。同时，石膏装饰线条有很强的艺术表现力，用于勾勒墙面，石膏装饰线条与装饰画的搭配可以拉伸空间的层次感。同时，因为石膏材料特殊，不燃，因此在遇到明火时还会释放化合水以减缓火势。石膏本身还会起到防潮的作用。石膏装饰线条的应用如图6-2-10所示。

(a)        (b)

(c)

图6-2-10 石膏装饰线条的应用

### （三）石膏装饰线条的选购

#### 1.看表面

优质的石膏装饰线条表面色泽洁白且干燥结实，表面造型棱角分明，没有气泡，不开裂，使用寿命长。而一些劣质的石膏装饰线条是用石膏粉加增白剂制成的，其表面色泽发暗，表面高低不平、极为粗糙，石膏装饰线条的硬度、强度都很差，使用后容易发生扭曲变形，甚至断裂等现象。

#### 2.看断面

成品石膏装饰线条内要铺数层纤维网，这样石膏装饰线条附着在纤维网上，就会增加石膏装饰线条的强度，所以纤维网的层数和质量与石膏装饰线条的质量有密切的关系。劣质石膏装饰线条内铺网的质量差，不满铺或层数少，有的甚至做工粗糙，用草、布等代替，这样都会减弱石膏装饰线条的附着力，影响石膏装饰线条的质量。使用这样的石膏装饰线条容易出现边角破裂，甚至整体断裂的现象。所以检验石膏装饰线条的内部结构，应把石膏装饰线条切开看其断面，看内部网质和层数，从而检验内部质量。

#### 3.看图案花纹深浅

一般石膏浮雕装饰产品图案花纹的凹凸应在10mm以上，且制作精细，表面造型鲜明。安装完毕后再经表面刷漆处理，依然能保持立体感，体现装饰效果。如果石膏浮雕装饰产品的图案花纹较浅，只有5～9mm，效果就会差得多。

### 4.手检

除了上述3种用眼观察的方法外还可以手检：用手指弹击石膏装饰线条表面，优质的产品会发出清脆的响声，劣质产品的声音则比较闷。

## 模块三
# 卫浴设备

## 一、盥洗设备

### 1.盥洗设备的特性

洗手盘也叫洗面盆，早期的洗手盘大多为陶瓷所制，造型简单，只讲究功能使用。现在的洗手盘在外观上已经大有改进，材料上也呈多样性发展，用于卫浴空间作为一件精美装饰品。

### 2.盥洗设备分类

洗面盆按材料分主要有陶瓷、玻璃、人造石等种类。陶瓷洗面盆是目前市场上的主流产品，有着悠久的历史，其表层釉面光洁、易清理，同时陶瓷洗面盆价格实惠，是主流首选。玻璃洗面盆是目前市场上的新宠，其外观晶莹剔透、时尚大方，且品种颜色多样，有透明、磨砂、印花等多种类型和各种颜色，受到市场的追捧。人造石洗面盆外观简洁大方，出厂时多和洗面台柜搭配在一起，显得统一整体。各类洗面盆如图6-3-1所示。

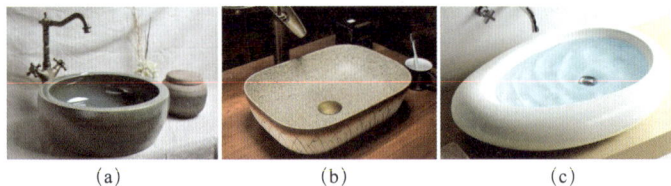

(a)　　　　　　　(b)　　　　　　　(c)

图6-3-1　各类洗面盆

目前不少的卫浴洁具产品都是搭配在一起出售的，这样就可以避免各类产品之间风格的不协调。尤其是洗面盆，通常还会与柜体相搭配，既可以与洗面盆在设计风格上相呼应，也可以起到隐蔽管道设施的作用，如图6-3-2所示。

(a)　　　　　(b)　　　　　(c)　　　　　(d)

图6-3-2　洗面盆和柜子的搭配效果

### 3. 盥洗设备的选购

陶瓷材质的洗面盆在市场上的占有率在八成以上，优点是易清理、抗磨损和比较耐用，同时款式也是最丰富的。但是它也有不足之处，比如爆裂的问题，以及容易挂脏等。所以在挑选的时候，就需要注意这两个方面。之所以会产生爆裂，是因为有的陶瓷产品吸水率高，当吸进一定程度的水之后，陶瓷就会发胀，表面就可能产生龟裂或者变形。因此，一些产品就会将吸水率降低至1%或以下，比国家规定的3%更为严谨。之所以会产生挂脏现象，是因为洗面盆的釉面不够光滑，也就是光洁度低。

玻璃材质的洗面盆会呈现一种亮晶晶的质感，加上独特的纹理后不仅能产生夺人眼球的光影效果，还能在浴室中带给人高级的感觉。但是，这种产品的缺陷是易碎，不够耐高温。若家中有小孩或者老人，还需要经常使用到热水的话，则不建议选择玻璃洗面盆。考虑到安全问题，在挑选时要尽量选择大品牌的玻璃洗面盆。

人造石的洗面盆没有渗透效果，而且清理起来也很简单，所以适用于一些档次较高的浴室和卫生间。

## 二、淋浴设备

### （一）淋浴设备的特性

对于淋浴，最适合的无疑是目前市场最热销的各类淋浴房。目前市场上淋浴房的基本构造都是底盘加围栏。底盘质地有陶瓷、亚克力、玻璃钢等，围栏上安有塑料或钢化玻璃门，可以方便进出。淋浴房内安装淋浴喷头，洗浴时将门拉上，水就不会溅到外面。淋浴房按照底盘的形状不同可以分为方形、圆形、扇形、钻石形等，如图6-3-3所示。

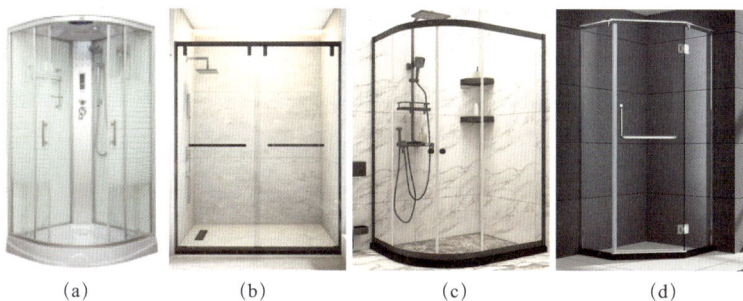

|     (a)     |     (b)     |     (c)     |     (d)     |

图6-3-3　各式淋浴房

### （二）淋浴房的分类

随着技术的进步，目前市场上很多淋浴房还具备全封闭、冷热水淋浴、按摩和音乐等功能。有的淋浴房还分别设有顶喷和底喷，并增加了自动清洁功能，有些还设有桑拿系统、淋浴系统、理疗按摩系统等。桑拿系统主要是通过淋浴房底部的独立蒸汽孔散发蒸汽，并且设置了药盒，可以放入药物享受药浴保健。理疗按摩系统则主要是通过淋浴房壁上的按摩孔出水，用水的压力对人体进行按摩。各类多功能淋浴房如图6-3-4所示。

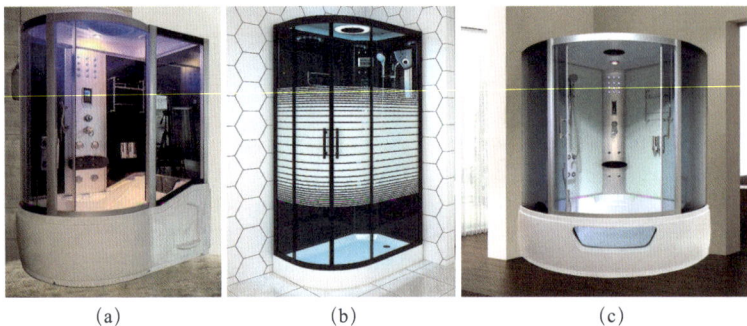

(a)        (b)        (c)

图6-3-4 各类多功能淋浴房

### （三）淋浴房的选购

#### 1.材料

淋浴房主材最好的是钢化玻璃。真正的钢化玻璃，仔细看其内部会有隐隐约约的波纹；淋浴房的骨架通常采用铝合金制作，表面做喷塑处理，主骨架越厚越不易变形；门的滚珠轴承一定要灵活，方便启合；螺栓采用不锈钢材质并且所有五金都必须圆滑，以防不小心刮伤；淋浴房底盘的材料分为玻璃纤维、亚克力、金刚石三种，相对而言，金刚石牢度最好，污垢清洗方便，亚克力材料次之。

#### 2.蒸汽机和电脑控制板

对于多功能淋浴房还必须关注蒸汽机和电脑控制板。如果蒸汽机质量不过关，用不了多长时间就会损坏。此外，电脑控制板也是淋浴房的核心部件。由于淋浴房的所有功能键都在电脑控制板上，一旦电脑控制板出问题，整个淋浴房就无法启用，因此，在购买时一定要问清蒸汽机和电脑板的保修时间。

## 三、便器设备

#### 1.坐便器

坐便器因其在使用功能上更加人性化，在室内尤其是家庭使用中已经非常广泛。

#### 2.坐便器的分类

按冲水方式的不同可以将坐便器分为虹吸式和直冲式。其中虹吸式又分为虹吸漩涡式、虹吸喷射式、虹吸冲落式三种。直冲式价格便宜，用水量小，排污效果好，同时管道较大，不易堵塞，但噪声很大。虹吸式不仅噪声低，对马桶的冲排也较干净，还能消除臭气，但由于设计复杂，制作成本和售价均高于直冲式。虹吸式中的虹吸漩涡式就是所谓的静音型马桶，优点是冲水时声音很小且气味小，缺点是费水且冲力较小；虹吸喷射式的优点是冲水力度大，噪声小且省水，缺点是管道较小，扔纸太多偶尔会堵；虹吸冲落式的池壁坡度较缓，噪声问题有所改善，缺点是池底存水面积较大，较费水。各式各样的坐便器如图6-3-5所示。

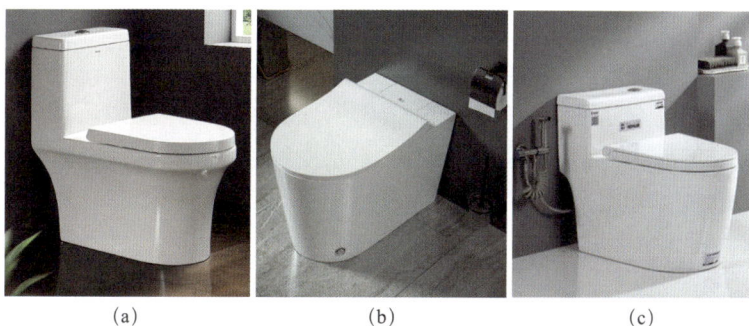

(a)          (b)          (c)

图6-3-5　各式各样的坐便器

### 3.坐便器的选购

坐便器釉面应光洁、平整、色泽晶莹。釉面不好，防渗透性就差，容易被其他物质渗入，会留下水渍和水垢，怎么擦洗都无济于事，有些马桶底部留下的黄色斑迹便是由于釉面不好造成的。此外，由于池壁的平整度直接影响座便器的清洁，所以池壁越是平滑、细腻，越不易结污；管道应比较光滑，否则会影响排污，假冒产品往往做不到这一点。

## 四、卫浴五金

### （一）水龙头

家庭生活中，每天都要用到水龙头，水龙头的好坏直接影响日常生活。如果水龙头经常出现各种小毛病，也是件非常麻烦的事情。按材料分，日常生活中常见的水龙头有金属、塑料、玻璃、陶瓷和合金等种类。按功能分有冷热龙头、面盆龙头、浴缸龙头、淋浴龙头。随着科学技术的发展，高科技也应用于水龙头上，比如出现了智能磁化水龙头、电热水龙头等高科技水龙头。对于智能磁化水龙头，在手伸向水龙头下方时，水龙头会自动打开，手离开后水龙头会自动关闭，这样就避免了忘记关闭水龙头造成的浪费。电热水龙头在构造上包括水龙头本体及水流控制开关。在水龙头本体内设有加热腔和电器控制腔，水流过时可以加热，适合在冬季使用。

不管是何种类型的水龙头，最关键的部位就是其阀芯。水龙头的阀芯主要有三种：铜、陶瓷和不锈钢。其中陶瓷阀芯水龙头的优点是精密耐磨，对水质要求较高，但陶瓷质地较脆，容易破裂。不锈钢球阀具有较高科技含量，一些高档卫浴产品均采用它作为其水龙头产品的阀芯。不锈钢球阀最大的优点在于其经久耐用，对水质要求不高，由于目前国内城市用水的水质普遍不高，因而适合采用不锈钢球阀。各式各样的水龙头如图6-3-6所示。

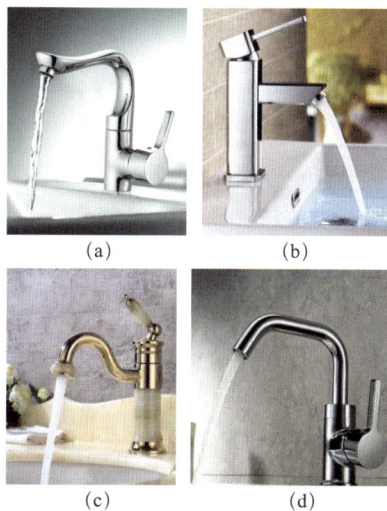

(a)          (b)
(c)          (d)

图6-3-6　各式各样的水龙头

水龙头的选购要点如下。

### 1.看表面

水龙头表面一般都做了镀镍和镀铬处理，正规产品的镀层工艺要求比较高，表面的光泽均匀，无毛刺、气孔以及氧化斑点等瑕疵。此外，水龙头主要零部件间的接缝结合处也是非常紧密的，没有任何松动感。

### 2.试手感

轻轻转动手柄，看是否轻便灵活，有无阻塞滞重感。有些很便宜的产品，都采用质量较差的阀芯，转动时明显感觉不流畅。

### 3.配件

买好水龙头后一定不要忘记清点零配件，否则拿回去装不上也很麻烦。比如浴缸水龙头配件有花洒、两根进水软管、支架等标准配件。正规企业生产的水龙头在出厂时都有安装尺寸图和使用说明书，挑选时要注意查看。

## （二）花洒

花洒又称莲蓬头，原是一种为植物浇水的装置。后来有人将其改装成为淋浴装置，使之成为浴室中常见的用品。

### 1.花洒按形式分

可分为手持花洒、头顶花洒和侧喷花洒。

### 2.花洒按出水方式分

**（1）一般式**

即洗澡基本所需的淋浴水流，适合用于简单快捷的淋浴。

**（2）按摩式**

指水花强劲有力，间断性倾注，可以刺激身体的部分穴位。

**（3）涡轮式**

水流集中为一个水柱，使皮肤有微麻微痒的感觉，此种洗浴方式能很好地刺激、清醒头脑。

**（4）强束式**

水流出水强劲，能通过水流之间的碰撞产生雾状效果，可以增加洗浴情趣。

**（5）轻柔式**

出水缓慢，有放松的功效。

### 3.花洒按安装高度分

**（1）暗置花洒**

墙面暗埋出水口中心距地面应为2.1m，淋浴开关中心距地面最好为1.1m。

**（2）明装升降杆花洒**

一般以花洒出水面为界定，其距离最好为2m。

### 4. 音乐花洒

随着科技的不断进步，将迷你防水音响集成到花洒之中，可以让人在沐浴中也享受到轻松悦耳的音乐。一些高端的产品还带有蓝牙通话功能。各式各样的花洒如图6-3-7所示。

花洒的选购：市面上花洒品牌繁多，各种材质和种类令人眼花缭乱，怎样才能选购出耐用又美观的花洒呢？

**（1）看喷射效果**

即便外观相似，不同的花洒喷射效果也截然不同。花洒形状看似相似，挑选时必须看其喷射效果，质量好的花洒每一个细小喷孔喷射都均衡一致，且在不同的水压下都能达到畅快淋漓的淋浴效果。

**（2）看材质**

一般来说，花洒喷头外表面最好经过多次电镀处理，挑选时可看其光泽度与平滑度，光亮与平滑的花洒说明镀层均匀，质量较好，这样的淋浴花洒喷头才经久耐用。

**（3）看阀芯**

阀芯影响着花洒的使用感受和使用寿命，好的花洒采用陶瓷阀芯，平滑无摩擦。在挑选时可动手扭动开关，手感舒适、顺滑则能保证产品在使用时保持顺畅与可靠的性能。

**（4）看配件**

花洒配件会直接影响其使用的舒适度，也需格外留意。比如水管和升降杆够不够灵活，花洒软管加钢丝抗屈能力如何，花洒连接处是否设有防扭缠的滚球轴承，升降杆上是否安有旋转控制器等。

## （三）地漏

地漏是连接排水管道系统与室内地面的重要接口。作为住宅中排水系统的重要部件，它的性能好坏直接影响室内空气的质量，对卫浴间的异味控制非常重要。不同样式的地漏如图6-3-8所示。

地漏大致可以分为以下几类。

### 1.弹簧式地漏

当水重力超过弹簧弹力时，弹簧式地漏中的水会向下压迫弹簧，这时密封垫打开，会自动排水。

### 2.吸铁石式地漏

当水压大于磁力时，这种地漏的密封垫会向下打开排水；小于磁力时，磁铁吸合，密封垫向上拉升。

### 3.重力式地漏

重力式地漏是利用水流重力，地漏内部中的浮球会自动开闭密封盖板。

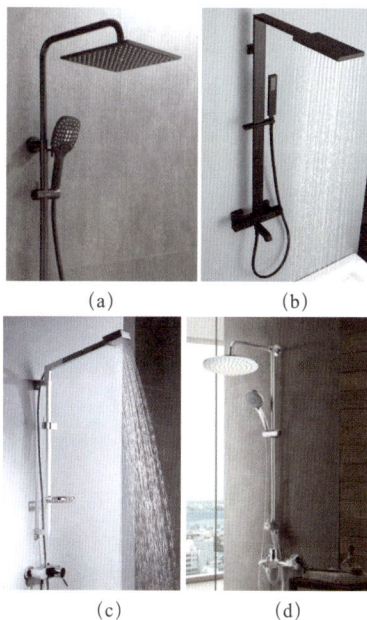

(a)      (b)

(c)      (d)

图6-3-7 各式各样的花洒

### 4.硅胶式地漏

这种地漏的排水方式是通过硅胶底部被水冲开，等排水结束后，硅胶底部会因弹力自动贴合，实现防臭效果。

地漏的选购要点如下。

① 在任何情况下，地漏都能够起到完全防臭的作用。地漏的防臭功能主要依靠密封来实

现，消费者可以根据地漏使用地点等情况来选择不同密封方式的地漏。

② 地漏的排水量要满足使用要求，要足够大，即使出现家中无人、水管爆裂的极端情况，也可以将水迅速排下。排水量可以从说明书或者检测报告中查看，应根据地漏接口内径尺寸以及不同的使用场所来选择合适的排水量。

③ 过滤功能要彻底，过滤功能不足会导致异物堵塞管道，清理工作将十分麻烦。如果过滤网的孔径不合适，将导致清理异物时间间隔太短，也会增使用的负担。最佳的过滤网孔径为5～8mm，这样既能够防止异物掉落到管道中，清除异物时间也可以延长至3～5个月。

④ 使用时间要足够长，不用时常换取。在选购地漏时要特别注意地漏的材质是否耐用，地漏的芯需要高频率活动，这就需要特别注意。换地漏是件麻烦的事，若只换芯还可以，若整个地漏都要换，还需要破坏地面，重新安装，不如开始就买一个质量好的。

⑤ 选购地漏还需要根据使用场所来确定。比如，淋浴间的冲水量是最大的，为了保证水能够迅速漏下而不至于积水，这里的地漏排水量也需要很大。此外，洗衣机瞬间流水量极大，此时对于水管的瞬间压力非常大。如果条件允许的话，最佳方案是不采用地漏，而是采用专用管道排水；如只能选择地漏，那么最好在出水口安装缓冲器，让瞬间水压变小一些，而且要选用洗衣机专用地漏。

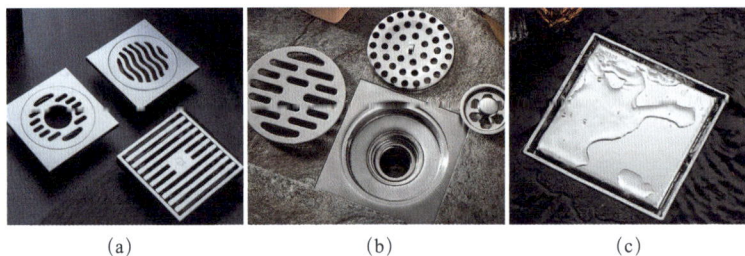

(a)        (b)        (c)

图6-3-8　不同样式的地漏

## 模块四
# 踢脚线

## 一、踢脚线的特性

踢脚线是贴在墙面和地面相交部分的装饰线条，因为用脚可以踢到，所以被称为踢脚线。踢脚线一般都是用瓷砖、石材以及木板等材料铺贴的，也有极少部分地区直接用水泥涂抹。

## 二、踢脚线的种类

踢脚线按材料进行分类主要包括木质踢脚线、瓷质踢脚线、人造石踢脚线、金属踢脚线、玻璃踢脚线等。不同样式的踢脚线如图6-4-1所示。

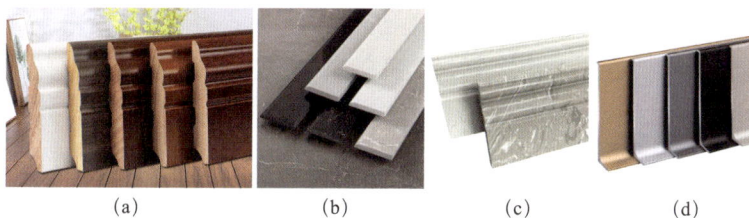

(a)　　　　　　(b)　　　　　　(c)　　　　　　(d)

图6-4-1　不同样式的踢脚线

### 1.木质踢脚线

木质踢脚线是以木材为原料加工而成的，主要有实木线条和复合线条两种，是市场上最主要的踢脚线品种。实木线条是选用硬质、木纹漂亮的实木加工成条状。复合线条大多是以密度板为基材，表面贴塑或上漆，形成多种色彩和纹理。木质踢脚线在形状上又分角线、半圆线、指甲线、凹凸线、波纹线等多个品种，每个品种都有不同的尺寸。按宽度分主要有12cm、10cm、8cm和6cm几种规格。由于目前大多数房屋层高有限，因此较小的6cm踢脚线逐渐被越来越多的消费者所选择。

### 2.瓷质踢脚线

瓷质踢脚线是最传统也是目前用量最多的一种踢脚线产品，和瓷砖一样，属于瓷制品范畴，在使用时多和陶瓷地砖相搭配。瓷质踢脚线的优点是易于清洁、结实耐用、耐撞击性能好，但在外在美观性上不如其他类型的踢脚线。

### 3.人造石踢脚线

人造石这种材料多用于橱柜的台面。人造石踢脚线最大的优点是能够在现场施工中做到无缝拼接，看上去是非常统一的整体。人造石可以打磨，数块人造石踢脚线拼接后再经过打磨处理就可做到看上去完全没有缝隙，而且人造石的颜色和纹理可选性也比较多，相比瓷质踢脚线要更统一且美观。

### 4.金属及玻璃踢脚线

金属制品尤其是不锈钢制品相比于其他装饰材料有着其独具的现代感。亮光或者亚光金属踢脚线装饰在室内，时尚感和现代感极强，多用于一些办公空间中。玻璃则具有晶莹剔透的特性，用作踢脚线非常漂亮。但玻璃极易碎，在使用上需要注意安全，尤其是老人和孩子的空间。

## 三、踢脚线的用途

踢脚线一方面起到装饰收边的作用，可以遮挡木地板预留的伸缩缝，使地板和墙面有一个中间的过渡；另一方面可以保护墙根，避免外力碰撞和拖把污水对墙根造成的损坏及污损。

## 四、踢脚线的选购

① 踢脚线材质比较常见的有中密度纤维板、瓷砖、PVC材质、原木、玻璃等，选择踢脚线最关键的就是其环保指标，其中PVC材质的配方不含铅，不含甲醛等有害气体，市场销售量比较大，而对于其他材质，甲醛释放量的限量值要注意。在踢脚线常用的材料中，石材虽然比较结实耐用，但是花色很少，选择性小，木质材料维护比较麻烦，合成材质的踢脚线虽然便宜，但是用于家装的话，美观性差一些。

② 由于踢脚线安装在地面和墙面之间，比较容易受破坏，所以一定要选择比较坚固、不易被损坏而且比较好清洗的材质。同时要注意和地面材质的颜色相近，如果地面使用的是水磨石或者木质板，则踢脚线的材质也应该与其相同；如果室内铺设了地毯，那么踢脚线可选用木质的比较搭配；另外，做壁柜的墙面可不用安装踢脚线。

③ 踢脚线常见高度一般为10～12cm，也有7.3cm、8.0cm和8.5cm的，尺寸较小的踢脚线从装修效果看更加美观秀气，但是最好和门框边同宽，看起来更加搭配协调。

## 模块五
# 楼梯装饰、台阶装饰

## 一、楼梯的重要性

楼梯是室内装饰中的一个重要部分，具有提供垂直交通、紧急疏散通道、空间利用、装饰美化等功能。随着越来越多的别墅及复式楼的出现，人们对楼梯的要求也越来越高。安全、便捷、美观的楼梯装饰是室内空间中能够吸引人的亮点。

## 二、楼梯的种类

楼梯主要分为直梯、弧形梯和旋梯三种。直梯是目前最为常见的一种楼梯形式，活动方式为直上直下，加上平台也可实现拐角的要求。弧形梯是以曲线形式来实现楼上楼下的连接，曲线的应用消除了直梯拐角那种生硬的感觉，在外观上显得更美观、大方。旋梯是一种盘旋而上的蜿蜒旋梯，在居室空间中应用最多，空间占用率小，显得非常有个性。

按照材料分类，市场上常见的楼梯主要有木楼梯、钢楼梯、钢化玻璃楼梯、石材楼梯和铁艺楼梯等，需要注意的是，这种分类并不是绝对的，实际使用中往往会将多种材料搭配在一起，营造出更加个性化的楼梯形式。楼梯的构件非常多，主要包括将军柱、大柱、小柱、栏杆、扶手、踏板、立板、柱头、柱尾、连件等。

### 1.木楼梯

木楼梯的主材为木材，给人温暖舒适的感觉，再加上木楼梯施工相对简单，因而成为市场的主流楼梯品种。对于木踏板，应选择硬木集成材，且漆面应为玻璃钢面。质量差的木楼梯容易出现磕损，且容易受湿度和气温等环境影响而变形。木楼梯如图6-5-1所示。

### 2.钢楼梯

钢楼梯是采用不锈钢制成的楼梯品种，个性、时尚，多应用于一些现代感觉很强的空间中，配合钢化玻璃使用是目前很多现代空间楼梯的一种常见形式。钢楼梯如图6-5-2所示。

### 3.钢化玻璃楼梯

钢化玻璃楼梯也是一种现代感很强的楼梯品种，玻璃玲珑剔透的感觉是其他材料所不具备的，在形式上显得非常轻巧灵变。钢化玻璃楼梯的踏板所用的钢化玻璃还必须经过防滑处理，最好采用10mm+10mm夹层钢化玻璃以增加安全系数。钢化玻璃楼梯如图6-5-3所示。

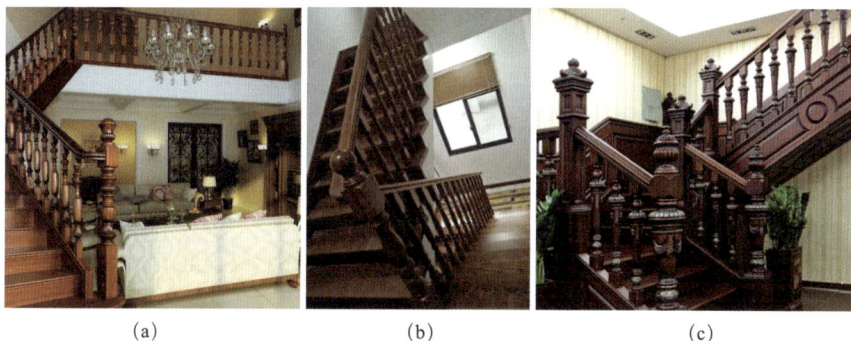

(a)　　　　　　　　(b)　　　　　　　　(c)

图6-5-1　木楼梯

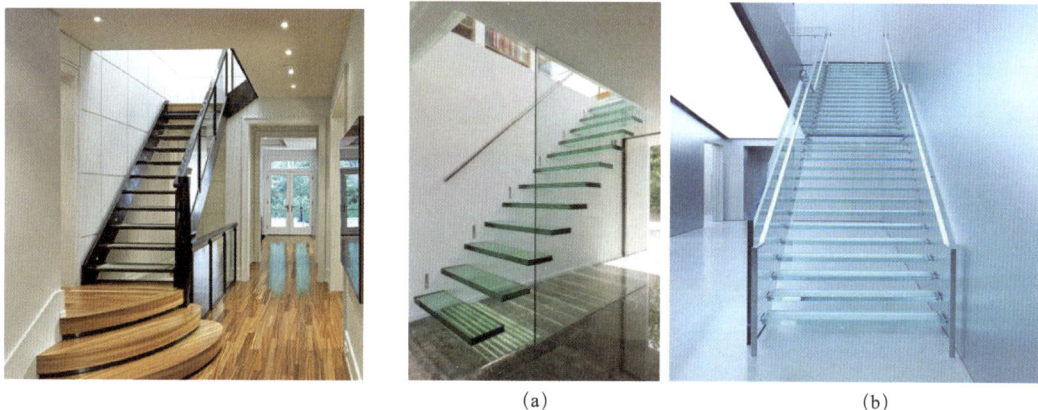

　　　　　　　　　　　　　　　　　(a)　　　　　　　　(b)

图6-5-2　钢楼梯　　　　　　图6-5-3　钢化玻璃楼梯

### 4.石材楼梯

石材楼梯是一种较为传统的楼梯形式，常见方式为踏步采用大理石或者花岗石，扶手和栏杆则选择木制进行搭配。石材楼梯如图6-5-4所示。

### 5.铁艺楼梯

铁艺楼梯也常与其他材料进行搭配，多为铁艺楼梯栏杆和扶手，踏步则采用木制。铁制楼梯如图6-5-5所示。

（a）　　　　　　　　（b）　　　　　　　　　（a）　　　　　　　　（b）

图6-5-4　石材楼梯　　　　　　　　　　图6-5-5　铁艺楼梯

## 三、楼梯的主要尺寸

楼梯的主要尺寸包括坡度、踏步宽、步高、楼梯宽度和护栏间距等参数。这些都将直接影响到楼梯使用的安全性和舒适度。尤其是如果家里有小孩和老人，在这些技术尺寸的设置上就要特别注意。

### 1.楼梯的坡度

楼梯的坡度指的是楼梯各级踏步前缘各点的连线与水平面的夹角。楼梯坡度是决定楼梯行走舒适度和空间利用的重要因素。一般来说，室内楼梯的坡度多控制在20°～40°，最佳坡度为30°左右。人流较多的公共空间和家中有小孩和老人的家居中楼梯坡度应该平缓一些，较少人使用的楼梯和辅助楼梯坡度可以大一些，但最好不超过40°。

### 2.踏步尺寸

踏步的宽度一般应与人脚长度相适应，以使人行走时感到舒适。踏步宽度不能太小，必须能够保证脚的着力点重心落在脚心附近，并使脚有90%在踏步上。所以踏步的宽度在280～300mm是最为舒适的，最小则不能小于240mm。踏步的高度也会影响行走的舒适度，太高的踏步会使得行走较为吃力。按照国家标准，公共楼梯的踏步高度应为160～170mm，这个尺寸也是最为舒适的高度。但实际上在不少空间，尤其是家居空间中踏步高度为160～230mm，如果家中有老人和小孩，踏步高度还是控制在180mm以下为宜。

### 3.楼梯宽度

楼梯宽度和过道宽度一样，由通行人流决定，最重要的是保证通行顺畅。梯宽度应与人的肩宽相适应，人肩宽为500～600mm，考虑到衣物厚度和通行的方便，单人通行和家居使用的楼梯宽度一般应为800～900mm；公共空间楼梯必须保证双人以上通行自如，所以双人梯段宽度一般应为1200～1500mm；三人通行的梯段宽度一般应为1650～2100mm。

### 四、楼梯的选购

目前购买成品楼梯已成为一种趋势，楼梯价格从几千元到十几万元都有。成品楼梯可以按整套计价，也可以按踏步计价，其中按踏步计价是目前国内最普遍的做法。按踏步计价即将楼梯的价格平均到每一个踏步中，计算出楼梯总共有多少个踏步，以踏步单价乘以踏步数得出最后的总价。其中全钢结构的楼梯价格最低，全木质楼梯最贵，玻璃楼梯的价格因玻璃质量而定，价格变化较大，石材和铁艺楼梯目前应用相对较少。选购楼梯应以人为本，将安全、舒适、实用放在首位。具体选购需要从以下方面进行考虑。

#### （一）楼梯类型

楼梯常见的类型有直梯、弧形梯和旋梯3种。其中，直梯是最为传统、最为常见的楼梯形式，使用最为方便和安全，但在造型上不如其他楼梯漂亮。弧形梯在造型上大胆、夸张，比较容易营造出豪华气派的感觉，但是对于空间要求较高，比较适合一些较大、较豪华的公共空间和别墅。旋梯是螺旋向上的，有强烈的动态美感，同时占用空间最少，很受市场欢迎。但是对有老人和儿童的空间而言却是不适合的，因为其旋转度大，安全性较差，尤其是在心理上容易造成一种不安全、不踏实的感觉，所以具体采用哪种楼梯形式还是需要根据实际情况而定。此外，楼梯多为厂家定做，定做是需要一定时间的，通常为一个月左右，因而在装修的前期就必须联系好厂家设计师进行实地测量和设计。

#### （二）材料选择

根据材料分，楼梯主要有木楼梯、钢楼梯、钢化玻璃楼梯、石材楼梯和铁艺楼梯等，在实际应用中可以根据需要进行自由搭配。相对而言，公共空间选用钢楼梯、石材楼梯等较耐用的楼梯较为合适；在家居空间，尤其是有老人、孩子的家庭，选择木楼梯更为合适。需要注意的是，木楼梯的木材必须是密度大和坚硬的实木，比如花梨、金丝柚木、樱桃木、山茶、沙比利等。这些木材制作出的楼梯除了纹理漂亮外，还经久耐用。

#### （三）尺寸设计

空间的层高是没有办法改变的，为了上下楼的方便与舒适，楼梯需要一个合理坡度。如果楼梯的坡度过陡，则不方便行走，会给人一种"危险"的感觉。除了坡度外，在踏步宽度、踏步高度、楼梯宽度和护栏间距等尺寸上也要根据实际情况和需要进行精确的设置。

### （四）其他方面

#### 1.消除锐角

楼梯的所有部件都应光滑、圆润，没有凸出的、尖锐的部分，以免使用时不小心造成伤害。

#### 2.扶手材料

最理想的扶手材料是木材，其次是石材，最后才是金属。如果采用金属作为楼梯的栏杆扶手，那么最好选用那些在金属表面做过处理的。在寒冬季节，摸在冰冷的金属扶手上，会让人感觉不舒服，特别是对于那些上下楼必须依靠扶手的老年人尤为重要。

#### 3.踏步承重

质量好的楼梯每个踏步承重可以达到400kg。

#### 4.选择商家

楼梯价格不菲，选购时尽量选择知名的、信誉好的厂家的产品。选择一家专业的楼梯公司很重要，除了有专业的安装服务外，在保修上也让人放心，因为楼梯涉及房子结构，不符合规范的设计或施工会带来使用上的不便，甚至给房屋造成不可修复的损害。

成品楼梯为工业化生产，由标准化的构件组成，现场装配很快即可完成。具体步骤：首先将主骨、地脚预埋，基层处理加固；其次安装踏板，并采取保护板套，便于客户搬运大件家具；最后进行收尾安装，并提供售后服务卡、产品合格证及使用说明书。

## 模块六
# 扶手、栏杆、栏板装饰

## 一、扶手、栏杆和栏板的特性

扶手是通常设置在楼梯、栏板、阳台等处的兼具实用和装饰的凸起物，是栏杆或栏板上沿（顶面）供人手扶的构件，作行走时依扶之用。材料多为木材，也有金属、塑料、水磨石、大理石等。要求安全、坚牢、美观、表面光滑、无尖锐棱角。扶手的形式可随意设计，但宽度以能手握舒适为原则，一般为40~60mm，最宽不宜超过95mm，并需沿梯段及楼梯平台的全长连续设置。

栏杆作为楼梯的防护设施，除了装饰功能外，最重要的是安全功能。在栏杆设计中首要考虑的就是其功能性和安全性，其次才是装饰性。在实际中，不少人会为了达到较好的装饰效果，刻意将栏杆之间的间距拉大或者将栏杆高度降低。如果家中有小孩，过低的栏杆和过宽的栏杆间隔都会造成很大的安全隐患。一般情况下，室内栏杆的高度需要高出踏步900mm左右，如果楼梯的坡度较大，那么栏杆的高度也要相应提高。此外对于有小孩的空间，栏杆的间隔一般控制在110mm以下，否则小孩的头容易伸出去，造成危险，当然也可以考虑采用整体式栏杆。

栏板是建筑物中起到围护作用的一种构件，供人在正常使用建筑物时防止坠落的防护措施，是一种板状护栏设施，封闭连续，一般用在阳台或屋面女儿墙部位，高度一般在1m左右。栏板一般是用水泥、大理石等材料铺成的，牢固性较高，方便站立。

## 二、扶手、栏杆和栏板的形式与构造

室内楼梯扶手考虑到人们扶握时的舒适度，一般采用木制扶手，尺寸大小与人体尺度有关。塑料扶手的手感也很好，但耐久性较差，现在已不多用。金属扶手的耐久性和耐磨性均很好，可加工成各种形状，在公共建筑中使用较多，缺点是冬天使用时手感较差，人们一般不愿意触摸它。所以木制扶手使用较多，一般采用耐磨性较好的硬杂木制作。

扶手的安装方法比较简单，木制扶手一般采用木螺钉固定在栏杆顶部的扁钢上；塑料扶手利用其柔软性卡在栏杆顶部的扁钢上；而金属扶手则直接与金属杆件焊接即可。

栏杆一般安装在梯段和梯井的悬空一侧，但当梯段较宽时，靠墙一侧也需设置扶手，称为靠墙扶手。靠墙扶手的高度与悬空一侧的扶手高度一致。一般安装方法为每隔1000 mm在砌块墙上预留孔洞，大小为100mm × 60mm × 60mm，将燕尾形铁脚安装其中，用水泥砂浆或细石混凝土嵌固，再将扶手安装在铁脚上。如果墙体为混凝土或钢筋混凝土，则需预埋铁件，将铁脚与其焊接。为了保证抓握的方便，扶手中心线应离开墙面不小于100 mm。

在梯段与平台连接处，或在梯段转折处，由于梯段的高度不同，踏步起始的位置不同，各段栏杆扶手会出现高度不一致的情况。为保证扶手的连续顺滑，需进行一些处理。通常做法是将扶手向平台自然延长，使扶手在同一高度上连接，这种做法会减小平台宽度；或者将下行梯段后退一步，也能使扶手连接顺滑，但梯段长度又增加了一步。当梯段出现长短跑时，在平台上有一段水平栏杆，其高度不应小于1050 mm。

栏杆有镂空和实体两类。镂空的由立杆、扶手组成，有的加设有横档或花饰。实体的由栏板、扶手构成，也有局部镂空的。栏杆还可做成坐凳或靠背式的。栏杆的设计应考虑安全、适用、美观、节省空间和施工方便等。

建造栏杆的材料有木、石、混凝土、砖、瓦、竹、金属、有机玻璃和塑料等。栏杆的高度主要取决于使用对象和场所，一般高900mm；幼儿园、小学楼梯栏杆还可建成双道扶手形式，分别供成人和儿童使用；在高险处可酌情加高。楼梯宽度超过1.4m时，应设双面栏杆扶手（靠墙一面设置靠墙扶手）；大于2.4m时，须在中间加一道栏杆扶手。居住建筑中，栏杆不宜有过大空档或可攀登的横档。

## 三、扶手、栏杆和栏板的选购

设计人员应根据不同使用场所的特点，按照相应的规范标准要求，合理选择适宜的栏杆栏板形式、材质与构造。尤其应注意栏杆栏板的牢固、扶手高度、栏杆间距及防止儿童攀登等有关安全的因素，确保使用的安全可靠。钢楼梯是最易发生危险的，钢的坚硬程度比木材高，又比较尖利，如果家里有小孩或老人，则不建议选择这类型的楼梯。如果采用金属作为楼梯的扶手，尤其是北方，金属在冬季的冰冷感觉，会让人特别不舒服，同时楼梯的扶手直径最宽不应超过5.5cm，因为人的虎口一般为5.5cm，太宽或者太窄扶起来都会感觉不舒服。

**【扩展阅读】**

## 装修板的制作工艺

装饰板是一种用于室内装饰的材料，它可以用在墙面、天花板、地板等多个方面。装饰板的原材料通常包括木材、人造板等，在选择原材料时，需要考虑到装饰板的使用环境和要求，以及市场需求和成本等因素。通常选择具有较好质地和耐久性的木材，如松木、橡木等，对于人造板则可以选择刨花板、纤维板等。

装饰板的加工工艺主要包括切割、修整、打孔、压花、烤漆。首先，原材料需要经过切割和修整，使其达到所需尺寸和形状。然后，根据设计要求进行打孔、压花等加工，以增加装饰效果。最后，将装饰板进行烤漆处理，提高其表面的光滑度和耐用性。

装饰板的生产流程一般包括原材料准备、加工制造、表面处理和质检等环节。首先，根据市场需求和订单量准备好所需的原材料；然后进行加工制造，按照设计要求进行切割、修整、打孔等工艺；接下来对装饰板进行表面处理，如烤漆、喷涂等，以增加其美观性和耐用性；最后对成品进行质检，确保装饰板符合相关标准和要求。

胶合板：选取良好的原木材；铲掉树皮，然后用机器削成一片一片的片材，厚度一般为2~3mm；涂抹胶水；一层一层铺好；经过热压后，牢固粘在一起成为胶合板。

大芯板：选取良好的原木材；锯成特定规格尺寸的小木板；小木板的侧面过胶；拼接；上下两面还会加上涂胶的板子，然后进行热压成型。

**【思考与练习】**

1. 木制家具板材都有哪些？其各自都有哪些特性？
2. 装饰线条都有哪些类别？其各自的概念和定义以及特点是什么？
3. 踢脚线的特性及其分类有哪些？
4. 列举常见室内装饰材料的选购标准。

【学习目标】——

1.知识目标

① 了解水电改造的基本概念和原理，掌握室内装饰工程中水电改造的基本理论和方法。

② 了解水电改造中常用的材料，如电线、电缆、开关、插座等，熟悉它们的性能和使用范围，以及选购方法。

2.能力目标

① 具备材料选择和搭配能力：能够根据具体需求选择合适的材料，并进行合理配置。

② 具备问题解决能力：在工程项目施工过程中遇到问题时，能够及时找出问题原因并采取有效措施解决。

3.素质目标

① 培养质量意识、环保意识、安全意识、信息素养、创新思维。

② 培养健全的人格、阳光的心态、扎实的专业技能、精益求精的工匠精神、远大的理想信念以及良好的职业素养。

【教学重点】——

① 了解并掌握水路施工材料的不同特性和适用情况。

② 了解并掌握电路施工材料的不同特性和适用情况。

【教学难点】——

① 在基础学习的基础上，能发挥学习主观能动性，具有知识延展能力。能够有效分析空间的具体需求，进行材料选择及场景应用。

② 通过持续学习，在项目施工环节能够依据材料的特性和施工方法，科学地确定施工流程，并严格实施，确保管道的布置和敷设符合规范。

【项目提要】——

本项目主要介绍水电改造工程所用材料及构造的知识，涵盖水电改造工程所用材料的基础知识、类别、花色品种、规格、性能特征、用途及装饰构造等方面的内容。本书水电改造工程主要指的是对住宅建筑、公共建筑的内部空间，根据其功能需求，完成空间水路及电路的改造工程，满足空间给水、卫生间排水排污的水路设计；满足空间生活、工作、娱乐等电路改造设计。

# 模块一
# 水路改造工程材料与应用

　　水路改造工程包括给水和排水排污管道的改造，两个部分都属于隐蔽工程，所以水管及管件的质量对于后期的工程质量起了非常大的作用。

## 一、给水改造材料

### （一）PPR管材管件

　　PPR管即无规共聚聚丙烯管，采用热熔接的方式，有专用的焊接和切割工具，有较高的可塑性，如图7-1-1所示。PPR管性能稳定，耐热保温，耐腐蚀，内壁光滑不结垢，管道系统安全可靠，不渗透，使用年限可达50年。

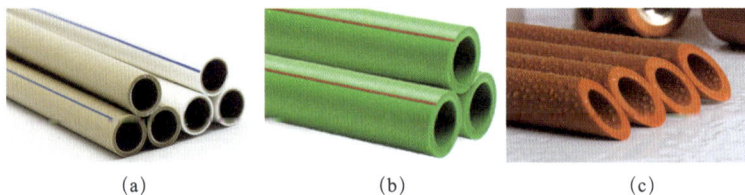

| (a) | (b) | (c) |

图7-1-1　PPR管

#### 1. PPR水管

　　PPR水管的管径可以从16mm到160mm，一般常用的管径是20mm和25mm这两种，市场上通常俗称为4分管和6分管。PPR管分为冷水管和热水管两种，区别是冷水管上有一条蓝线，热水管上有一条红线。目前很多品牌也已推出冷热通用水管。PPR水管的颜色因不同品牌及不同系列而有所不同，常见的有白色、灰色、绿色及橙色。PPR水管和管件之间是运用热熔技术进行黏结的，使其水管与管件熔合为一整体，最大限度地避免了水管渗漏的问题。常用PPR水管的参数如表7-1-1所示。

表7-1-1　常用PPR水管的参数

| 规格/mm | 壁厚/mm | 可承受水压/MPa | 耐温温度/℃ |
| --- | --- | --- | --- |
| 20（4分） | 2.8 | 2.0 | −30～110 |
| 20（4分） | 3.4 | 2.5 | −30～110 |
| 25（6分） | 3.5 | 2.0 | −30～110 |
| 25（6分） | 4.2 | 2.5 | −30～110 |
| 32（1寸） | 4.4 | 2.0 | −30～110 |
| 32（1寸） | 5.4 | 2.5 | −30～110 |

## 2. PPR管件

PPR水管因长度有限以及不能弯曲施工，所以需要与配套的管件进行连接，常用的管件有等径三通、90°弯头、管套、内螺纹直接等。PPR管件的分类及用途如表7-1-2所示。

表7-1-2  PPR管件的分类及用途

| 分类 | 用途 | 分类 | 用途 | 分类 | 用途 |
|---|---|---|---|---|---|
| 直通（直接） | 接连接两根直径相同的水管，以增加其强度，达到设计长度 | 等径45°弯头 | 用于管线转弯处，连接两根直径相同的水管，实现水管45°转向 | 等径90°弯头 | 用于管线转弯处，连接两根直径相同的水管，实现水管90°转向 |
| 等径三通 | 改变水流路径，放置于将一路水管改成两路水管的位置 | 内螺纹弯头（内丝弯头） | 用于接水龙头、角阀等需要丝口的配件 | 过桥弯（曲桥弯） | 用于使两个交叉走向的水管错开 |
| 内螺纹直接头（内丝直接） | 用于直接穿墙的水管，连接水龙头、洗衣机龙头等 | 内螺纹三通（内丝三通） | 用于管路之间接一个出水口，如洗衣机龙头、拖把池龙头等 | 堵头（螺纹闷头） | 用于临时堵住带丝口的出水口配件，起密封、防尘等作用 |
| 双连内螺纹弯头（双连内丝弯头） | 用于接水龙头、三角阀等设备 | 外螺纹直接（外丝直接） | 用于连接前置过滤器、增压泵等设备 | 外螺纹弯头（外丝弯头） | 用于连接水表等设备 |

### 3. PPR管材及管件的选购

水管的选购是非常重要的，品质好的PPR管材和管件在使用过程中安全系数更高，使用年限更长。一般情况下，在选购时应考虑购买知名品牌的产品，可以通过该品牌的专卖店，直接购买选定的型号。知名品牌在产品质量上更有保障，其售后服务也更好。在选购产品的时候，先是通过外观观察，管材及管件的内外表面光滑、平整、无凹凸、无起泡、色泽统一均匀，管壁厚度均匀，一般品牌的管材两端有塑料封盖，防止灰尘、污垢污染管壁内侧。应认真核对管材表面印刷的内容是否完整，参数与实物是否一致，管材表面印刷的内容如图7-1-2所示。

### 4. PPR管材和管件的应用

PPR管材和管件主要用于水路改造中的给水改造，属于隐蔽工程，可以选择走地下或者走天花两种方式，各有其优缺点，也可以根据工程实际考虑两种方法综合使用。不管水管走天花还是走地下，都必须遵循"左热右冷""上热下冷"的原则，如图7-1-3所示。

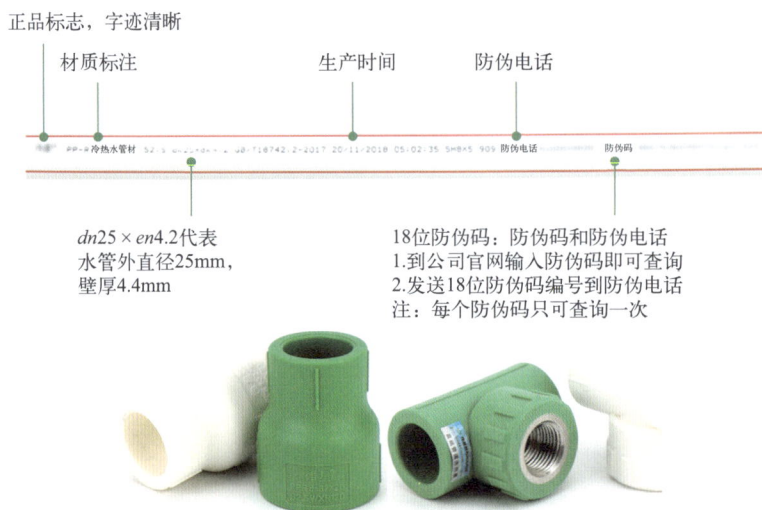

正品标志，字迹清晰

材质标注　　　生产时间　　防伪电话

PP-R冷热水管材　52.1 dn25×en4.2 GB/T18742.2-2017 20-11/2018 05:02:35 5m&45 905 防伪电话　　防伪码

dn25×en4.2代表
水管外直径25mm，
壁厚4.4mm

18位防伪码：防伪码和防伪电话
1.到公司官网输入防伪码即可查询
2.发送18位防伪码编号到防伪电话
注：每个防伪码只可查询一次

图7-1-2　管件表面印刷的内容

图7-1-3　水路走天花的工程案例

此工程水路分为热水、冷水、净水；其中热水管做了保温处理

## （二）铝塑管管材和管件

铝塑管是指铝塑复合管，其中间层为铝管，内外层为聚乙烯或交联聚乙烯，层间采用热熔胶黏合而成的多层管，其有较强的耐腐蚀和耐高压的特点。中间的铝层可以很好地阻隔紫外线，防止水管老化。

### 1.铝塑管的分类及应用

铝塑管按用途可以分为普通饮用水管、耐高温管、燃气管等多种，不同类型的应用范围也不同，见表7-1-3和图7-1-4。

表7-1-3　铝塑管的分类

| 类型 | 色彩及标识 | 应用范围 |
| --- | --- | --- |
| 普通饮用水管 | 白色L标识 | 生活用水、冷凝水、氧气、压缩空气等 |

| 类型 | 色彩及标识 | 应用范围 |
|---|---|---|
| 耐高温管 | 红色R标识 | 长期工作水温为95℃的热水管及采暖管道系统 |
| 燃气管 | 黄色Q标识 | 输送天然气、液化气、煤气管道系统，能经受较高工作压力，使气体（氧气）的渗透率为零，且管材较长，可以减少接头，避免渗漏，安全可靠 |

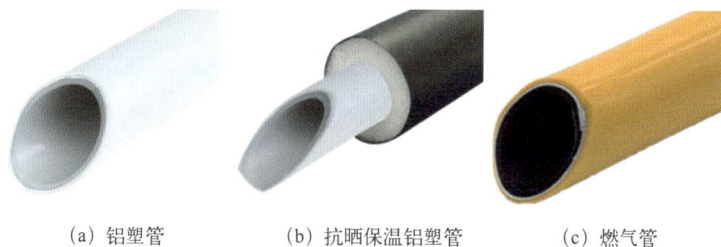

(a) 铝塑管　　　　　(b) 抗晒保温铝塑管　　　　　(c) 燃气管

图7-1-4　常见铝塑管

## 2.铝塑管常用规格

铝塑管常用规格有五个型号，具体参数如表7-1-4所示。

表7-1-4　铝塑管常用的规格型号

| 名称 | 型号 | 内径/<br>mm | 外径/<br>mm | 工作压力/<br>MPa | 弯曲半径 | 长度 |
|---|---|---|---|---|---|---|
| 4分 | 1216型 | 12 | 16 | 0.7~1.0 | 5D | 100m、200m多种，成卷包装，可按米裁剪 |
| 5分 | 1418型 | 14 | 18 | 0.7~1.0 | 5D | 100m、200m多种，成卷包装，可按米裁剪 |
| 6分 | 1620型 | 16 | 20 | 0.7~1.0 | 5D | 100m、200m多种，成卷包装，可按米裁剪 |
| 8分 | 2025型 | 20 | 25 | 0.7~1.0 | 5D | 100m、200m多种，成卷包装，可按米裁剪 |
| 1寸 | 2632型 | 26 | 32 | 0.7~1.0 | 5D | 100m、200m多种，成卷包装，可按米裁剪 |

注：$D$为管径。

## 3.铝塑管的选购

铝塑管的选购是非常重要的，品质好的铝塑管在使用过程中安全系数更高，使用年限更长。一般情况下，在选购时应考虑购买知名品牌的产品，可以通过该品牌的专卖店直接购买选定的型号。知名品牌在产品质量上更有保障，其售后服务也更好。在选购产品的时候，先观察外观，优质产品的表面色泽均匀，管壁喷码清晰，中间铝层接口严密，没有粗糙痕迹，内外表面光洁平滑，无明显划痕、凹陷、起泡等痕迹。然后用硬物（锤子）敲击管材，如果管材表面出现弯曲或者破裂，则为劣质产品；如果撞击面变形，不能恢复，则为一般质地；变形之后可以马上恢复至原形的为优质产品。观察套管接头配件（不锈钢及铜质产品），各种规格接头与管材接触面紧密、严实，不可有任何细微的缝隙。铝塑管黄铜接头配件如图7-1-5所示。

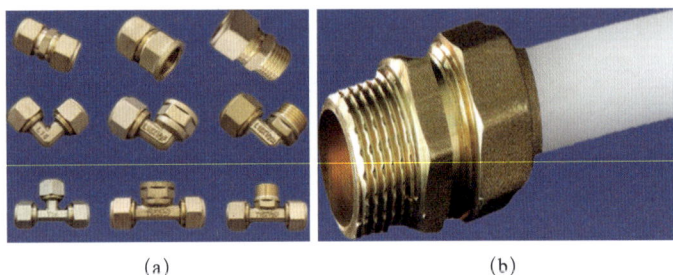

(a)　　　　　　　　　　(b)

图7-1-5　铝塑管黄铜接头配件

### （三）铜管管材管件

在国内，铜管用于水管的情况不多，因为造价高，同时工艺难，难以普及，但在欧美等发达国家和地区使用率很高。铜管最大的优点是具有良好的卫生环保性能，能抑制细菌生长，99%的细菌在进入铜管的5h后消失，确保了水质质量。铜水管还具有耐腐蚀、抗高低温性能好、强度高、抗压性能好、不易爆裂、经久耐用等优点，是水管中的上等品，很多高档卫浴产品中，铜管都是首选管材。

铜管接口的方式有卡套和焊接两种，卡套方式长时间使用后容易出现变形渗漏，所以最好采用焊接式。焊接后铜管和接口处形成一个整体，解决了后期渗漏的隐患。同时铜管导热快，需要在热水管外面都覆盖一层防止热量散发的塑料或发泡剂。

### （四）铜塑复合管

铜塑复合管是一种将铜水管与PPR相结合而成的一种给水管。铜塑复合管的内层为无缝纯铜（紫铜）管，水完全接触紫铜管，性能等同于铜水管。铜塑管的外层为PPR材质，保持了PPR管的优点；其安装工艺与PPR管的安装工艺相同，采用热熔接的方式；相比铜水管，铜塑管具有价格、安装优势；相较PPR管，铜塑管更节能环保、健康。

选择铜塑复合管时观察管材、管件，应色彩均匀，内外表面光滑、平整，无凹凸、起泡与其他影响性能的表面缺陷。测量管材、管件的外径与壁厚，对照管材表面印刷的参数看是否一致。观察配套接头配件，铜塑复合管的接头配件应当为配套产品，且为优质纯铜，每个接头配件均有独立密闭包装。铜塑复合管如图7-1-6所示。

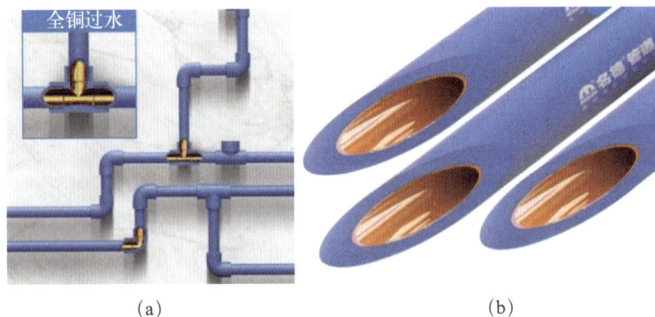

(a)　　　　　　　　　　(b)

图7-1-6　铜塑复合管

## 二、排水改造材料

### 1. 排水管的主要种类

在室内装饰工程中最为常见的排水管有 PVC 和 UPVC（PVC-U）两种，其中 UPVC（PVC-U）为加强型 PVC 管。PVC 是一种现代合成高分子材料，属于塑料的一种，PVC 管目前多用于电线电缆的保护套管；而 UPVC（PVC-U）管因为物理性能优异，则广泛应用于排水系统，即排水管。

### 2. UPVC 管材和管件

常用的 UPVC（PVC-U）排水管的常规规格如下：管材公称外径（直径）分别为 32mm、40mm、50mm、75mm、110mm、160mm、200mm、250mm、315mm。一般情况，管材的直径指的是外径；管件的直径指的是内径。UPVC（PVC-U）排水管及其相关配件如图 7-1-7 所示和图 7-1-8 所示。PVC-U 排水管的规格见表 7-1-5。

| 长度： | 2m/根 |
|---|---|
| 规格： | 50/75/110/160/200/250/315(mm) |
| 颜色： | 白色 |
| 功能： | 用于排水 |
| 主要材质： | PVC-U(硬质聚氯乙烯) |
| 使用领域： | 建筑排水/排水排污/化工排水排污/排雨水等 |
| 安装方式： | 管材与管件胶水连接 |

图 7-1-7　PVC-U 排水管

表 7-1-5　PVC-U 排水管的规格

| 直径/mm | 50 | 75 | 110 | 160 | 200 | 250 | 315 |
|---|---|---|---|---|---|---|---|
| 壁厚/mm | 2.0 | 2.3 | 3.2 | 4.0 | 4.9 | 6.2 | 7.8 |

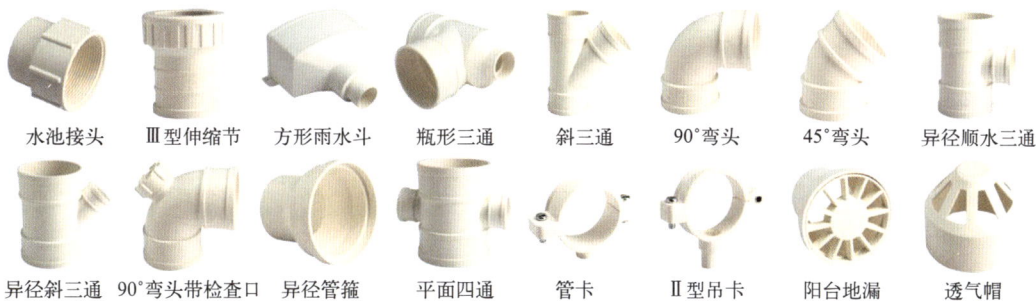

水池接头　Ⅲ型伸缩节　方形雨水斗　瓶形三通　斜三通　90°弯头　45°弯头　异径顺水三通

异径斜三通　90°弯头带检查口　异径管箍　平面四通　管卡　Ⅱ型吊卡　阳台地漏　透气帽

图 7-1-8　PVC-U 排水管相关水管配件

### 3. UPVC 管材和管件的选购

UPVC 管材和管件的选购是非常重要的，品质好的 UPVC 管材和管件在使用过程中安全系数更高，使用年限更长。一般情况下，在选购时应考虑购买知名品牌的产品，可以通过该品牌的专卖店直接购买选定的型号。知名品牌在产品质量上更有保障，其售后服务也更好。在选购产品的时候，进行外观观察，目前UPVC管材和管件一般为白色，优质产品的白度高但不刺眼，管壁喷码清晰，内外表面光洁平滑，无明显划痕、凹陷、起泡等痕迹；各种规格接头与管材接触面紧密、严实，不可有任何细微的缝隙。

### 4.UPVC管材和管件的应用

UPVC管材和管件主要用于水路改造中的排水排污改造，根据其使用空间的不同、功能的不同、工艺不同、对接设备和产品的不同，应选择不同管径及型号的产品。例如在住宅室内装修中洗涤盆、洗脸盆等排水管道的管径宜为32mm、40mm、50mm；小便器、小便斗等的管径宜为50mm、75mm；大便器排污管的管径宜为110mm。排水工程案例如图7-1-9所示。

(a)　　　　　　　　　　　　　　　　(b)

图7-1-9　排水工程案例

【课后习题】

一、填空题

1.水路改造工程包括（　　　　）和（　　　　）管道的改造，两个部分都属于隐蔽工程，所以水管及管件的质量对于后期的工程质量起了非常大的作用。

2.PPR管为无规共聚聚丙烯管，采用（　　　　）的方式，有专用的焊接和切割工具，有较高的可塑性。

二、判断题

1.PPR管性能稳定，耐热保温，耐腐蚀，内壁光滑不结垢，管道系统安全可靠，不渗透，使用年限可达90年。（　　　）

2.铝塑管即铝塑复合管，其中间层为铝管，内外层为聚乙烯或交联聚乙烯，层间采用热熔胶黏合而成，其有较强的耐腐蚀和耐高压的特点。（　　　）

3.在室内装饰工程中最为常见的排水管有PVC和UPVC（PVC-U）两种，其中UPVC（PVC-U）为加强型PVC管。（　　　）

# 模块二
# 电路改造工程材料与应用

电路改造工程是非常重要的一个环节，必须遵循"安全、方便、经济"的原则。电路改造工程完工后要进行各电路检测，保证无任何问题后方可进行下一步的工作。对于现场的布置需将电路图保存并通过视频的方式记录管线的走向，一是方便日后维修，二是方便日后安装相关设施设备及固定式家具等。

## 一、电线

### 1.电线的主要种类及应用

电线是传导电流的导线，是电能传输、使用的载体。室内供配电线路常用的导线为绝缘导线，电线的线芯导体材料是铜芯，外部包裹着一层塑料绝缘保护层。

绝缘导线按其绝缘材质可分为塑料绝缘导线和橡胶绝缘导线；按照股芯的数量又可以分为单股和多股。按线芯导体的材料分可分为铜芯导线和铝芯导线，铜芯导线是最为常用的品种。绝缘导线的分类见表7-2-1。住宅装修及公共建筑室内装修中常用的有BVR、BV、BVV三种，见表7-2-2。

表7-2-1 绝缘导线的分类

| 分类方式 | 名称 | 说明 |
|---|---|---|
| 按绝缘导线分类 | 塑料绝缘导线 | 绝缘材质为聚氯乙烯 |
| | 橡胶绝缘导线 | 绝缘材质为硅橡胶 |
| 按股芯的数量分类 | 单芯单股 | 单芯单股硬线，固定场合布线 |
| | 单芯多股 | $10mm^2$以上规格，由7根或7根以上铜丝绞合而成 |
| | 多芯多股 | 由2根或3根以上的BV线套成，作为装潢明线 |
| 按线芯导体的材料分类 | 铜芯导线 | 主要用于电线 |
| | 铝芯导线 | 主要用于电缆，适用于高压电线、城市用电等 |

表7-2-2 常见电线BVR、BV、BVV

| BVR多股软线 | BV单股硬线 | BVV双塑护套线 |
|---|---|---|
| 多根铜丝组成的软电线，硬度较低，容易折弯 | 一根较硬铜线，硬度较高，多根电线穿管时，不易折弯 | 双层塑料保护层，更为安全 |

### 2.电线的线径

室内装修用电线根据其铜芯的截面大小可以分为1.5mm²、2.5mm²、4.0mm²、6.0mm²等几种。电线截面的大小代表电线的粗细，也决定了电线的安全载流量，电线截面积越大，其安全载流量就越大。铜线的线径，每平方毫米允许通过的电流为5～7A。在电线截面积选择上应该遵循"宁大勿小"原则，这样才有较大的安全系数。电线的线径及用途见表 7-2-3，电线的线径如图7-2-1所示，某家装阻燃电线如图7-2-2所示。

表7-2-3　电线的线径及其用途

| 线径大小/mm² | 适用范围 |
| --- | --- |
| 1.5 | 照明 |
| 2.5 | 照明、插座、空调（不小于2.5mm²，3匹以上用4.0mm²） |
| 4.0 | 空调、功率3000W以上电器（建议专线专用） |
| 6.0及以上 | 中央空调、入户总线 |

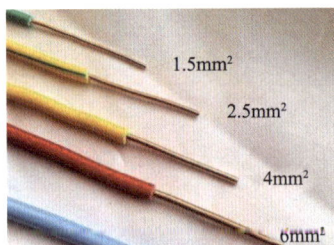

图7-2-1　电线的线径

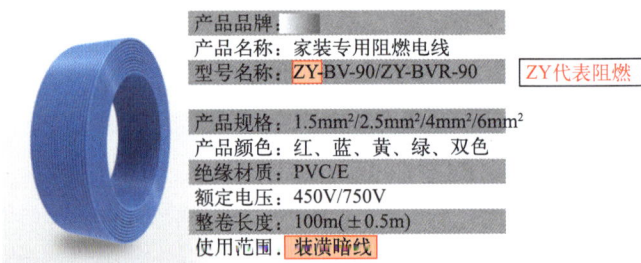

图7-2-2　某家装阻燃电线

### 3.弱电

弱电包括电话线、有线电视线、音响线、网线、对讲机、防盗报警器、消防报警和燃气报警器。弱电信号属于低压电信号，抗干扰性能较差，所以弱电线应该避开强电线（电源线）。国家标准规定，在安装时强弱电线要距离500mm以上，以避免干扰。

### 4.布线

室内电器布线要有超前意识，原则上是"宁多勿少"。电线分为火线（也称相线）、零线和接地线（也称保护线或保护地线）三种。一般情况下，火线常用红色，零线常用蓝色，接地线多为黄绿色，如图7-2-3所示。在布线过程中，必须遵循"火线进开关，零线进灯头"和"左零右火上接地"的规定接线。

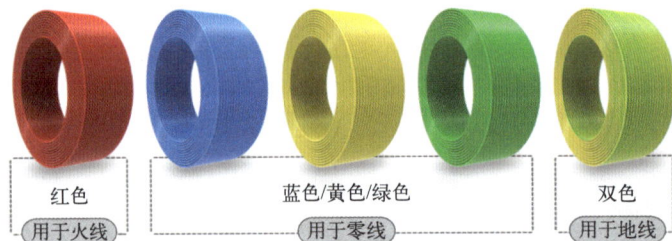

图7-2-3　不同颜色的电线用途

### 5.电线的选购

电线品种繁多，无论哪一种电线，都应该到正规商店进行购买，认准国家电工认证标记（长城图案）以及电线上印刷的相关信息，如图7-2-4所示。最好选择具有产品质量体系认证书和合格证，并且有明确的厂名、厂址、检验章、生产日期和生产许可证号的产品。优质电线的铜芯质量很关键，看电线铜芯的横断面，优等品铜芯质地稍软，颜色光亮，色泽柔和，颜色为紫红色。再者看电线塑料绝缘层，电线外层塑料皮要求色泽鲜亮、质地细密，厚度0.7～0.8mm，用打火机点燃应无明火产生。

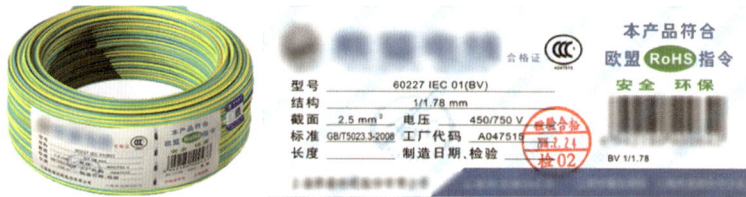

图7-2-4　电线信息

## 二、电线套管

电线套管也叫穿线管或电线护套线，因电路改造采用暗装方式，为了保护电线不受到外来机械损伤和保证电气线路绝缘及安全，以及后期维护，电线敷设必须用穿管的方法来实现。电线套管敷设完成后，再穿电源线，保证日后维修时能够抽出电线套管。目前电线套管常用材料主要有PVC管和钢管两大类。

### （一）PVC电线套管

#### 1.PVC电线套管的特点

PVC电线套管耐酸、耐碱、耐腐蚀、易切割、施工方便，但不耐机械冲击，耐高温及耐摩擦性能比钢管差。

#### 2.PVC电线套管的种类及应用

PVC电线套管常用的管径有16mm、20mm、25mm、32mm、40mm、50mm等多种，装修常用25mm和20mm，也称为6分管和4分管。一般情况下，管内几根电线的总截面面积不能超过PVC电线套管内截面面积的40%。如果某根电线出了问题，可以从PVC电线套管内将该电线抽出，再重新更换。

PVC电线套管也分为PVC管及PVC管件，如图7-2-5所示。

#### 3.PVC电线套管的选购

PVC电线套管品种繁多，无论哪一种电线套管，都应该到正规商店进行购买，产品应有检验报告单和出厂合格证。仔细检查管材、连接件及附件，内外壁应光滑、无凹凸，表面没有针孔及气泡。套管内外径尺寸应符合国家统一标准，管壁厚度应均匀一致，有较高的硬度，不会轻易被踩断。

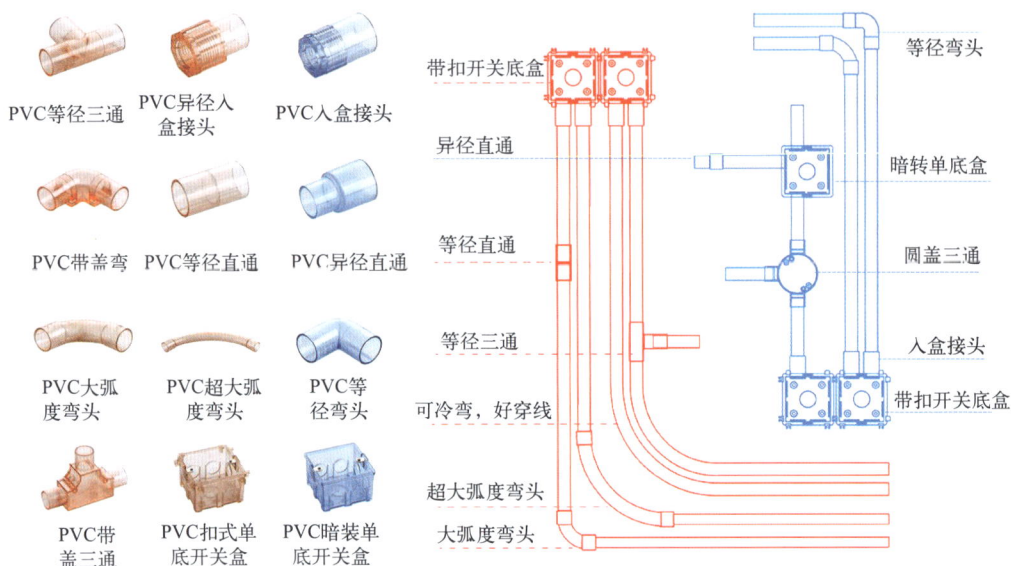

图7-2-5　PVC电线套管

### 4.PVC电线套管实际运用案例

在实际运用电线套管的时候，一般也对强、弱电进行区别。一般情况下，强电用红管，弱电用蓝管。例如：日丰品牌推出了透明材质的PVC电线套管（透明蓝、透明红），采用"透明配电、安全可见"的设计理念，如图7-2-6所示；施工现场用红色及蓝色的穿线套管将强弱电分开铺设，如图7-2-7所示。

图7-2-6　透明的PVC电线套管

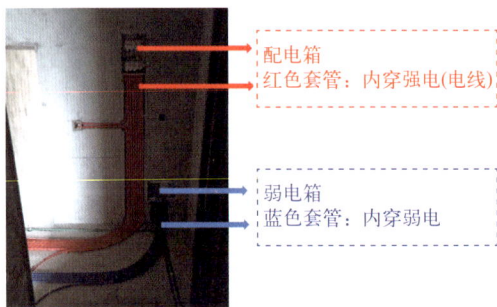

图7-2-7　工程现场PVC电线套管实际运用

## （二）钢管

### 1.钢管的分类及应用

钢管主要指的是镀锌钢管、扣压式薄壁钢管和套接紧定式钢管等（表7-2-4）。钢管布线可以应用于室内和室外，但对于腐蚀性强的场所不宜使用。目前住宅类装饰在布线上用PVC电线套管，部分公共建筑空间室内装饰会使用钢管布线。

表7-2-4 钢管的分类及应用

| 类型 | 应用 |
|---|---|
| 镀锌钢管 | 适用于照明与动力配线的明设及暗设 |
| 扣压式薄壁钢管（KBG管），标准厚度1.2mm | 适用于1kV以下、无特殊要求、室内干燥场所的照明与动力配线的明设及暗设 |
| 套接紧定式钢管（JDG管），标准厚度1.6mm | |

### 2.钢管型号

市面上的钢管主要以镀锌管为主，其表面镀锌处理后耐腐蚀、强度高、韧性好，能很好起到保护作用。镀锌管电线套管和PVC电线套管一样，管内电线的总截面面积不能超过镀锌管电线套管内截面面积的40%。不同直径的钢管如图7-2-8所示。钢管的规格见表7-2-5。

图7-2-8 不同直径的钢管

表7-2-5 钢管的规格

| 外径/mm | 壁厚/mm | 1.5mm²电线 | 2.5mm²电线 |
|---|---|---|---|
| 16 | 0.8、0.9、1.0、1.2、1.4、1.5、1.6 | 可放置2~3根 | 可放置1根 |
| 20 | 1.0、1.2、1.4、1.5、1.6 | 可放置4根 | 可放置2根 |
| 25 | 1.0、1.2、1.4、1.5、1.6 | 可放置6~8根 | 可放置3~4根 |
| 32 | 1.0、1.2、1.4、1.5、1.6 | 可放置10~15根 | 可放置6~8根 |
| 40 | 1.2、1.4、1.5、1.6 | 可放置15~20根 | 可放置10根 |
| 50 | 1.2、1.4、1.5、1.6 | 可放置20~25根 | 可放置15~20根 |

### 3.钢管的选购

钢管品种繁多，无论是哪一种电线套管，都应该到正规商店进行购买，产品应有检验报告单和出厂合格证。仔细检查管材外观，应平整光滑，喷色均匀，镀层完好，连接套管及附件内外壁表面光洁，无毛刺、无凸起、无裂纹等缺陷。

## 三、开关和插座

开关和插座是控制电路开启、关闭的重要构造，是电路材料中的重要部分。

### （一）开关和插座的分类

#### 1.开关的主要种类

开关的品牌和种类很多，配置丰富，分类方式很多（表7-2-6），按启闭形式可以分为拉线式、扳把式、翘板式、纽扣式、触摸式和感应式等。按额定电流大小可分为10A、16A等多种。按使用用途可分为单控开关、双控开关、多控开关。按装配形式可分为单联、双联、多联。

表7-2-6  开关的种类

| 分类 | 形式 | | 简介 | 图示 |
|---|---|---|---|---|
| 按启闭形式 | 拉线式 | | 20世纪70年代的产品，通过机械齿轮来改变灯具的开关状态。拉动即开，再拉即关。目前除了部分偏远地区农村还有外，城市基本已经淘汰 |  |
| | 扳把式 | | 20世纪70~80年代的产品，按钮上下扳动实现启闭形式，目前除了部分农村还有外，城市基本已经淘汰 |  |
| | 翘板式 | 指压式 | 镶嵌在墙壁上，与墙面形成整体，与之前的拉线式和板把式相比装饰效果更好 | 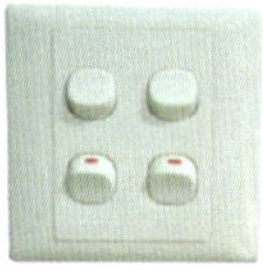 |
| | | 大翘板式 | 大翘板开关与指压式开关设计原理相同，只是在外形和工艺上更为舒适，同时设计夜光条，方便在黑暗环境中准确找到开关 |  |
| | 纽扣式 | | 通过旋转纽扣完成启闭状态和调节灯光强弱、电扇挡位或空调风速挡位。酒店、宾馆床头灯的控制一般采用的就是旋转纽扣式 |  |
| | 触摸式 | | 触摸式开关主要是应用了感应芯片，更智能化、操作更方便。目前很多新产品将触控及遥控设计为一体，还可运用WIFI进行空间开关的远程控制 | 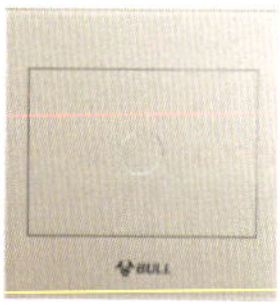 |
| | 感应式 | | 人体红外线感应及具有延时功能。一般设置为，白天时候光线较好，人经过不亮灯；晚上人经过时亮灯，人走后延时关灯；晚上没人经过时不亮灯 | 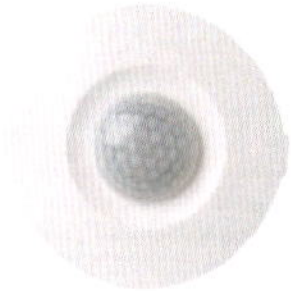 |
| 按额定电流大小 | 10A | | 10A的开关可以承担最大2kW左右的灯具（同一回路光源功率总和，目前灯具配置的光源多为LED灯，非常节能） |  |
| | 16A | | 16A的开关可以承担最大3kW左右的灯具（同一回路光源功率总和，目前灯具配置的光源多为LED灯，非常节能） | |
| 按使用用途 | 单控开关 | | 一个开关控制一个或者多个灯具 | |
| | 双控开关 | | 两个开关控制一个或者多个灯具 | |
| | 多控开关 | | 两个以上开关控制一个或者多个灯具 | |

| 分类 | 形式 | | 简介 | 图示 |
|---|---|---|---|---|
| 按装配形式 | 单联 | | 一个面板上只有一个开关 | 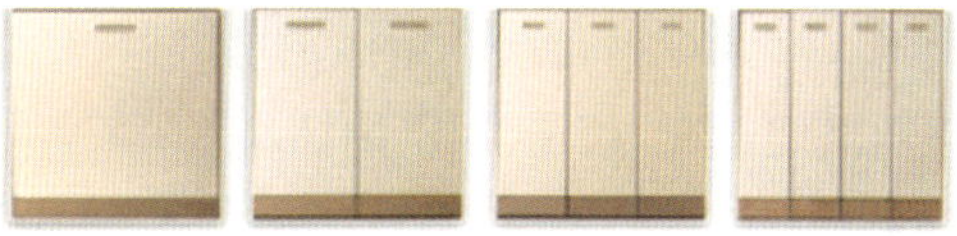 |
| | 双联 | | 一个面板上有两个开关 | |
| | 多联 | 三联 | 一个面板上有三个开关 | |
| | | 四联 | 一个面板上有四个开关 | |
| | | | 也可用"开"和"位"代表"联" | |

## 2.插座的主要种类

室内常用的插座多为单相插座，单相插座有两孔和三孔两种。两孔插座有相线（火线）和零线，不带接地保护，主要用于不需要接地（接零）保护的小功率家用电器。三孔插座除了以上两个线以外，还有接地保护线，用于需要接地保护的大功率电器。插座背面各符号代表的内容如图7-2-9所示。

| L | N | ⏚ | A | V | IN | OUT |
|---|---|---|---|---|---|---|
| 火线 | 零线 | 地线 | 额定电流(10A、16A等) | 额定电压(220V、380V等) | 弱电进线 | 弱电出线 |

图7-2-9 插座背面各符号代表的内容

插座从外观上看可以分为二二插、二三插等种类，有些插座还自带开关。按功能分插座可以分为普通插座、安全插座、防水插座、地插等。空调有专门的空调插座，从外观上看和普通插座差不多，但实际在使用上有很大差别，额定电流在16A以上。某品牌插座类型见表7-2-7。

表7-2-7 某品牌插座类型

| | | | | |
|---|---|---|---|---|
|  二三插（五孔插座） |  三孔插座 | 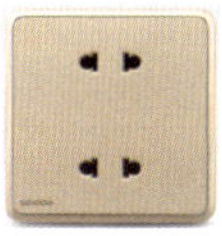 二二插 |  五孔插座带开关 |  三孔插座带开关 |
|  五孔带USB插座 |  五孔带双USB插座 | 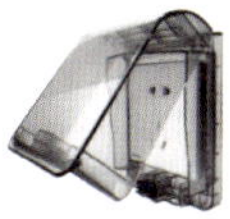 开关插座防水盒 |  安全插座带安全防护门，单极无法插入，同时拔出插座后防护门会自动关闭 |  地插 |

### 3.插座的规格

插座的规格：50V级的有10A、15A；250V级的有10A、15A、20A、30A；380V级的有15A、25A、30A。住宅供电一般都是220V电源，应选择电压为250V级的插座。插座额定电流的选择是由电器的负荷电流决定的，一般情况下可按2倍以上负荷电流的大小来选择。一般家庭用电，普通电器可以选用额定电流为10A的插座；空调、电磁炉、电热水器等大功率电器宜采用额定电流为16A以上的插座。

### 4.弱电插座

弱电插座是指用于传输信号、进行信息交换的插座，其电压通常在36V（交流）或24V（直流）以下。弱电插座主要用于传输电话线、网络线、电视信号线等，适用于电话插座、网络插座和电视插座、音响插座等类型。常见的弱电插座如图7-2-10所示。

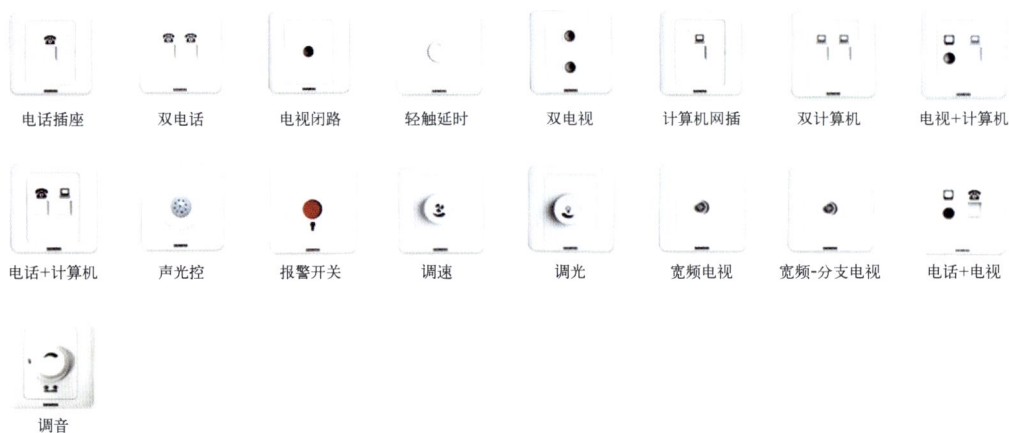

| | | | | | | | |
|---|---|---|---|---|---|---|---|
| 电话插座 | 双电话 | 电视闭路 | 轻触延时 | 双电视 | 计算机网插 | 双计算机 | 电视+计算机 |
| 电话+计算机 | 声光控 | 报警开关 | 调速 | 调光 | 宽频电视 | 宽频-分支电视 | 电话+电视 |
| 调音 | | | | | | | |

图7-2-10　常见的弱电插座

## （二）开关和插座的应用

### 1.开关的应用

一般情况下，常规开关高度一般为1200～1400mm，距离门框边沿150～200mm为宜，同时开关不得置于单扇门后面，特殊的红外线感应延时开关可置于天花吊顶部分。整体空间开关的选择应是同一品牌和型号，保证空间的统一性。开关的设计要以便利性为原则，充分考虑实际使用功能。

### 2.插座的应用

插座的设计需要全方面考虑，设计之初就要考虑相关设施设备的使用情况及对应的功率要求。其设计原则是"宁多勿少"，在设计上要有预见性，可为未来的需求提前预留。同时在插座的设计上安全也是非常重要的，所有的设计都应建立在"安全第一"的基础上。例如：卫生间、生活阳台的插座最好采用防水插座；小孩房的插座采用安全插座；厨房的插座采用带开关的插座；书房、茶水间等的开关也应采用带开关的插座。电冰箱（外出时间较长，可以独立保留冰箱的电力，其他可以全部关闭）、空调、中央空调的布线最好是独立回路，单独控制；厨房（高功率的家电比较多）和卫生间（有电热水器等高功率的设备）的布线采用独立回路的设计，单独控制该空间的插座。

一般情况下，暗装和工艺用插座距离地面不应低于300mm；壁挂式空调插座高度约为1900mm；厨房插座高度约为950mm；洗衣机插座高度约为1000mm；电视机插座高度约为650mm。更多的插座位置由家具及相关设施设备实际尺寸和空间实际情况设置，应符合人机工程学和实际使用者的需求。

### （三）开关和插座的选购

开关和插座的选购是非常重要的，品质好的开关和插座在使用过程中安全系数更高，使用年限更长。一般情况下，在选购时应购买知名品牌的产品，可以通过该品牌的专卖店直接购买选定的型号。知名品牌在产品质量上更有保障，开关及插座的背部底座上会有详细信息及非常详细的说明书，某品牌开关如图7-2-11所示。

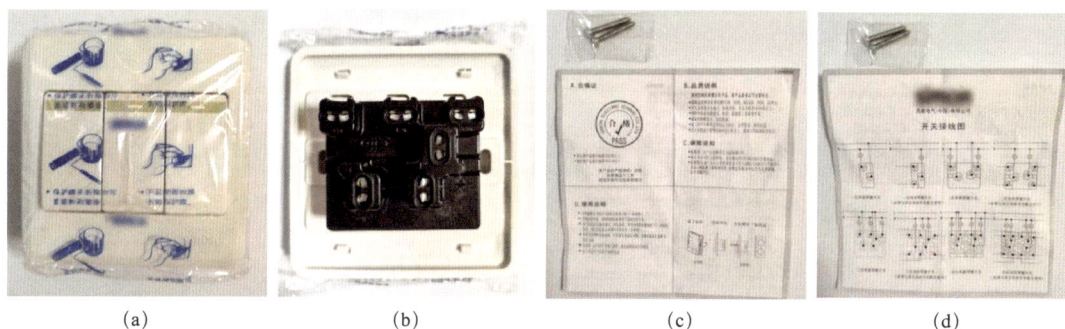

(a)　　　　(b)　　　　(c)　　　　(d)

图7-2-11　某品牌开关

## 四、断路器、漏电附件、过欠压保护

### （一）断路器、漏电附件、过欠压保护的区别及应用

#### 1.断路器

断路器（空气开关是断路器的一种，是空气断路器，采用空气断路的灭弧形式）是一种既具有开关作用，又能进行自动保护低压配电的电器。其作用相当于开关、熔断器、热继电器等电气元件的组合，其主要作用是防止短路和过载保护。

断路器主要分为1P、DNP（1P+N）、2P、3P、4P等，具体区别见表7-2-8和图7-2-12。

#### 2.漏电附件

漏电附件也就是人们常说的漏电保护器的一种，提供漏电保护功能，是需要与断路器搭配使用的，不可独立使用。与断路器搭配起来就是带有漏电保护的断路器。它与断路器一样可分为DNP（1P+N）、2P、3P、4P等，DNP对应的通用额定电流是25A、40A；2P、3P、4P

对应通用额定电流是40A、63A。带漏电附件的断路器，漏电附件与断路器的类型是要对应的，如图7-2-13所示。不同情况下断路器及漏电附件的显示情况如图7-2-14所示。

表7-2-8　断路器的分类

| 类型 | 原理 | 应用 | 占位 | 容量/A |
|------|------|------|------|--------|
| 1P | 单极单开，单进单出，只接火线不接零线，只断火线，不断零线 | 用在220V的分支回路 | 1位 | 10～63 |
| DNP（1P+N） | 双极空开，双进双出，接火线和零线，只有火线具有保护，零线是随火线断开，双断 | 用在220V的分支回路 | 1位 | 10～40 |
| 2P | 双极空开，双进双出，接火线和零线，零线和火线都具有保护，双断 | 用在220V的总开或者分支回路上面的大功率电器，如中央空调等 | 2位 | 10～63 |
| 3P | 接三根火线，不接零线，电工常见叫法：三相三线 | 用在380V的分支回路380V电器上面 | 3位 | 10～63 |
| 4P | 接三根火线，一根零线，电工常见叫法：三相四线 | 用在380V的总开上面 | 4位 | 10～63 |

注：断路器的容量通常以安培（A）为单位表示，而功率则以千瓦（kW）为单位。功率可以通过公式计算：功率（$P$）＝电压（$U$）×电流（$I$）。因此，在电压一定的情况下，断路器的容量越大，其能承受的功率也就越高。

1P　DPN　2P　3P　4P

图7-2-12　断路器

图7-2-13　带漏电附件的断路器

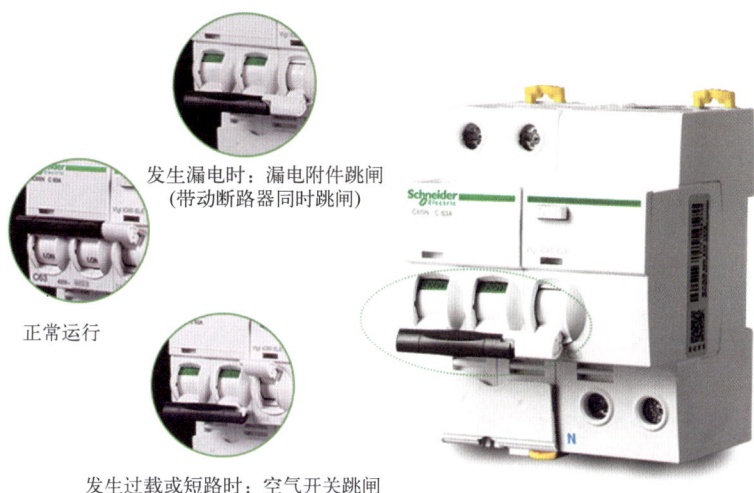

发生漏电时：漏电附件跳闸
（带动断路器同时跳闸）

正常运行

发生过载或短路时：空气开关跳闸

图7-2-14　不同情况下断路器及漏电附件的显示情况

### 3.过欠压保护

过欠压保护可提供过欠压保护功能，是需要与断路器搭配使用的，不可独立使用。与断路器搭配起来就是带有过欠压保护的断路器。它可分为2P、4P等，2P和4P对应通用额定电流是25～63A。过欠压保护器如图7-2-15所示。工程实际案例如图7-2-16所示。

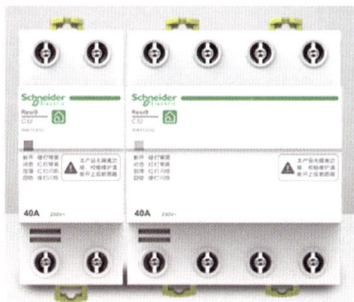

图7-2-15　过欠压保护器

图7-2-16　工程实际案例

## （二）断路器、漏电附件、过欠压保护的选购

断路器、漏电附件、过欠压保护的选购与开关插座的选购都是非常重要的，品质好的断路器、漏电附件、过欠压保护在使用过程中安全系数更高，使用年限更长。一般情况下，在选购时应购买知名品牌的产品，可以通过该品牌的专卖店直接购买选定的型号。知名品牌在产品质量上更有保障，从外包装到产品本身都有详细的信息介绍。

【课后习题】

一、填空题

1.住宅装修及公共建筑室内装修中常用的电线有BVR、（　　　）、（　　　）三种。

2.目前电线套管常用材料主要有（　　　　）和（　　　　）两大类。

二、选择题

1.以下哪些属于弱电电线范畴？（　　　）

A. 电话线　　　　　B. 有线电视线　　　　C. 音响线　　　　　D. 网线

E. 燃气报警器

2.两个以上开关控制一个或者多个灯具，属于以下哪款开关？（　　　）

A. 单控开关　　　　B. 双控开关　　　　　C. 多控开关　　　　D. 单联开关

三、判断题

1.电线套管也叫穿线管或电线护套线，因电路改造采用暗装方式，为了保护电线不受外来机械损伤和保证电气线路绝缘及安全，以及后期维护，电线敷设必须用穿管的方法来实现。（　　　）

2.开关插座是控制电路开启、关闭的重要构造，是电路材料中重要的部分。（　　　）

3.断路器（空气开关是断路器的一种，是空气断路器，采用空气断路的灭弧形式）是一种既具有开关作用，又能进行自动保护低压配电电器。（　　　）

四、简答题

简述断路器、漏电附件、过欠压保护的区别。

[1]  张倩.室内装饰材料与构造教程[M].2版.重庆：西南师范大学出版社，2008.

[2]  周长亮.室内装修材料与构造教[M].2版.武汉：华中科技大学出版社，2009.

[3]  陈雪杰，业之峰装饰.室内装饰材料与装修施工实例教程[M].北京：人民邮电出版社，2013.

[4]  张玉民，程子东，吕从娜.装饰材料与施工工艺项目教学使用手册[M].北京：清华大学出版社，2010.

[5]  毛志兵.装饰装修工程细部节点做法与施工工艺图解[M].北京：中国建筑工业出版社，2018.

[6]  蒋浩.装饰材料与施工工艺[M].青岛：中国海洋大学出版社，2024.

[7]  汤留泉.家装材料选购应用全能图典[M].北京：中国电力出版社，2014.

[8]  崔玉艳，彭诚，刘丽莉.建筑装饰材料与施工工艺[M].西安：西安交通大学出版社，2014.

[9]  杨丽君.装饰装修工程施工[M].重庆：重庆大学出版社，2014.

[10] 陈郡东，赵鲲，朱小斌.室内设计实战指南[M].桂林：广西师范大学出版社，2021.

[11] 朱小斌，林之昊.设计师的材料清单：室内篇[M].上海：同济大学出版社，2017.

[12] 赵鲲，朱小斌，周遐德.室内设计节点手册：常用节点.2版[M].上海：同济大学出版社，2019.

[13] 许海峰.家装设计速通指南　装修材料详解[M].北京：机械工业出版社，2018.

[14] 建筑装饰装修工程质量验收规范.GB 50210—2018.

[15] 建筑工程施工质量验收统一标准.GB 50300—2013.

[16] 住宅装饰装修工程施工规范.GB 50327—2001.